# 石墨烯基与硬质防护涂层的理论技术

马利秋　陈　颢　王智祥　周升国　著

扫描二维码查看
本书彩图资源

北　京
冶　金　工　业　出　版　社
2023

## 内 容 提 要

本书分6章，主要内容包括石墨烯基涂层抗氧化腐蚀及金属表面石墨烯涂层抗氧化腐蚀的理论研究，并基于密度泛函理论阐明石墨烯调控界面对活性介质阻隔效应实现抗氧化腐蚀特性。同时还介绍了电沉积石墨烯复合镍基涂层及其腐蚀摩擦性能和多弧离子镀氮化铬基涂层及其腐蚀摩擦性能，并系统分析了涂层的形成机理、微结构、力学性能、摩擦学性能与腐蚀电化学性能。

本书适合从事金属材料表面工程、理论模拟、腐蚀与减摩防护等领域的科研和技术人员参考和阅读。

**图书在版编目(CIP)数据**

石墨烯基与硬质防护涂层的理论技术/马利秋等著.—北京：冶金工业出版社，2023.11

ISBN 978-7-5024-9662-3

Ⅰ.①石…　Ⅱ.①马…　Ⅲ.①石墨烯—涂层保护　Ⅳ.①TG174

中国国家版本馆CIP数据核字(2023)第210672号

**石墨烯基与硬质防护涂层的理论技术**

**出版发行**　冶金工业出版社　　**电　话**　(010)64027926
**地　址**　北京市东城区嵩祝院北巷39号　　**邮　编**　100009
**网　址**　www.mip1953.com　　**电子信箱**　service@mip1953.com

责任编辑　王　双　美术编辑　彭子赫　版式设计　郑小利
责任校对　梅雨晴　责任印制　禹　蕊
三河市双峰印刷装订有限公司印刷
2023年11月第1版，2023年11月第1次印刷
710mm×1000mm　1/16；11.25印张；217千字；169页
**定价79.00元**

**投稿电话　(010)64027932　投稿信箱　tougao@cnmip.com.cn**
**营销中心电话　(010)64044283**
**冶金工业出版社天猫旗舰店　yjgycbs.tmall.com**
(本书如有印装质量问题，本社营销中心负责退换)

# 前　言

通常金属材料在环境、气候等因素作用下容易造成腐蚀损伤，在使用过程中受到机械设备、零件等的摩擦作用又会造成金属磨损。比如大型的机器设备，金属材料一旦发生腐蚀或磨损失效，往往影响其正常运转造成经济损失，甚至引起设备破坏、炸裂，从而严重威胁人员安全。据相关统计，在中等发达国家，金属腐蚀所引起的经济损失占整个国民生产总值的3%~4%。此外，在各行业中金属材料的磨损早期失效所引起的生产成本和经济损失一年约达千亿美元。因此，减少金属腐蚀和磨损失效，对于延长金属材料及构件的服役寿命、节约社会资源，以及保障生命安全等具有十分重要的现实意义。

为了有效提高金属材料及构件的表面性能与服役寿命，作者研究了具有抗腐蚀与减摩耐磨特性的涂层覆着其表面。本书主要围绕石墨烯涂层抗氧化腐蚀的理论、金属表面石墨烯涂层抗氧化腐蚀的理论、电沉积石墨烯复合镍基涂层及其腐蚀摩擦性能、多弧离子镀氮化铬基涂层及其腐蚀摩擦性能研究。这些抗腐减摩涂层理论与技术对于解决金属材料及构件的腐蚀和磨损问题有着重要的意义和工程价值，是节约社会资源和提高经济效益的重要途径，并有效地推动金属材料及装备的可持续发展。

本书内容的形成与最终完稿，得益于作者所在多孔金属与表面改性课题组成员多年来研究成果的积累。课题组研究生尧文俊、张景文、夏斌、王猛、覃兵东、刘智靖、彭金勇、程小龙、计路航、殷海涛等人共同参与了本书相关研究工作，在此表示感谢他们的辛勤付出。本书撰写过程中，参考了一些文献资料，在此一并表示诚挚的感谢。

本书中的相关研究工作得到了国家自然科学基金项目（项目号：

52065025）、江西省教育厅一般项目（项目号：GJJ2200827）、江西省重点研发计划项目（项目号：20224BBE51041）、江西省“双千计划”科技创新高端人才项目（项目号：jxsq2019201039）、江西省青年井冈学者计划（项目号：QNJG2018055）和江西省高等学校井冈学者特聘教授岗位的资助。

由于水平有限，书中不足之处，敬请广大读者和同行专家的批评、指正。

作　者

2023 年 10 月

# 目 录

# 1 绪　　论

## 1.1 金属腐蚀与磨损的现状

随着我国工业科技和生产力的迅速发展，对高精度、高稳定性与长寿命的金属材料及构件的需求越来越迫切，如铁路、航空航天、汽车、建筑、冶金等行业。然而，由于受到环境、气候、外力等因素的影响，金属材料及构件往往会产生一定的损伤，不仅影响其正常工作，而且会引发生产中断造成经济损失，甚至可能会对生命财产安全造成严重的威胁。金属的损坏形式主要有3种，即磨损、腐蚀和断裂，而腐蚀与磨损是金属的两大失效形式。由于腐蚀与磨损是需要长时间的累积损失才会产生一定的破坏性，这种“温水煮青蛙”过程使其很容易被忽视，但磨损所造成的危害却是巨大的。有报道称在各行业中金属材料的磨损因早期失效所引起的生产成本和经济损失一年约达千亿美元[1-2]。金属材料及构件由于腐蚀与磨损因素的作用遭受损伤，且随着时间增长其损伤程度也变得更严重，从而引起整个金属产品性能变差。因此，需要全面了解导致腐蚀与磨损产生的因素，并针对其腐蚀与磨损行为作出有效的防护措施，从而有效提升金属材料及构件的服役寿命。

金属材料的腐蚀磨损防护方法很多，在其表面覆着薄膜与涂层是最常用的方法。因此，薄膜与涂层材料是表面工程领域中最有活力的领域之一，在材料表面防护方面有着巨大的作用和潜能，在提高精密金属机械零部件表面的抗腐蚀、耐摩擦磨损等领域发挥着重要的作用。金属材料防腐蚀的措施通常有：（1）改善金属所处环境。在减少和防止腐蚀方面，改善服役环境非常重要。例如，降低腐蚀性介质的浓度，从介质中除去氧气，以及控制环境的温度和湿度可以减少并防止金属腐蚀。（2）在金属表面形成保护层。通过使用各种保护装置覆盖金属表面，使被保护金属与腐蚀性介质分开是防止金属腐蚀的有效方法。即通过在表面上形成保护层以达到从大气中分离金属的目的，例如电镀、化学镀、氧化和磷酸盐。还可以用防锈材料涂覆金属，例如油漆、防锈油脂、塑料等。（3）电化学保护法。电化学保护是一种根据电化学腐蚀原理对金属设备进行保护的方法，其中包含有牺牲阳极保护方法和阳极保护两种方法，该方法在工业生产及生活中都得到了广泛应用[3]。金属材料防磨损的措施通常有：（1）对金属材料定期进行保养。金属材料在使用过程中避免不了摩擦接触，金属材料的损耗是正常现象。对金属材料进行定期、合适的保养可以使材料磨损降到最小化，延长金属材料的使用寿命。(2) 优化金属材料的结构。对接触表层的外形和尺寸实行科学合理的设计，实施科学的加工，防止出现由表层的粗糙引发的强化磨损问题。(3) 选取抗磨性金属材料。科学地选取金属材料，根据实用性、适用性及经济性的原则，并根据工作环境条件选择金属材料，还可以借助金属材料表层强化等科学措施，如表层渗碳、涂层技术等，减少外部环境造成的金属材料损耗[4-5]。

金属材料及构件在使用过程中常会发生腐蚀与磨损，如果得不到有效的防护往往会导致机械设备与生产系统出现故障，严重会导致整条生产线的停产，使得企业蒙受巨大的经济损失。石墨烯基涂层、镍基与硬质涂层材料由于具有强韧性、低摩擦、高耐磨以及化学惰性等诸多优点，将其应用于金属材料及构件表面，对于解决好其自身的腐蚀与磨损发挥着重要作用。因此，设计与开发高性能抗腐蚀与减摩一体化涂层材料，对于节约社会资源、节能减排、稳定生产，甚至保障人民生命财产安全等具有十分重要的现实意义。

## 1.2　石墨烯基涂层的概述

2004 年，Novoselov 等人[6]采用机械剥离法使用光刻胶带从高定向热解石墨上剥离出单层石墨烯，自此掀起石墨烯研究的热潮。石墨烯的结构如图 1-1 所示。石墨烯是由单层碳原子 $sp^2$ 杂化组成的六方蜂窝状新型二维纳米材料，作为二维层状结构的石墨烯与零维的富勒烯、一维的碳纳米管和三维的金刚石同为同素异形体。石墨烯的特殊构造使其具有优异的物理性能和化学性能，在力学、电学、光学和热学等领域有突出表现。石墨烯的导热系数为 $5.3\times10^3$W/(m·K)，优异的导热性能使石墨烯适用于各种电子设备，为电子设备提供优良的散热性能。石墨烯的电子迁移能力高达 15000cm$^2$/(V·s)，优异的导电性能使其广泛应用于航空航天和纳米电子器件等领域。石墨烯的二维平面结构使其理论比表面积高达 2630m$^2$/g，可提供大量的附着位点用于吸附纳米粒子，制备出性能优异的石墨烯基复合材料，应用于微纳器件、增强材料等领域[7-9]。

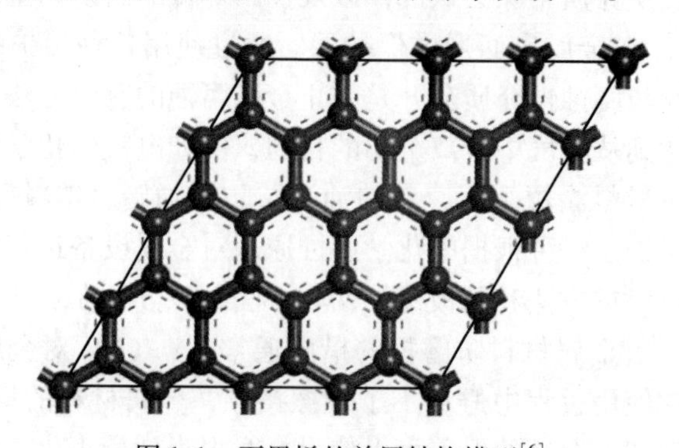

图 1-1　石墨烯的单层结构模型[6]

### 1.2.1 石墨烯的制备

石墨烯的制备方法大致分为两种：（1）通过物理或化学手段削弱石墨层间的范德瓦尔斯力剥离石墨得到片状石墨烯，如机械剥离法、液相剥离法和还原氧化法等。Novoselov 等人[6]采用机械剥离法通过光刻胶带剥离得到质量较高的单层石墨烯，但此方法所制备的石墨烯尺寸难以控制且产量较低，无法大量制备大尺寸的石墨烯。Hernandez Yenny 等人[10]采用液相剥离法，利用超声波加热制备出单层或多层石墨烯，同时发现随着超声波作用的时间增加，石墨烯的产率也逐步提高。(2）通过化学反应合成片状石墨烯，如化学气相沉积法（CVD）。Claire Berger 等人[11]采用化学气相沉积法，在 $1.33 \times 10^{-10}$ Pa 和 1300℃高温下分解 SiC 薄膜，把 Si 从薄膜中分离出来，使碳原子留在衬底上与其他碳原子结合形成石墨烯，最后获得厚度仅为 1 个碳原子的石墨烯薄片。

### 1.2.2 石墨烯的结构缺陷

在石墨烯的制备或加工过程中易产生结构缺陷，结构缺陷的存在使石墨烯的实际性能远低于其理论值，进而对石墨烯及石墨烯基复合材料的导电、导热及力学性能等产生不利影响。石墨烯结构的缺陷大致分为两类：本征缺陷和外引入缺陷。本征缺陷主要有 Stone-Wales（S-W）缺陷、空位缺陷、线缺陷等，这类缺陷均是由石墨烯结构中非 $sp^2$ 杂化的碳原子导致的[12]。外引入缺陷主要有两种，面外杂原子引入缺陷和面内杂原子取代缺陷。这类缺陷是由石墨烯上的碳原子与其他原子（如氧、氮等）以共价键的形式连接所引起的。

石墨烯的 S-W 缺陷是由碳碳单键的旋转产生，表现为四个六元环转变为两个五元环和两个七元环。此缺陷的产生不会在石墨烯片层内引入或移除任何碳原子，因此不会产生悬挂键。S-W 缺陷的 TEM 和原子排布结构图[13]，如图 1-2 所示。

众所周知，石墨烯优异的性能是由连续的 $sp^2$ 平面域决定的，而缺陷的存在会使六方结构产生变化，从而破坏电子和声子的传输通道，影响各种物理和化学性能。缺陷对石墨烯的物理性能的影响主要表现在导电性、导热性及力学性能等。石墨烯中的 S-W 缺陷和空位缺陷在石墨烯表面形成电子散射中心，该中心影响电子转移，导致石墨烯导电性下降[14]。

### 1.2.3 石墨烯的应用

随着对石墨烯的性质、结构和制备方法研究的逐步深入，石墨烯因其优异的性能也被广泛应用于各个领域。关于石墨烯的应用研究，较为成熟的领域主要包括石墨烯复合材料、电子元件、石墨烯防腐涂料和储氢材料等。

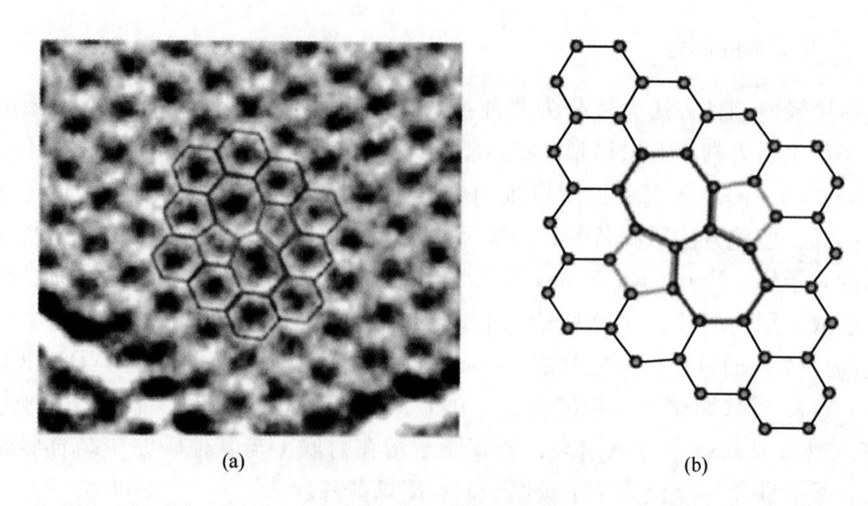


图 1-2 Stone-Wales(S-W)缺陷 TEM 图像(a)和 DFT 模拟的原子结构(b)

由于具有疏松多孔的结构、导电率高和材料强度高等特点，因此石墨烯可以和其他不同性质的材料结合，形成复合材料。刘括等人[15]在石墨烯中加入羧基化多壁碳纳米管（MWCNTs），在机械搅拌与超声作用下制得 MWCNTs-GNs 溶液，其后制得石墨烯-碳纳米管/环氧树脂复合材料。结果表明，MWCNTs-GNs 对环氧复合材料有明显的增韧效果，提高了复合材料的热稳定性，冲击强度和拉伸强度分别提高了将近 1.6 倍和 1.7 倍。

石墨烯的超高电子迁移率、比表面积和力学性能表明，它是一种非常理想的纳米材料，特别是用于晶体管和集成电路等微电子元件。Yung 等人[16]将聚二烯丙基二甲基氯化铵（PDDA）和石墨烯充分反应制备出聚合物改性石墨烯材料。之后通过一锅法制备出 $Fe_3O_4$/PDDA-G 催化剂。实验结果表明，在电催化中该催化剂具有良好的氧化还原催化性能，为开发高性能电催化剂的燃料电池提供了新的方向。

石墨烯也因其优良的性能、较大的比表面积和超高的力学强度，被认为是一种理想的储氢材料，但纯石墨烯对氢的结合能范围为 -0.09 ~ -0.01eV，然而储氢材料对氢的结合能范围应为 -0.6 ~ -0.2eV，因此，许多研究人员采用修饰石墨烯的方法，使石墨烯与氢的结合能满足要求。Dongseong Kim 等人[17]将 Li 掺杂在石墨烯中，石墨烯对氢的结合能达到 -0.35 ~ -0.2eV 之间。

### 1.2.4 石墨烯基涂层

纯石墨烯防腐涂料具有优异的防腐性能，但在工业应用中仍有许多局限性。一旦纯石墨烯涂层被破坏，金属的腐蚀就会加速。石墨烯在防腐领域的另一个主要用途是将石墨烯作为填充颗粒分散到涂层基体中，形成石墨烯复合防腐涂层。

石墨烯复合涂层结合了石墨烯的强附着力和涂层基体的成膜性，提高了涂层的整体性能。在传统涂料生产工艺的基础上，建立了石墨烯复合防腐涂料的制备方法和涂层工艺，在工业合成和应用中表现出良好的可控性和可加工性。石墨烯由于在防腐蚀领域具有优异的性能，使其在防腐蚀涂层中的应用越来越广泛，其在防腐蚀涂层中的防腐蚀机理主要分为物理防腐蚀和化学防腐蚀两个方面。

1.2.4.1　物理防腐蚀机理

石墨烯作为一种单原子厚的 $sp^2$ 晶体杂交碳原子，Surwade 等人[18]通过试验表明石墨烯材料对溶解的离子（$K^+$、$Na^+$、$Li^+$、$Cl^-$）显示出不渗透性。这种不渗透性主要取决于石墨烯的原子结构。首先 C—C 键的键长为 0.14nm，如果仅考虑碳原子的原子核，则孔径（或晶格常数）仅为 0.246nm。但是，由于 C 的实际原子半径为 0.11nm，因此孔径的晶格常数将进一步减小，最终达到 0.064nm。如此小的孔径表明石墨烯即使对气体分子和盐离子均具有最低的渗透性。此外，π 共轭碳网络的密集离域电子云可以阻挡芳环内的间隙，形成反应性分子排斥场[19]。因此，石墨烯可以将金属基材与腐蚀性物质物理隔离，如图 1-3 所示，这意味着石墨烯具有超薄涂层的潜力，为保护涂层开辟了新的替代方向。

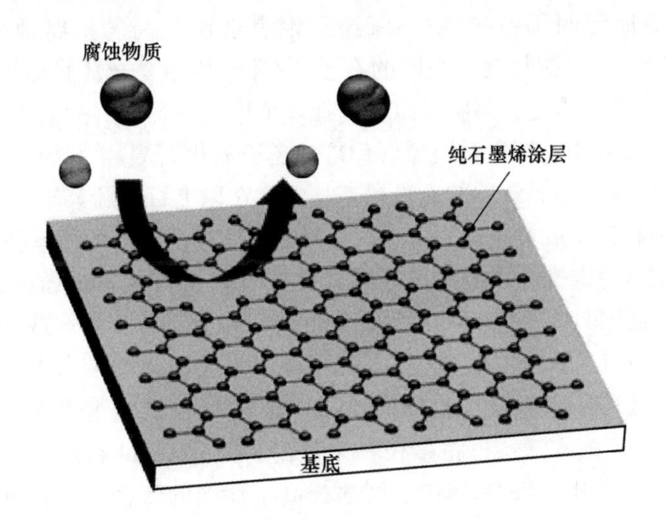


图 1-3　石墨烯屏障的防腐蚀机理[20]

1.2.4.2　化学防腐蚀机理

石墨烯可与镀层金属表面活性官能团之间发生钝化作用，形成了良好的防护性隔膜，从而起到防腐蚀作用。单层/多层纯石墨烯纯石墨烯涂层通常使用化学气相沉积（CVD），热分解或机械剥离法等方法进行制备。其中 CVD 法合成金属基底上石墨烯涂层较成熟，如 Singh Raman 等人[21]成功使用 CVD 法在铜表面沉积出石墨烯涂层，并且成功将铜在含氯化物环境中的耐腐蚀性提高一到两个数量级。然而，CVD 生长的石墨烯薄膜的应用仍然受限于前驱体气体的高成本、精密的设备、高质量石墨烯沉积所需的高加工温度，以及在多组分材料上沉积过程中发生的异常情况等[22]。Xu 等人[23]采用原位机械剥落石墨在 304 不锈钢球（SS）上制备具有界面键合的石墨烯涂层。即在球磨步骤中，石墨粉用 SS 球磨，石墨烯层在此过程中不断从石墨颗粒中剥落，SS 用少层石墨烯封装。石墨烯层在“机械化学效应”下可与基体反应形成 Cr—C 键合，石墨烯涂层通过 Cr—C 键合从而与 SS 键合。通过简单的球磨方法，最终在不锈钢球基板上成功涂覆了厚度为 10nm 的石墨烯涂层。理化结果显示 Gr/SS 的腐蚀速率仅为 $3.14\times10^{-3}(mm\cdot a)^{-1}$，远低于裸不锈钢球（$57.74\times10^{-3}(mm\cdot a)^{-1}$），表明石墨烯涂层能显著减缓比裸 SS 低 20 倍的腐蚀速率。但该方法制备的石墨烯涂层完整性可能存在问题。

石墨烯/聚合物纳米复合涂层通常使用原位聚合、溶液混合、熔融复合等方法制造，其中石墨烯作为复合增强剂在嵌入涂层之前被合成。对于复合材料，整体性能结合了涂层的效率和增强相，因此石墨烯纳米片的性能可以“放大”到宏观特性[24]。Ziat 等人[25]则使用石墨烯基环氧树脂提高铜基底的抗腐蚀性能，实验结果清楚地证明了石墨烯/环氧涂层铜表现出更高的抗腐蚀能力。而且，SEM 分析已经证明，铜片被相当厚的石墨烯/环氧树脂复合薄膜保护得很好，表明该石墨烯/环氧树脂复合薄膜可以在腐蚀环境中起到物理屏障的作用。

除原始石墨烯外，氧化石墨烯（GO），还原氧化石墨烯（rGO）和石墨烯量子点（GQDs）等已形成常见的石墨烯基材料。在以上石墨烯家族中，GO 可以通过氧化还原法制备，成本较低。并且，GO 几乎具有石墨烯的所有关键特性（化学惰性、热化学稳定性，以及离子不渗透性），GO 具有比石墨烯更好地亲水性，同时其含氧官能团具有高度可加工性，因此可以作为进一步修饰或功能化的活性位点[26]。除了固有的特性外，这些修饰还可以为表面化学带来多功能性，并且基本上改变和改善了石墨烯的性质。Moradi 等人[27]在低碳钢表面开发了聚丙烯（PP）的防腐和超疏水涂层，将接枝马来酸酐（PP-g-MAH）和氧化石墨烯（GO）的聚丙烯等添加剂引入 PP 基体中，明显提高了涂层的致密性，并改善涂层的抗腐蚀和疏水性能。实验结果表明，PP-g-MAH 和 GO 的加入显著提高了致密性，复合石墨烯涂层表现出比纯 PP 大 800 倍的耐腐蚀性。

目前防腐涂层多为高分子树脂，耐磨能力较差，而石墨烯具有良好的力学性能，在防腐涂层中加入石墨烯可提高复合涂层的耐磨能力和硬度，避免涂层出现局部破损，从而延长涂层的使用寿命。Wang 等人[28]设计了一种旋转涂层方法，制成了更具持久防腐蚀特性的高定向石墨烯/环氧树脂（OG/EP）涂层。实验结果表明，在 3MPa 纯氧和 3.5% NaCl（质量分数）耦合环境中浸泡 7 天后，OG/EP 涂层的阻抗在 0.01Hz 仍保持较高水平，比纯环氧涂层和随机排列的石墨烯/环氧涂层的阻抗分别高出10倍和80倍。他们将OG/EP涂层的保护机理解释为石墨烯的取向将最大限度地发挥石墨烯的阻隔作用，避免石墨烯导电网络的形成。

除石墨烯外，还有许多已验证或理论预测出的新颖2D纳米材料。在过去的几年中，已经通过实验或理论预测产生了大量新颖的2D材料。这些“2D原子晶体”可分为单元素（锗烯、硅烯、硼吩、磷烯、锡等）和双元素（六方氮化硼(h-BN)、过渡金属二硫化物（TMDs)、过渡金属碳化物和氮化物（Mxenes)、层状双氢氧化物（LDHs）和其他2D材料化合物）[29-30]。这些新兴材料具有石墨烯相似的晶格结构和独特的原子排列，表明它们具有生产功能性防腐涂料的潜力。

## 1.3 镍基与硬质涂层的概述

### 1.3.1 电镀镍基涂层

镍是银白色微黄的金属，密度为8.9g/cm$^3$，熔点为1453℃，金属镍可溶于稀硝酸，但难溶于盐酸和硫酸，在硝酸中处于钝化状态。此外，金属镍与氧作用后，其表面容易生成一层极薄的钝化膜，可以抵御一些碱性和酸性环境下的腐蚀。镍的标准电极电位为-0.25V，比铁的标准电极电位正镍表面钝化后，电极电位更正，因而铁基体上的镀镍层是阴极镀层。镀镍层的孔隙率高，只有当镀层厚度超过25μm时才基本上无孔。因此薄的镀镍层不能单独用来作为防护性镀层，而常常是通过组合镀层，如铜/镍/铬、镍/铜/镍/铬或双层镍、三层镍/铬来达到既能防护又能装饰的双重目的。

镍镀层经常作为金属镀层来改善基体材料的耐腐抗摩擦性能，金属镀层通常由纯金属镀层与合金镀层组成来提高基体材料耐腐抗摩擦性能，这是提高基体材料性能的一个非常常用的方法[31]。许多金属镀层都可以提高基体材料的耐腐蚀性能和耐磨性能，而镍基涂层常用来作为金属镀层来提高零部件的性能。

作为防护装饰镀层，镍可以镀覆在低碳钢锌铸件、某些铝合金、铜合金等表面上，保护基体材料作为防护装饰镀层，镍可以镀覆在低碳钢锌铸件、某些铝合金铜合金等表面上，保护基体材料作为防护装饰镀层，镍可以镀覆在低碳钢锌铸件、某些铝合金、铜合金等表面上，保护基体材料不受腐蚀，并通过抛光暗镍层和直接镀光亮镍的方法获得光亮的镀镍层，达到装饰的目的。镍在大气中易变暗，所以往往在光亮镍上再镀薄层铬使抗蚀性更好外观更美。另外，也有在光亮镍镀层上镀一层金，或镀一薄层仿金镀层，并覆以透明的有机覆盖层，从而获得金色装饰层或在光亮镍镀层上浸、喷仿金涂料，或经化学或电化学处理得到各种色调的转化膜层多彩色调的金属镀层。

纯镍或镍基合金复合镀由于镀液稳定、容易控制、镀层性能优良等，早已被应用于防护装饰性镀层或中间镀层等。通过直流电镀制备出的镍镀层可一定程度上提高基体材料的耐腐抗磨性能，但是镍镀层的质量还满足不了某些特殊环境下的应用要求，随着社会的发展，脉冲电镀作为一种新的电镀技术越来越引起人们的重视。

脉冲电镀是将电镀槽与脉冲电源相连接构成的电镀体系[32]。通过大量的科学实验及研究发现，脉冲电镀优于直流电镀，脉冲电镀具有很多直流电镀不具备的优点，如可以提高镀层的光亮度，获得的镀层均匀致密、有较高的导电率、较小的沉积层孔隙率，有效地消除了氢脆，改善了镀层分散能力，提高了镀层的耐腐蚀性能，以及大幅度提升镀层的抗摩擦性能等；不过脉冲电镀的最大优点表现在改变脉冲参数来获得不同的镀层，镀层之间进行比较，选取合适的参数从而改善镀层的物理化学性能，这样不仅节约了贵金属而且也更容易获得想要的功能镀层[33-37]。

直流电镀镍镀层的缺点是沉积金属镍离子受扩散控制，不利于金属镍离子浓度的恢复；而脉冲电镀利用断电间隙扩散层的松弛，克服了自然传递的限制使金属镍离子浓度得以恢复，对金属镍离子的共沉积有利。当两金属平衡电位相差比较大时，除了在镀液中添加配合剂以改变金属镍离子的浓度，拉近两种共沉积金属的平衡电位外，脉冲电镀时较高的瞬间峰电位对金属离子的共沉积也有利。

近年来，在耐腐抗摩擦镍基镀层制备领域，脉冲电沉积法有着很好的前景。研究也表明，脉冲电沉积法制备纳米镍基镀层材料有很多优势，如操作简单、容易控制及实现大规模生产等[38]。由于电沉积纳米晶镀镍层晶粒的尺寸减小到了纳米级，其化学、力学、物理性能也都有了明显的变化[39]。

### 1.3.2　硬质氮化铬基涂层

20 世纪 80 年代，氮化物硬质防护涂层材料就已成功制备并得到了应用。二元氮化物硬质涂层种类很多，如 CrN、TiN、VN、TaN、NbN、HfN、ZrN、BN 和 AlN 等。与其他广泛研究的硬质涂层相比，CrN 基硬质涂层材料因其具备高硬度和韧性、高抗氧化、低残余应力、耐摩擦磨损等优点，是基础研究和应用研究的热点材料，已经被广泛应用在刀具、磨具、机械装备制造和航空航天等领域[40-43]。Li 等人[44]比较了类金刚石碳基涂层（DLC）、类石墨碳基涂层（GLC）和 CrN 涂层的承载能力及其在大气、水润滑和油润滑条件下的摩擦学行为，研究结果发现相比 DLC 和 GLC 涂层，CrN 涂层具有最好的膜基结合强度，并且在大气和油润滑条件下具有最优的摩擦性能。CrN 涂层材料可显著增强高速钢刀具的切削性能，能减少高速钢刀具磨损从而提高其寿命，其钻削性能优于 TiN、TiAlN 涂层，经过工艺优化的 CrN 涂层钻头的使用寿命提升[45]。研究发现在干摩擦、水润滑以及油润滑条件下 CrN 涂层的摩擦系数和磨损率均低于 TiN 涂层[46]。单磊等[47]比较了 CrN、TiN、TiCN 涂层在海水下的摩擦腐蚀性能，结果发现在海水中 CrN 涂层具有最低的摩擦系数，而 TiN、TiCN 涂层均已磨穿，表明 CrN 涂层相比 TiN、TiCN 涂层在海水环境中具有更优异的耐摩擦腐蚀性能。同时还发现随着氮气流量的增加，涂层相表现出逐渐从 $Cr+Cr_2N$、$Cr_2N$、$Cr_2N+CrN$ 到纯 CrN 相的变化，单相 CrN 涂层的择优取向促使涂层形成柱状晶结构，从而在海水环境电化学和力学交互作用下轻微加速涂层损伤，然而 CrN、$Cr_2N$ 两相共同存在时能抑制涂层柱状晶的持续成长从而产生致密的结构提高了涂层的耐摩擦腐蚀性能[48]。

CrN 是一种硬质难容化合物，呈银白色，具有高的硬度及分解温度、韧性和耐摩擦腐蚀性能好，可作为良好的高温结构防护材料[49]。CrN 薄膜比 TiN 薄膜的应力小、韧性高且容易成膜，CrN 薄膜的晶粒结构更加细化，膜基结合力更高，耐腐蚀性良好，在摩擦过程中表面易生成 $Cr_2O_3$ 氧化膜，其具有高的硬度和致密结构，且可作为润滑介质，可获得更好的摩擦性能。因此，其被广泛应用于机械加工、冶金制造、装饰涂覆、深海探测及航空航天等领域。Li 等人[50]通过多弧离子镀技术在 316L 基体上沉积了厚度为 80μm 的超厚 CrN 涂层，研究其微观结构、力学性能及摩擦学性能的变化，结果发现当沉积时间超过 5 个小时，涂层的残余应力降低，承载能力随涂层的厚度的增加而增加，与基体的结合力也随之增大，并且其摩擦系数和磨损率相较于薄涂层来说有了大幅度下降。Ibrahim 等人[51]采用磁控溅射法制备了在不同温度下退火的 CrN 涂层，结果表明，随着退火温度的升高，CrN 相的结晶度增加，沿（111）晶面和（200）晶面择优取向，由于位错及空位等缺陷的减少，涂层晶格畸变产生的内应力减小，并且随着退火的进行，其介电常数逐渐增加，硬度和弹性模量有所下降。光学研究表明，随着退火温度至 700C，CrN 涂层的太阳吸收率从 61% 增加到 89%，并在 800C 时略有下降。作为硬质涂层，CrN 涂层有望被应用于钠冷快堆，Chen 等人[52]利用自制的往复摩擦试验机分别在 250℃ 和 550℃ 探究 CrN 涂层在液态钠中的摩擦磨损行为，结果表明，相较于室温下 CrN 涂层的摩擦性能，液态钠对 250℃ 下 CrN 涂层的摩擦性能有积极作用，使得摩擦系数降低至 0.2，这主要是因为通过摩擦化学反应在钠和 CrN 中生成的氧化杂质形成了一层润滑氧化物膜。Wang 等人[53]采用非平衡磁控溅射法制备了不同靶电流下不同碳含量 CrN(C)涂层，随着 C 靶电流由 0 增加至 4A，C 含量逐渐增多，当 C 靶电流增加至 1A 时，形成了明显的非晶态碳涂层和 $Cr_2O_3$ 颗粒及少量碳化物，通过纳米压痕测试和涂层与 $Si_3N_4$ 球在水润滑条件下的摩擦实验可知，较高的 C 浓度使 CrN 的硬度急剧下降，并且更多的 $Cr_2O_3$ 颗粒进一步提高了涂层的磨损率，$Cr_2O_3$ 颗粒越多，接触面积越大，涂层摩擦系数越大。Shan 等人[54]研究在大气和海水环境下 CrAlN 涂层和不同陶瓷球之间的摩擦学行为，得出不同摩擦副的摩擦学性能取决于陶瓷的性能，海水中摩擦形成润滑膜及流体动力润滑机制，在降低摩擦系数（COF）中起着重要作用。

由于润滑膜和微凹坑对 SiC 球的综合影响，CIAIN/SiC 在空气和海水中的磨损率远低于 CAIN 和其他摩擦副的组合，CrAIN/SiC 在空气和海水中的 COF 最小，磨损率最低。因此，氮化物硬质防护涂层材料对于提升金属材料及构件的抗腐蚀与减摩抗磨能力具有重要作用。

## 参考文献


[1] 姜晓霞，李诗卓，李曙．金属的腐蚀磨损［M］．北京：化学工业出版社，2003.

[2] ALLEN C，BALL A. A review of the performance of engineering materials under prevalent tribological and wear situations in South African industries［J］. Tribology International，1996，29（2）：105-116.

[3] 王曦．金属材料的腐蚀与防护方法分析［J］．世界有色金属，2021，579（15）：217-218.

[4] 张伟．浅谈金属材料磨损失效及防护措施［J］．科学技术创新，2020（18）：23-24.

[5] 马云飞，张旭光．金属材料磨损失效及防护［J］．云南化工，2017，44（9）：59.

[6] NOVOSELOV K S，GEIM A K，MOROZOV S V，et al. Electric field effect in atomically thin carbon films［J］. Science，2004，306（5696）：666-669.

[7] BALANDIN ALEXANDER A，GHOSH S，BAO W Z，et al. Superior thermal conductivity of single-layer graphene［J］. Nano letters，2008，8（3）：902-907.

[8] ZHANG Y，TAN J W，KIM P，et al. Experimental observation of the quantum Hall effect and Berry's phase in grapheme［J］. Nature，2005，438（7065）：201-204.

[9] HEERSCHE H B，JARILLO-HERRERO P，OOSTINGA J B，et al. Bipolar supercurrent in graphene［J］. Nature，2007，446（7131）：56-59.

[10] HERNANDEZ Y，NICOLOSI V，LOTYA M，et al. High-yield production of graphene by liquid-phase exfoliation of graphite［J］. Nature Nanotechnology，2008，3（9）：563-568.

[11] BERGER C，SONG Z M，LI X B，et al. Electronic confinement and coherence in patterned epitaxial graphene［J］. Science，2006，312（5777）：1191.

[12] TIAN W C，LI W H，YU W B，et al. A review on lattice defects in graphene：Types，generation，effects and regulation［J］. Micromachines，2017，8（5）：1-15.

[13] MEYER JANNIK C，KISIELOWSKI C，ERNI R，et al. Direct imaging of lattice atoms and topological defects in graphene membranes［J］. Nano Letters，2008，8（11）：3582-3586.

[14] DERETZIS I，FIORI G，IANNACCONE G，et al. Effects due to back scattering and pseudogap features in graphene nanoribbons with single vacancies［J］. Physical Review B，2010，81（8）：085427.

[15] 刘括，李秀云，陆绍荣．多壁碳纳米管石墨烯/环氧树脂复合材料研究［J］．热固性树脂，2019，34（5）：54-57.

[16] YUNG T Y，SANGEETHA T，YAN W M，et al. Non-precious and accessible nanocomposite of iron oxide on PDDA-modified graphene for catalyzing oxygen reduction reaction［J］. J Power Sources，2020，5：1-7.

[17] KIM D, LEE S, HWANG Y, et al. Hydrogen storage in Li dispersed graphene with Stone-Wales defects: A first-principles study [J]. International Journal of Hydrogen Energy, 2014, 39 (25): 13189-13194.

[18] SURWADE S,SMIRNOV S N, VLASSIOUK I V, et al. Water desalination using nanoporous single-layer graphene [J]. Nat Nanotechnol, 2015, 10 (5): 459-464.

[19] SREEPRASAD T S, BERRY V. How do the electrical properties of graphene change with its functionalization? [J]. Small, 2013, 9 (3): 341-350.

[20] CUI G, BI Z X, ZHANG R Y, et al. A comprehensive review on graphene-based anti-corrosive coatings [J]. Chemical Engineering Journal, 2019, 373.

[21] SINGH RAMAN R K, CHAKRABORTY BANERJEE P, LOBO D E, et al. Protecting copper from electrochemical degradation by graphene coating [J]. Carbon, 2012, 50 (11): 4040-4045.

[22] ZHANG R, YU X, YANG Q, et al. The role of graphene in anti-corrosion coatings: A review [J]. Construction and Building Materials, 2021, 294: 123613.

[23] XU H, ZANG J, YUAN Y, et al. In situ preparation of graphene coating bonded to stainless steel substrate via Cr C bonding for excellent anticorrosion and wear resistant [J]. Applied Surface Science, 2019, 492: 199-208.

[24] UMOREN S A, SOLOMON M M. Protective polymeric films for industrial substrates: A critical review on past and recent applications with conducting polymers and polymer composites/nanocomposites [J]. Progress in Materials Science, 2019, 104: 380-450.

[25] ZIAT Y, HAMMI M, ZARHRI Z, et al. Epoxy coating modified with graphene: A promising composite against corrosion behavior of copper surface in marine media [J]. Journal of Alloys and Compounds, 2020, 820: 153380.

[26] ZHANG H,WANG S, LIN Y, et al. Stability, thermal conductivity, and rheological properties of controlled reduced graphene oxide dispersed nanofluids [J]. Applied Thermal Engineering, 2017, 119: 132-139.

[27] MORADI M,REZAEI M. Construction of highly anti-corrosion and super-hydrophobic polypropylene/graphene oxide nanocomposite coatings on carbon steel: Experimental, electrochemical and molecular dynamics studies [J]. Construction and Building Materials, 2022, 317: 126136.

[28] WANG X, LI Y, LI C, et al. Highly orientated graphene/epoxy coating with exceptional anti-corrosion performance for harsh oxygen environments [J]. Corrosion Science, 2020, 176: 109049.

[29] TAN C, CAO X, WU X J, et al. Recent advances in ultrathin two-dimensional nanomaterials [J]. Chemical reviews, 2017, 117 (9): 6225-6331.

[30] HEMANTH N, KANDASUBRAMANIAN B. Recent advances in 2D MXenes for enhanced cation intercalation in energy harvesting applications: A review [J]. Chemical Engineering Journal, 2020, 392: 123678.

[31] 谢治辉. 镁合金化学镀镍溶液及其界面反应机理研究 [D]. 长沙: 湖南大学, 2013: 7-11.

[32] 安茂忠. 电镀理论技术 [M]. 哈尔滨：哈尔滨工业大学出版社，2004：241-249.
[33] 向国朴. 脉冲电镀的原理与应用 [M]. 天津：大津科学技术出版社，1989.
[34] 王鸿建. 电镀工艺学 [M]. 哈尔滨：哈尔滨工业大学出版社，1995.
[35] PANAGOPOULOS C N,PAPACHRISTOS V D, CHRISTOFFERSEN L W. Lubricated sliding wear behaviour of Ni-P-W multilayered alloy coatings produced by pulse plating [J]. Thin Solid Films, 2000, 366 (1/2): 155-163.
[36] 向国朴，王萍. 脉冲电镀 Ag-Sb 合金的研究 [J]. 电镀与精饰，1998 (1)：4-8.
[37] 向国朴，陈高文，邱训高. 脉冲电镀中阴极电流分布规律 [J]. 天津大学学报，1993 (5)：76-81.
[38] ERB U. Electrodeposited nanocrystals: Synthesis, properties and industrial Applications [J]. Nanostructured Materials, 1995, 6 (5/6/7/8): 533-538.
[39] DEVARAJ G, SESHADRI S K. Pulscd electrodeposition of nickeI [J]. Plat. And Sur. Filn, 1996, 83 (6): 62-66.
[40] NAVINSEK B, PANJAN P, CVELBAR A. Characterization of low temperature CrN and TiN (PVD) hard coatings [J]. Surface & Coatings Technology, 1995, 74/75: 155-161.
[41] KUMAR H, RAMAKRISHNAN V, ALBERKS K et al. Friction and wear behaviour of Ni-Cr-B hardface coating on 316LN stainless steel in liquid sodium at elevated temperature [J]. Journal of Nuclear Materials, 2017: S0022311517307791.
[42] SHAN L, WANG Y, ZHANG Y et al. Tribocorrosion behaviors of PVD CrN coated stainless steel in seawater [J]. Wear, 2016, 362/363: 97-104.
[43] LI Z, WANG Y, CHENG X et al. Continuously growing ultra-thick CrN coating to achieve high load bearing capacity and good tribological property [J]. ACS Applied Materials & Interfaces, 2018.
[44] LI Z, GUAN X, WANG Y et al. Comparative study on the load carrying capacities of DLC, GLC and CrN coatings under sliding-friction condition in different environments [J]. Surface & Coatings Technology, 2017, 321: 350-357.
[45] 杨娟，陈志谦，聂朝胤. 电弧离子镀 CrN 涂层的制备及性能研究 [J]. 金属热处理，2009, 34 (7)：75-79.
[46] 谢红梅，聂朝胤. TiN、CrN 涂层的环境摩擦磨损对比研究 [J]. 新技术新工艺，2010, 6：63-66.
[47] 单磊，王永欣，李金龙，等. TiN、TiCN 和 CrN 涂层在海水环境下的摩擦学性能 [J]. 中国表面工程，2013, 26 (6)：86-92.
[48] SHAN L, WANG Y X, LI J L, et al. Effect of $N_2$ flow rate on microstructure and mechanical properties of PVD $CrN_x$ coatings for tribological application in seawater [J]. Surface & Coatings Technology, 2014, 242: 74-82.
[49] NAVINSEK B,PANJAN P. Oxidation of CrN. hard coatings reactively sputtered at low temperature [J]. Thin Solid Films, 1993, 223 (1): 4-6.
[50] LI Z C, WANG Y X, CHENG X Y, et al. Continuously growing ultrathick CrN coating to achieve high load-bearing capacity and good tribological property [J]. Acs Applied Materials

& Interfaces, 2018, 10 (3): 2965-2975.

[51] IBRAHIM K, RAHMAN M M, ZHAO X, et al. Annealing effects on microstructural, optical, and mechanical properties of sputtered CrN thin film coatings: Experimental studies and finite element modeling [J]. Journal of Alloys and Compouns, 2018, 750: 451-464.

[52] CHEN Y J, WANG S H, HAO Y, et al. Friction and wear behavior of CrN coating on 316L stainless steel in liquid sodium at elevated temperature [J]. Tribology International, 2020, 143: 106079.

[53] WANG Q Z, ZHOU F, DING X D, et al. Microstructure and water-lubricated friction and wear properties of CrN (C) coatings with different carbon contents [J]. Applied Surface Science, 2013, 268: 579-587.

[54] SHAN L, WANG Y X, ZHANG Y R, et al. Tribological performances of CrAIN coating coupled with different ceramics in seawater [J]. Surface Topography Metrology & Properties, 2017, 5 (3): 034002.

# 2 计算方法与沉积技术

## 2.1 第一性原理计算

基于量子化学和计算技术的计算机模拟技术逐渐发展起来。它运用量子力学的方法和原理，分析物质的微观运动规律，探索原子和分子的结构与性能之间的关系。20 世纪 20 年代末，薛定谔和海森堡两位物理学家分别建立了波动力学和矩阵力学，量子力学逐渐引起人们的关注。1927 年，海特勒成功地运用量子力学的基本原理解释了两个氢原子形成稳定氢分子的原因，从而导致了量子化学的迅速发展。近年来，随着计算技术的迅速发展和普及，以及凝聚态物理、数学、固体物理、群论等基础学科的进步，量子化学方法也从半经验算法进入了密度泛函理论方法，使其越来越完善。随着计算方法的发展，大大减少了计算量，提高了计算精度。量子化学、分子力学、分子动力学和蒙特卡罗模拟的结合构成了现代分子模拟技术的架构。

第一性原理计算就是基于密度泛函理论的量子力学方法，通过求解薛定谔方程，将多体问题简化为单体问题。最终通过获得材料的微观结构信息，如能带、态密度（总态密度、偏态密度、局域态密度等）、差分密度电荷、光学性质、力学性质（弹性常数等）等[1-4]。

### 2.1.1 计算理论基础

2.1.1.1 薛定谔方程

19 世纪末，为解决黑体辐射问题，德国物理学家普朗克于 1900 年提出量子的概念，并推导出了黑体辐射公式。在此基础上，康普顿、德布罗意、波恩等科学家不断发展。后于 1926 年由奥地利物理学家薛定谔提出了在势场中运动的微观粒子的波函数 $\Psi$ 应满足的方程为

$$\left[-\frac{\hbar^2}{2\mu}\nabla + V(r)\right]\Psi = i\hbar\frac{\partial}{\partial t}\Psi \tag{2-1}$$

该方程即为薛定谔方程，揭示了微观粒子的运动规律，求解该方程有助于预测材料的性质。

2.1.1.2 Hohenberg-Kohn 理论

如何求解多体问题是物理学界的一个重要问题，多体现象构成了自然界的宏

观物体。Hohenberg-Kohn 理论（H-K 理论）的诞生就是为求解薛定谔方程中的多粒子问题。该理论将复杂的多体问题进行简化，最后变为单体问题求解。因此该理论也为密度泛函理论的基础。

基于此，能量泛函的表达式最终可表示为

$$F[\rho(r)] = \int V_{ext}(r)\rho(r)\,dr + \frac{1}{2}\iint \frac{\rho(r)\rho(r')}{|r - r'|}drdr' + T[\rho(r')] + E_{XC}[\rho] \tag{2-2}$$

2.1.1.3 Kohn-Sham 方程

由于关于普适泛函的具体情况不清楚，H-K 理论虽然表明对体系能量泛函电荷密度的基态能量求解可以求偏分获得，但这仍不能直接对其进行求解。1965 年，Kohn 和沈吕九建立了 Kohn-Sham 方程，简称 KS 方程，Kohn-Sham 方程在此方面更加方便[4]。

KS 方程将多体问题转化为单体问题求解。最终方程求解基态总能的公式可以表示为

$$E_0 = \sum_j \varepsilon_j - \frac{1}{2}\iint \frac{\rho(r)\rho(r')}{|r - r'|}drdr' + E_{XC}[\rho] - \int V_{XC}(r)\rho(r)\,dr \tag{2-3}$$

2.1.1.4 交换关联泛函

在 Kohn-Sham 方程中,有相互作用的复杂部分全包含在交换关联能 $E_{XC}[\rho(r)]$ 中，所以此部分的准确度关乎最终的计算结果。

H-S 理论虽然已经为理论计算（DFT）提供了基本框架，但是在实验中仍是困难重重。主要在于交换关联泛函中的交换关联能 $E_{XC}[\rho(r)]$ 无法准确计算得到。因此，局部密度近似（LDA）法被 Kohn-Sham 提出。

在局部密度近似下，将一般非均匀系统划分为无穷小体积。因此根据自由电子气模型 $E_{XC}[\rho(r)]$ 可以定义为

$$E_{XC}[\rho] = \int \rho(r)\varepsilon_{XC}(\rho)\,dr \tag{2-4}$$

因此，交换关联泛函表达为

$$V_{XC}^{LDA} = \frac{\delta E_{XC}[\rho]}{\delta\rho} = \varepsilon_{XC}^{h}[\rho(r)] + \rho(r)\frac{\delta\varepsilon_{XC}[\rho]}{\delta\rho} \tag{2-5}$$

其中关联能密度通过均匀电子气模拟，在此基础上，对函数进行拟合，最终会得到 Perdew-Zunger 函数、Vosko-Wilk-Nusair 函数两种形式。但局域密度近似对于电子密度迅速变化的计算表述不精确，并且无法应对范德华力的影响。同时 LDA 对金属氧化物这种强关联体系也无法准确计算出结果。计算得到的原子结合能偏高，但晶格参数、力学性能参数等数值又偏低。

针对局域密度近似的缺陷，广义梯度近似（GGA）方法被引入计算作为半局域近似的修正方法。目前，常用的广义梯度近似泛函有 Becke-Lee-Yang-Paee (BLYP)、Perdew-Wang (PW91) 和 Perdew-Becke-Ernerhof (PBE) 等。GGA 法改善了局域梯度近似（LDA）的计算结果的准确度。在常用的三种泛函中，PW91 和 PBE 的使用较多。并且两种泛函的形式较相似，但 PBE 泛函使广义梯度近似（GGA）计算更为容易，所以得到了更为广泛的使用。

广义梯度近似下的交换关联能可以表示为

$$E_{\mathrm{XC}}^{\mathrm{GGA}}[\rho] = \int \rho \varepsilon_{\mathrm{XC}} F_{\mathrm{XC}}[\rho(r), |\nabla\rho(r)|]\mathrm{d}r \tag{2-6}$$

而 PBE 泛函下的交换关联能可以表示为

$$E_{\mathrm{C}}^{\mathrm{PBE}}[n_{\uparrow}, n_{\downarrow}] = \int n[\varepsilon_{\mathrm{c}}(r_{\mathrm{s}}, \zeta) + H(r_{\mathrm{s}}, \zeta_{\mathrm{s}}, t)]\mathrm{d}^3 r \tag{2-7}$$

GGA 法因为考虑了电子密度的非局域性和梯度效应，所以 GGA 法更适合计算金属体系的计算，同时体系能量，晶格、体积等参数能够比局域梯度近似（LDA）更贴近实验值。但 GGA 有过分修正的问题，所以针对复杂的体系，LDA 和 GGA 共同参与计算才能得到更贴近实验的实验结果。同时，这两种近似都不能很好地描述远程弱相互作用如范德华力等对材料的影响。

### 2.1.2　计算方法

对于理想晶体，单粒子轨道波函数在周期性边界条件下的平面展开为

$$\phi(r) = \frac{1}{\sqrt{N\Omega}}\sum_{G} u(G)\exp[\mathrm{i}(K+G)\cdot r] \tag{2-8}$$

最后可以对公式进行代数精简，最后可以得到截断能表达式

$$E_{\mathrm{cut}} = \frac{\hbar^2(G+K)^2}{2m} \tag{2-9}$$

截断能是计算中的一个关键参数，截断能设置太小，则计算精度不够；如果截断能设置较高，则运算量过高，计算精度提升有限。与此同时，与截断能一样，力的收敛，晶胞的公差偏移量，电子步的收敛都和截断能一样，都需要进行计算测试，在保证计算精度的同时，提高计算效率。

以倒易空间内的某一倒格点作为坐标原点，随后将倒格子中所有格点都用倒格矢表示。最短倒格矢的垂直平分面在空间中围成的多面体，作为第一布里渊区。次短倒格矢的垂直平分面作为第二布里渊区，以此类推。下式为布里渊区边界方程

$$k \cdot G = \frac{1}{2}G^2 \tag{2-10}$$

根据布洛赫定理，电子的能带由对计算其运动求解薛定谔方程的一系列解

构成。

因此，$K$点的选择也是和截断能一样是影响计算精度和计算效率的重要参数。所以，在保证计算精度的条件下，尽量选择合适的$K$点密度。

在平面波基组展开中，原子的内层波函数具有高震荡特性，使得计算的难度提高了。因此，需要对价电子的作用用特定的势模型予以取代，以减少计算成本和提高计算效率。同时，赝势方法本身也是材料物理化学中的一种近似工具，目前常用的赝势方法主要有模守恒赝势（NCPP）和超软赝势（USPP）。

## 2.2 电镀沉积技术

### 2.2.1 电镀沉积技术的概念

电镀技术又称为电化学沉积，是通过在基体材料表面获得金属镀层的主要方法之一，是在直流电场和脉冲电场的作用下，在电解质溶液（电镀液）中由阳极和阴极构成通路，使溶液中游离的金属离子沉积到阴极镀件表面上的过程。

电镀技术是众多表面处理技术中工艺相对成熟、成本低廉、易于操作，并对国民经济各行业的发展起到重要作用的技术。尤其随着社会环境和科学技术的发展，许多产品零部件在特殊工作环境下如严酷的腐蚀环境、易磨损，以及特殊的细孔有着更高的要求，需要其具有高耐腐蚀性、抗高温氧化性、良好的导电性、高硬度、高耐磨性等特点。

因此，通过利用电镀技术来获得功能性镀层已经成为现代电化学应用工作者的重点研究方向之一。常温下，镍具有耐盐、碱和有机酸溶液腐蚀的性质，并且细晶镍镀层具有较高的耐磨性能。因此镍是一种理想的金属表面镀层材料，利用电镀在金属材料表面形成镍镀层是一种常用的提高金属材料表面耐磨性和耐蚀性技术手段。

### 2.2.2 电镀技术的分类

电镀技术的分类方法有很多种，主要是根据镀层的种类和基体材料上表面所获得的镀层性能和作用来分类，目前我们发现电镀镍层具有优异的耐腐抗摩擦性能。电镀方式可分为直流电镀和脉冲电镀。

#### 2.2.2.1 直流电镀镍

直流电镀是指在直流作用下，在含有被镀金属离子的溶液中，从作为阴极的制件表面获得金属镀层的过程[5]。电镀时，直流电源的负极接电镀件，正极接欲沉积金属板。当在两电极及两极间含粒子与金属离子的电解液间通电流时，电镀液中的阳、阴离子因受到电场作用，产生有规则的移动，即阳离子向阴极迁移，阴离子向阳极迁移。此时，阳极极板金属氧化成金属离子进入到镀液中，并由于浓度差扩散迁移至阴极，在阴极镀件表面还原沉积成镀层[6]。阴极（待镀件）发生的电极反应为：$Ni^{2+}+2e \rightarrow Ni$；在待镀件（阴极）表面发生还原反应，镀液中的$Ni^{2+}$在阴极附近得到两个电子还原为镍金属沉积在阴极表面。阳极（纯镍片）发生的电极反应为：$Ni-2e \rightarrow Ni^{2+}$；镍金属失去两个电子由金属单质变为$Ni^{2+}$溶解到镀液中去。

#### 2.2.2.2　脉冲电镀镍

与直流电镀相比，脉冲电镀可以提高镍的电沉积效率，所制得的镀层光亮度较好，镀层表面光亮平整；另外，在保证镀层质量情况下脉冲电镀可以减少有机添加剂用量。脉冲电镀作为槽外控制镀层性能的一种新的表面处理技术，优于直流电镀，镀出的沉积层均匀致密，有较低的孔隙率，较高的光亮度和电导率，耐腐蚀性能较好。在电流密度相等的情况下，直流镀镍要比脉冲镀镍的电流效率高。脉冲镀镍的电流效率随着占空比的增加而增加，当占空比为0.1时，电流效率为94.5%～95.9%；而当占空比达到0.8时，电流效率为95.5%～97.5%。另外，用脉冲电镀镀镍可以提高沉积层的硬度，当使用的脉冲频率较小时，可以获得很高的硬度和较低的孔隙率。直流电镀镍时，电流密度增大，得到的镍镀层硬度降低；而使用脉冲电镀时，随着电流密度增大，镍镀层的硬度随之增大。在镍镀层耐磨性的研究中，用脉冲电镀镀出来的镀镍层的耐磨性比用直流电镀获得的镍镀层的好；且梯形波脉冲电镀获得的镀层耐磨性最好，直流电镀效果最差，反向脉冲法介于两者之间[7]。

脉冲电镀是一种电化学过程，有一套借助脉冲电源与镀槽建立起来的电镀装置。脉冲电镀时，被消耗的金属离子利用关停的间隔期，使阴极周围的金属浓度得到补充。因此，脉冲电镀与直流电镀时传质过程的差异，使得选择的峰值电流高于平均电流成为可能，得到的结果是晶种形成速度较晶体长大的速度快很多，另外所得镀层结晶细化，排列紧密、孔隙率低、电阻率小。

脉冲电镀作为一种新型的电镀方法，其电镀回路周期性地接通和断开，或者在直流上叠加一种特定脉冲波形进行电镀。与一般直流电镀方法相比，它可以得到平整致密的镀层，而且附着性好，同时还具有较高的电流效率、环保等优点；在研究和应用中，脉冲电镀通常所使用的脉冲方式可分为单向脉冲和双向脉冲。使用的脉冲波主要是矩形波和正弦波。所依据的电化学原理是：在一个脉冲周期内，电流的导通增大了电化学极化，阴极周围金属离子充分沉积，镀层细致光亮；当电流关断时，在此期间处于阴极附近的放电离子慢慢恢复到初始浓度，消除了浓差极化；电源接通和断开交替进行，使得阴极附近的金属离子有一个消耗到补充的过程。

综上可知，脉冲电镀与直流电镀的区别在于前者应用了脉冲电源，克服了直流电镀的不足。由于导通时间较短，峰值电流密度又很大，在脉冲接通时间内，阴极周围的金属离子浓度急剧减小，且接通时间较短使得扩散层来不及长厚；在脉冲关断时间内，阴极周围的金属离子及时得到补充，扩散层基本上被消除。由于脉冲电镀利用电流或电压脉冲的张弛，使阴极的活化极化增加、阴极的浓差极化降低，从而使沉积层的物理化学性能得以改善[8]。

## 2.3　物理气相沉积技术

所谓物理气相沉积（PVD）是将固态或液态的成膜材料以原子或分子的形式在低气压放电气体环境中定向转移到基材上形成致密涂层的技术。PVD 的沉积速率为 1 ~10nm/s，膜层厚度一般处于纳米至微米量级，但通过反应沉积过程，纯金属、合金及化合物均可在一定的气氛（如氮气、氧气等）内作为成膜材料，在此微小的厚度范围内通过参数调控实现多层、多组分、多相涂层的设计构筑，具有很高的灵活性。它的基本过程包括 3 个步骤：提供气相沉积所需的原料；向即将镀膜的零部件传递原料；将原料沉积在基体材料表面形成所需要的涂层。

与其他表面处理方法相比，PVD 方法具有如下优点：

（1）涂层种类丰富，能沉积在诸多金属、合金化合物的表面。

（2）镀层结构致密，附着力强。

（3）制备涂层时温度较低，零部件无须考虑因受热产生的变形问题。

正是因为上述优点，PVD 涂层的应用领域广泛[9]。一般情况下，人们所谈及的 PVD 技术主要可以分为 3 种：（1）真空蒸发镀膜技术；（2）真空溅射镀膜技术；（3）真空离子镀膜技术。其中，真空溅射镀膜技术和真空离子镀膜技术均属于离子气相沉积技术。在低气压环境下，通过沉积过程中的等离子放电来制备涂层，有利于提高涂层的结合强度，同时促进所需制备的涂层形核与生长[10]。

### 2.3.1　真空蒸发镀膜技术

真空蒸发镀膜技术的基本原理是，在真空气氛内（所需真空度达到 $10^{-3}$ ~ $10^{-2}$Pa），把需要蒸发气化的材料加热到所需温度之后，镀料即开始气化形成分子或者原子沉积在基体材料表面形成涂层或者镀层。全过程主要由镀料蒸发气化、蒸发形成后的材料分子或原子的移动、材料分子或原子在基体材料表面沉积这 3 个基本过程组成。

### 2.3.2　真空溅射镀膜技术

与真空蒸发镀膜相比，真空溅射镀膜技术有以下优点：

（1）可实现大面积沉积。

（2）可进行大规模连续生产。

(3) 所有物质都可以参与溅射，特别是熔点较高的化合物。

(4) 溅射镀膜技术所制备的涂层具有致密的组织结构，不存在气孔，与基体材料的结合强度高。

真空溅射镀膜技术按照设备原理不同，又可以再分为6大类，即二极溅射技术、三极溅射技术、四极溅射技术、射频溅射技术、磁控溅射技术和反应溅射技术，其中磁控溅射技术运用广泛[11]。

### 2.3.3 真空离子镀膜技术

常用的真空离子镀膜技术主要有空心阴极离子镀膜与电弧离子镀膜两种。其中电弧离子镀膜最为常用[12]。较之于真空蒸发镀膜和真空溅射镀膜技术，在原理上和工艺上离子镀膜具有以下优点：

(1) 黏着力好，涂层不易脱落。这是因为离子轰击会对基片产生溅射作用，使基片不断受到清洗，从而提高了基片的黏着力，同时由于溅射使基片表面被刻蚀而使表面的粗糙度有所增加。离子镀层黏着力好的另一个原因是轰击离子所携带的动能变为热能，从而对基片产生了一个自然加热效应，这就提高了基片表面层组织的结晶性能，从而促进了化学反应和扩散作用。

(2) 绕射线能良好。因为蒸镀材料在等离子区域内被离化成了带正电的离子，这些带正电的离子随着电场线的方向到达具有负偏压的基体材料上。

(3) 镀层质量高。由于沉积的涂层不断受到阳离子的轰击从而引起冷凝物发生溅射，致使膜层组织致密。

(4) 沉积工艺较为简单，操作流程较为简便，涂层沉积速率较高，可制备厚涂层。

(5) 可镀材料广泛。可以在多种材料表面（金属或者非金属）上镀制相应的涂层。

(6) 沉积效率高。一般来说，离子镀沉积几十纳米甚至微米级厚度的膜层，其速度较其他方法快。

阴极电弧离子镀（cathode arc ion plating）技术是近几十年发展起来的一种涂层沉积技术，可用于沉积 Ti、Cr、Al 等金属涂层，还可以用来制备化合物和其他合金涂层。阴极电弧离子镀技术应用面广、实用性强，该沉积技术具有诸多优点，例如发射粒子流的离化率高、动能高（40～100eV）、反应率高（化合物涂层）；所制备涂层与基体结合强度高；绕镀性好，可在形状复杂基体表面沉积高质量涂层；工艺操作简单，沉积速率快，涂层均匀性好，可用于沉积厚涂层。采用阴极电弧离子镀技术制备涂层过程中，电弧的基本过程发生在阴极区电弧点电弧点的尺寸在微米级，并具有非常高的电流密度。在阴极电弧点，材料几乎完全离化并垂直于阴极表面方向发射出去，而微粒则在阴极表面以较小的角度离开电子加速跑向离子云，其中一部分离子被加速跑向阴极并创造出新的电弧点[13]。靶材作为阴极，通过热蒸发形成由离子、电子、中性气相原子以及微粒组成的蒸发物[14]。

## 参 考 文 献

[1] 谢希德．固体能带理论［M］．上海：复旦大学出版社，1998.

[2] 黄昆．固体物理［M］．北京：高等教育出版社，1988.

[3] 肖慎修．密度泛函理论的离散变分方法在化学和材料物理学中的应用［M］．北京：科学出版社，1998.

[4] KOHN W，SHAM L J. Self-consistent equations including exchange and correlation effects［J］. Physical review，1965，140（4A）：A1133.

[5] KE L U. Surface Nanocrystallization（SNC）of metallic materials-presentation of the concept behind a new approach［J］. Journal of Materials Science & Technology，1999，25（3）：193-197.

[6] CHEN W X，TU J P，WANG L Y，et al. Tribological application of carbon nanotubes in a metal-based composite coating and composites［J］. Carbon，2003，41（2）：215-222.

[7] 汤胶宁，龚晓钟，柳文军．脉冲和直流电镀镍层磨损及腐蚀磨损性能研究［J］．材料保护，2001，35（7）：12-14.

[8] 张玉碧，李照美，李云尔，等．脉冲电镀中脉冲参数对镍镀层显微硬度的影响［J］．电镀与涂饰，2005，24（2）：1-3.

[9] 潭昌瑶，王均石．实用表面工程技术［N］．北京：新时代出版社，1998.

[10] 王福贞，用立时．表面沉积技术［M］．北京：机械工业出版社，1989.

[11] 叶育伟，陈灏，章杨荣．金属氮化物基硬质涂层耐磨防腐技术［M］．北京：冶金工业出版社，2021.

[12] 陈仁德．钛靶受控阴极电弧的放电特性与大颗粒缺陷研究［D］．宁波：中国科学院宁波材料技术与工程研究所，2018.

[13] 匡君君，姜春玉，刘宏斌．电弧离子镀技术在航空工业上的应用［J］．电镀与精饰，2016，38（8）：23-26.

[14] 邱家稳，赵栋才．电弧离子镀技术及其在硬质薄膜方面的应用［J］．表面技术，2012，41（2）：93-100.

# 3　石墨烯涂层抗氧化腐蚀的理论基础

石墨烯作为一种新型防腐材料，可以显著提高涂层的整体性能，如降低涂层厚度，增加涂层与基体的结合力，提高涂层的耐磨性。由于石墨烯涂层不仅具有阴极保护作用和玻璃平板涂层的屏蔽作用，其防腐性能优于现有船用重防腐涂料。但是石墨烯在应用过程中不可避免与空气或其他复杂环境接触，会与氧等活性介质发生作用。尤其是石墨烯的缺陷会加速它的氧化过程，甚至在长期处于恶劣环境下会导致抗氧化腐蚀性能大大减弱。同时石墨烯在氯环境下的氧扩散行为仅得到实验的验证，并没有很好的理论解释，因此，对于石墨烯的抗氧化腐蚀机理的探究至关重要，以便为石墨烯在防腐涂层中的应用奠定重要的指导基础。

## 3.1　活性氯对石墨烯抗氧化腐蚀行为的影响

通常，腐蚀和缓蚀经常发生，特别是对于船舶和海上建筑物，海洋腐蚀是一种缓慢的化学或电化学过程，本身是一种自然现象。金属材料与氧和水相互作用，导致自身的失效和破坏。由于海水侵蚀，船和厂房设备受损，日常生产遭受严重损失，油漆和电气方法被广泛用于防腐蚀，但不幸的是，大多数方法都不理想。从腐蚀的角度来看，氯离子被认为是海水中最具侵略性的成分，但氯在腐蚀过程中的作用仍未被充分了解。例如，氯化物通过离子传输有助于提高电解延展性。较高的电导率意味着阳极和阴极区域之间的电流在电偶中可以通过更大的距离流动，局部电流也可能更高，总体效果通常是较高的局部腐蚀速率。阳极区域的腐蚀是由阴极部位的还原反应产生的。如果阴极腐蚀产物阻止氧扩散，它们可以提供一定程度的保护作用。

用光化学方法对石墨烯进行了氯化反应实验，通过拉曼光谱和 X 射线光电子能谱(XPS)观察证实了共价 C—Cl 键的形成[1]。单侧暴露的 Cl 覆盖率为 8%，远低于氯化体系中的相应值（25%），也低于预测的双层石墨烯的最大 Cl 覆盖率(这可以看作是石墨烯单侧氯化的一种模拟)。在不同条件下，各种 Cl 吸附构型（非键合、离子键合和共价键合）如何相互作用以及在含氯的环境中，是否会对石墨烯的抗氧化腐蚀能力产生影响等问题是相互联系的，这些问题的关键是石墨烯吸附氯后对氧的影响，这在以往的理论研究中被忽略了。

在海洋或沿海地区，水或空气中可能含有大量的氯，从而引起石墨烯的破坏，其过程如下：（1）氯原子吸附在石墨烯六边形晶格上。（2）氧原子吸附在含氯石墨烯上，然后氧原子扩散。这一过程将增加石墨烯的变形，这已被证明是 $sp^2$ 键到 $sp^3$ 键的转换[2]。我们知道，$sp^3$ 键的键能比 $sp^2$ 键的键能小，因此这种转变可能导致氧原子更快地吸附并破坏石墨烯。（3）氧原子或含氧基团吸附在含氯石墨烯的对侧，可能导致石墨烯的链断裂[3]。石墨烯在海洋环境中应用时，不可避免地要接触氯和氧，因此，了解氧原子在石墨烯上的扩散机制具有重要的意义。

另外，石墨烯在制备和转移过程中极其容易产生缺陷，在现阶段的工业应用中几乎没有结构完整的石墨烯。在石墨烯的制备和转移过程中，易出现各种缺陷，如空位和起皱[4-5]。对于石墨烯空位缺陷，Matthew F. Chisholm 计算了空位的形成能，表明大多数空位以双空位形式出现[6]。众所周知，空位是石墨烯保护能力的一个致命缺陷，腐蚀颗粒（水、无机盐、氧等）会聚集在石墨烯的空位缺陷处，然后逐渐穿透石墨烯，引起基体的腐蚀。值得注意的是，这些缺陷不能通过多层石墨烯的叠加来消除[7]。在最近的研究中，使用密度泛函理论（DFT）计算来解释多层石墨烯与单层相比的优越势垒特性。考虑了两种不同的情况：一种是单个石墨烯层中的缺陷相互重叠，另一种是它们不重叠。在第一种情况下，重叠缺陷形成空间位阻，抑制氧气在垂直方向的扩散。而在第二种情况下，层间扩散势垒足够高，导致氧气在水平方向的扩散成为限制步骤。

这些说明海洋环境中含有的大量的 Cl 是最具侵略性的成分；O 的扩散会导致石墨烯裂解，破坏石墨烯的完整结构；含有空位缺陷的石墨烯不能有效阻止腐蚀性粒子的渗透。然而，海洋中大量存在的 Cl 离子是否会对石墨烯的抗氧化腐蚀产生不利影响，即 Cl 的存在是否加速氧在石墨烯上的扩散，从而加速石墨烯的破坏，在空位缺陷石墨烯中，Cl 的存在是否会加快氧穿过石墨烯，这在以往的研究中没有得到一个很好的理论解释。

因此，在本节中通过第一性原理模拟计算，利用密度泛函理论，模拟了在含氯的情况下，O 在石墨烯上和空位缺陷石墨烯上的吸附及扩散情况，通过计算吸附能、态密度、差分电荷密度、扩散势垒，从而明确 Cl 对石墨烯抗氧化腐蚀行为的影响。

### 3.1.1 石墨烯上氧和氯原子的吸附结构

利用第一性原理计算模拟软件包（VASP）和 PAW 势进行 DFT 计算[8]，在计算过程中，考虑了单层石墨烯在一侧的氯化反应。使用 550eV 的截断能量用于计算和广义梯度近似（GGA）与 Perdew Burke Ernzerhof（PBE）参数化[9]。电子自洽的能量收敛标准为 $10^{-5}$eV。力的收敛标准为 0.1eV/nm。使用共轭梯度法优化原子位置。并采用 PBE + vdW 计算方法计算了 Vander Waals 的影响。构建了一个 5×5 的超胞，以足够的空间使 Cl 原子在石墨烯表面吸附和 O 原子扩散。为了避免石墨烯层之间沿 $Z$ 方向的相互作用，在垂直于单层石墨烯表面的方向上增加了一层 1.5nm 的真空层。布里渊区的 $K$ 点网格取 5×5×1。为了比较 O 原子在原始石墨烯和含氯石墨烯上扩散势垒的差异，采用 Henkelman 组的 VASP（VTST）[10-11] 程序过渡态工具的 Cl-NEB 方法寻找鞍点和最小能量路径。

石墨烯的氧化反应是环境中的氧被吸附到石墨烯表面，并进一步对石墨烯产生破坏的过程。为了明确 O 在石墨烯表面和空位缺陷石墨烯上的吸附机理，以及在含氯情况下对氧吸附的影响，我们使用密度泛函理论模拟了氧在石墨烯上的吸附情况。在计算过程中，使用的计算模型如图 3-1 所示。图 3-1(a)所示为计算中使用的石墨烯模型，尺寸大小为 1.23nm×1.23nm×1.5nm，在 $z$ 轴方向添加 1.5nm 真空层是为了避免周期性模型中层与层之间相互影响，这个模型被证明是可靠的。图 3-1(b)所示为 5×5 超胞俯视图，图 3-1(c)所示为空位缺陷石墨烯模型，这种空位缺陷石墨烯模型是被普遍接受的[12]。

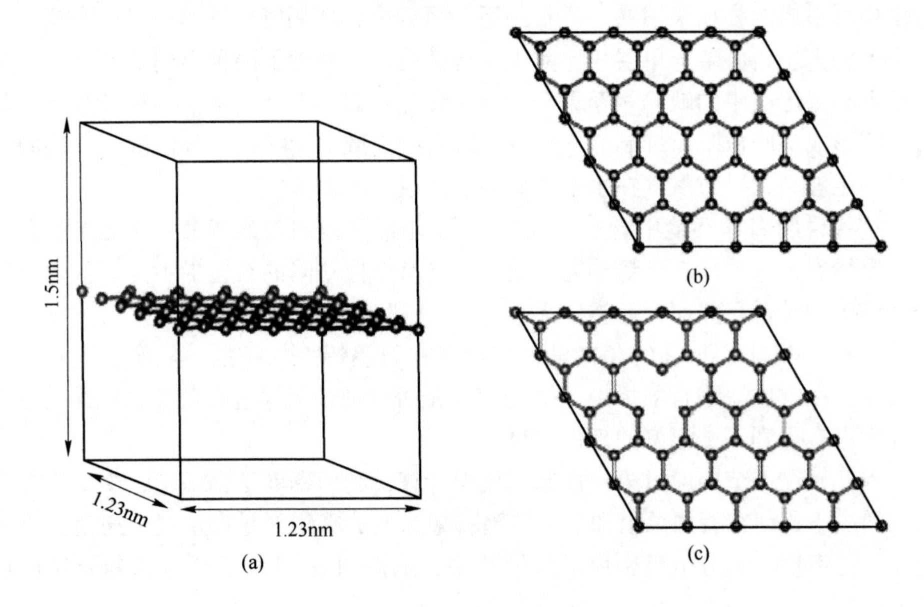


图 3-1　计算所用石墨烯模型

（a）模型尺寸；（b）5×5 石墨烯超胞；（c）空位缺陷石墨烯

首先，计算了 O 和 Cl 原子在单层石墨烯六边形晶体结构中，存在三种不同的高对称点位，即在石墨烯 C 原子的正上方（顶位，T）、C—C 键的正上方（桥位，B）、石墨烯六元环中心的正上方（间位，H）。因此需要计算 O 在石墨烯三个不同位置吸附的总能量，如图 3-2(a)所示，选择最佳的吸附模型。而对于空位缺陷石墨烯，计算了 O 在石墨烯四个不同高对称点位的吸附结构，如

图3-2（b）所示。从计算得出体系的系统总能量可以得出，在纯石墨烯上，O吸附在桥位时能量最低，即桥位为O的最佳吸附点位，因此，对于后续计算，我们都以桥位吸附O原子作为初始结构模型。而对于含缺陷的石墨烯，O在$B_1$、$B_2$点位上吸附时的体系总能量一样，这两个点位可以认为是相同的吸附点位。$T_2$点位的系统总能量最大，其吸附最不稳定。体系能量最低的点位为吸附在$T_1$原子的正上方，与在纯石墨烯上吸附不同的是，O并非在桥位吸附时系统总能量最低，这是因为石墨烯的空位导致石墨烯六边形晶格形成的π—π键被破坏，裸露出来的C原子形成孤对电子，活性较高，易与氧结合。其中C—O的键长为0.123nm，这与C═O双键的长度一致，而原始石墨烯吸附氧的键长为0.154nm[12]。很明显，氧倾向于吸附在石墨烯的空位缺陷上，这会导致石墨烯空位中大量的氧积聚，这一过程石墨烯将进一步发生氧化[13]。因此，O原子总是倾向于吸附在空位缺陷石墨烯$T_1$点位的C原子上。

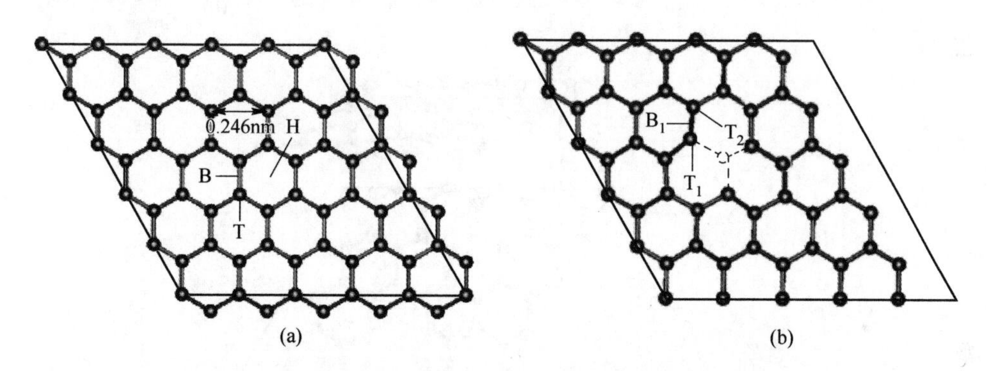


图3-2 氧在石墨烯和空位缺陷石墨烯上吸附的高对称点位

而对于氯在石墨烯上的吸附，我们也对不同构型的吸附模型进行计算。我们从一个氯原子的吸附开始，如图3-3(a)所示。吸附的Cl原子位于C原子的顶位而不是桥位或空位，结合能为1.13eV。Cl原子的吸附导致石墨烯的结构变形可以忽略不计，C原子保持其平面结构。Cl和C原子之间的距离（$d_{C—Cl}$）为0.253nm，远大于它们共价半径的总和（0.176nm）。因此，单个Cl原子不能很好地吸附在石墨烯上。如图3-3（b）所示，在纯石墨烯上，当吸附两个氯原子时，Cl和C原子之间的距离（$d_{C—Cl}$）为0.194nm，属于共价键的范围[14]。这种结构晶格间的平衡有利于吸附引起的未配对电子的有效重聚，从而稳定体系，消除磁矩。在Cl下面的C原子与最近邻的C原子之间的C—C键的长度为0.147nm，C—C—Cl的和C—C—C的角分别为103.0°和115.5°。这些值揭示了从$sp^2$杂化到$sp^3$杂化的转变，这种对顶位吸附结构可归类为共价键。因此，氯可以稳定吸附在石墨烯表面，两个氯原子分别占据石墨烯六边形格点相对的两个C原子上为最稳定吸附结构。对于空位缺陷石墨烯，由于空位旁边的C原子具有很高的活性，单个 Cl 原子就可以稳定吸附在 C 原子上，如图 3-3(c)所示，Cl 和 C 原子之间的距离（$d_{C-Cl}$）为 0. 181nm，为共价键结构。

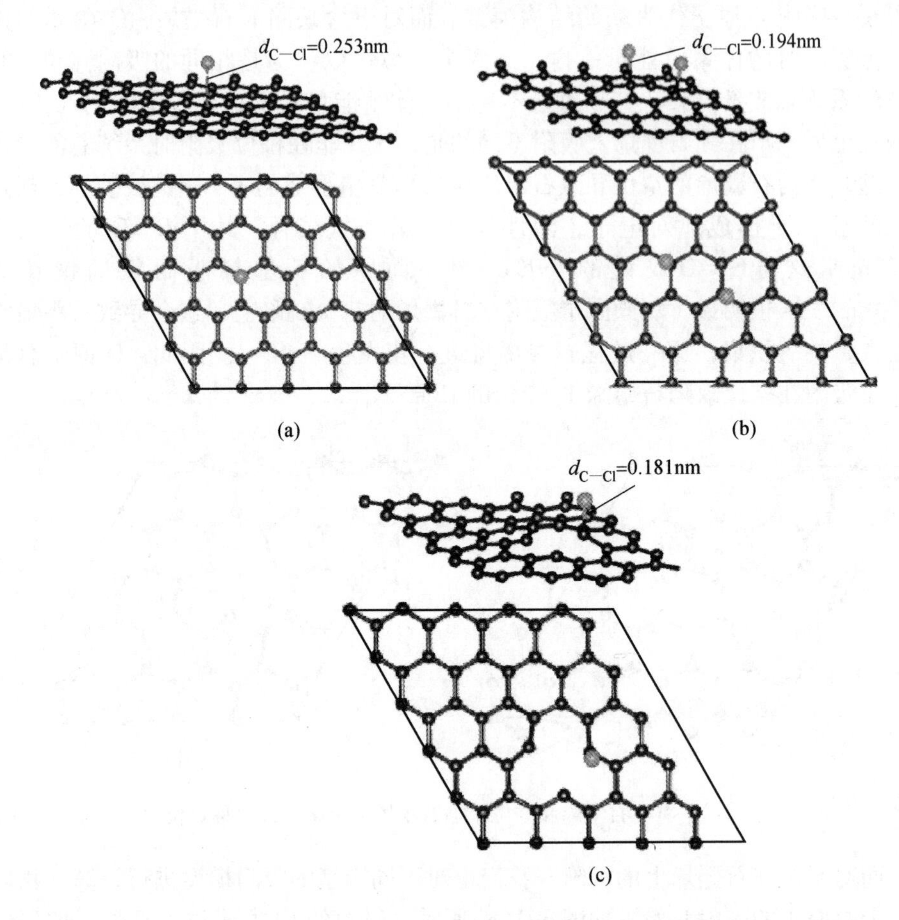


图 3-3　氯在石墨烯和空位缺陷石墨烯上吸附结构

### 3. 1. 2　含氯情况下石墨烯上氧原子的吸附行为

在纯石墨烯上，氧吸附在石墨烯两个 C 原子中间的桥位上，两个氯原子吸附在石墨烯六边形格点对顶位；在空位缺陷石墨烯中，氧和氯都吸附在空位缺陷边缘的 C 原子顶位上。含氯情况下无缺陷石墨烯，首先可以确定的是，O 在石墨烯桥位（B）的吸附结构最为稳定，为了体现吸附能的变化，我们也计算了从 $B_1$ ~ $B_4$ 点位中间顶位（$T_1$ ~ $T_3$）的吸附结构。计算结果在图 3-4 中给出，可以看到，在 $B_4$ 点位的总能量最低，其次是 $B_1$ 点位，在路径中顶位位置的体系总能量较桥位要高出许多。总体来看，从 $B_1$ 到 $B_4$ 系统总能量是下降的，说明氧有从 $B_1$ 扩散到 $B_4$ 点位的趋势。

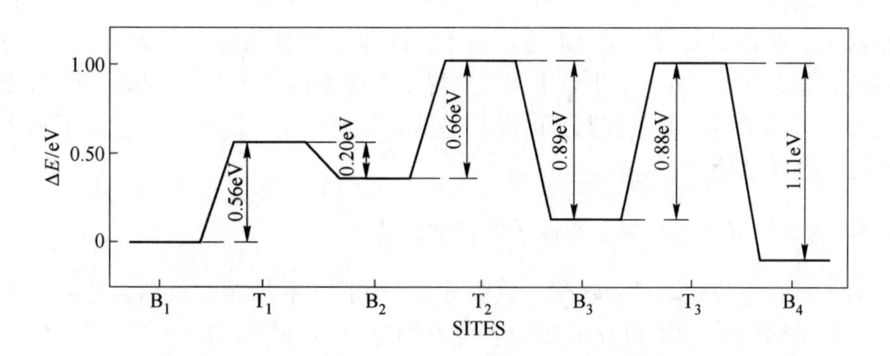


图 3-4 O 在 Cl@G 上不同点位优化结果体系总能量对比

在空位缺陷石墨烯中，吸附结构如图 3-5 所示，O 和 Cl 同时吸附在空位缺陷边缘的不同 C 原子顶位，C—Cl 的键长为 0.179nm，略小于 Cl 单独吸附在空位缺陷石墨烯上的键长，并且小于吸附在本征石墨烯上的 C—Cl 的键长（0.254nm）。因此，石墨烯空位缺陷中的碳原子比原始石墨烯中的其他碳原子更为活跃，更容易引起活性腐蚀介质的吸附。

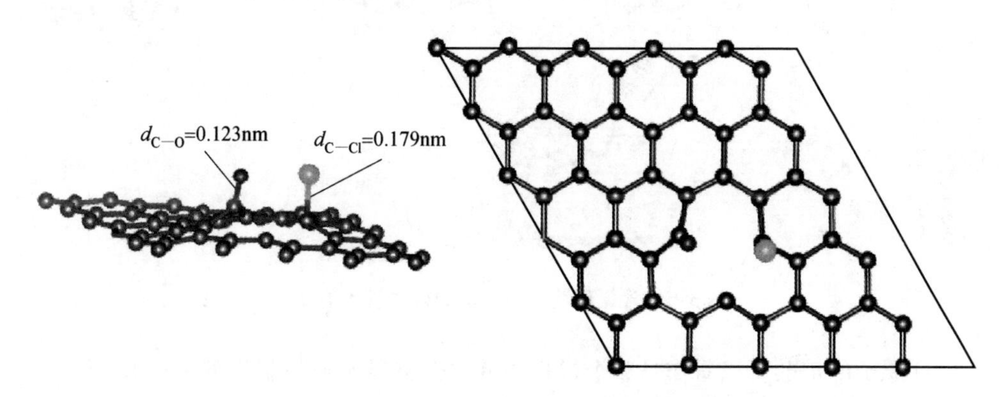


图 3-5 O 在含氯的空位缺陷上吸附结构

另外，为了便于比较这两种情况下氯对氧在石墨烯上吸附的影响，我们还计算了这两种吸附结构的吸附能，吸附能是指在吸附过程中产生的能量，由于吸附过程中分子的运动速度由快变慢，最终停止在吸附介质表面上，速度的降低导致有一部分能量将被释放出来。化学吸附则会形成新的化学键，且化学键越强，对应的吸附能越强，这部分能量被称为吸附能。吸附能（$E_{ads}$）通过以下公式计算：

$$E_{ads} = (E_{surf} + E_{atom}) - E_{sys} \tag{3-1}$$

式中，$E_{surf}$和 $E_{sys}$分别是未吸附原子系统的总能量和吸附后系统的总能量；$E_{atom}$是自由原子的能量。由式（3-1）可知，吸附越稳定，系统的总能量越低，因此吸附量越大，吸附越稳定。在 Cl 的影响下，O 原子的吸附能从 2.27eV 增大到了 2.50eV，增加了 0.23eV，Cl 原子在石墨烯上的吸附能增加了 0.12eV。吸附能的变化表明氯原子可以促进氧原子的吸附，从而加速石墨烯的氧化反应，不利于石墨烯的耐腐蚀性能。

### 3.1.3 含氯情况下石墨烯上氧原子的扩散行为

对于不含空位缺陷的石墨烯，其失效过程如图 3-6 所示，氧和氯的共同作用会导致石墨烯裂解。Cl 和 O 的吸附会使石墨烯中的 $sp^2$ 结构转变为 $sp^3$。O 在石墨烯表面上的扩散最终会导致石墨烯的裂解[3]。而对于含有空位缺陷的石墨烯，氧的扩散会直接从石墨烯的空位缺陷处渗透，从而对基底产生腐蚀。因此，明确海洋环境中氧在石墨烯上的动力学行为是非常重要的。

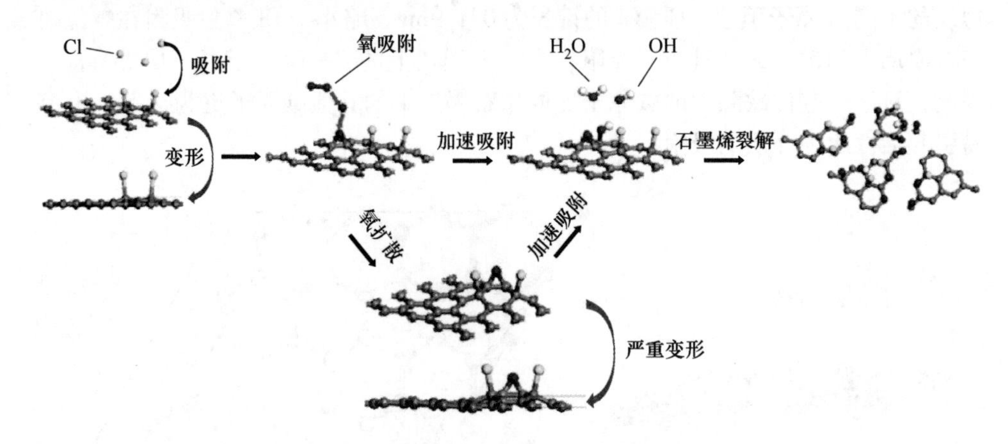


图 3-6 含氯环境中石墨烯失效过程示意图

O 原子的扩散可以看作是整个过程中的一个临界速率限制步骤。Arrhenius 公式可以表示反应速率，即扩散过程中两个局部最小能量状态（从反应的初始状态到最终状态）的扩散速率[15]：

$$\nu = \nu^* \exp\left(-\frac{\Delta E_{TS}}{k_B T}\right) \tag{3-2}$$

式中，$\nu^*$ 为特征振动频率；$\Delta E_{TS}$为扩散能垒；$k_B$ 为玻耳兹曼常数；$T$ 为温度。

这种关系表明，扩散速率将随着能量势垒的减小而呈指数增长。

图 3-7 显示了 O 分别在石墨烯和含氯吸附的石墨烯上的扩散路径和扩散势垒。图中显示了扩散过程中的初始态（IS）、过渡态（TS）和最终态（FS）结构。对于 O 在原始石墨烯上的扩散，如图 3-7(a)所示，扩散路径为桥位—桥位，扩势能垒为 0.79eV，这与之前的报道一致[16-17]。通过计算 O 在 Cl 吸附的石墨烯

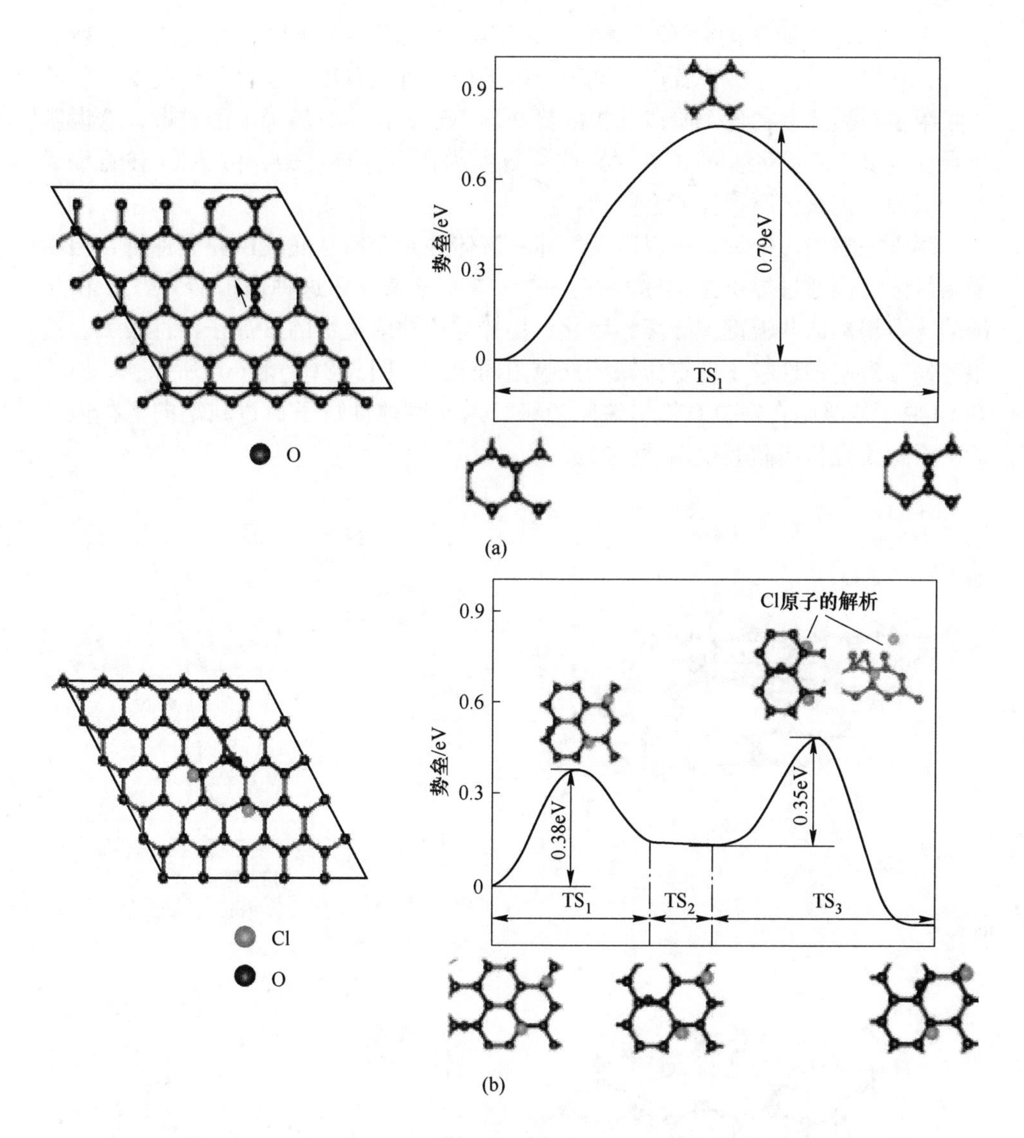


图 3-7 扩散路径（左图）和扩散能量势垒（右图）（左侧箭头表示扩散路径）
（a）O 原子在纯石墨烯上的扩散能量势垒；（b）O 原子在 Cl 吸附的石墨烯上的扩散势垒图

上的不同点位的系统总能量，确定 O 原子在 Cl 吸附的石墨烯上的扩散路径如图 3-7(b)左图的箭头所示，右图则为扩散路径上的势垒。扩散初期（$TS_1$）和扩散末期（$TS_3$）的势垒分别为 0.38eV 和 0.35eV，均小于原始石墨烯的扩散势垒，$TS_2$ 期扩散势垒几乎为零。与初始状态相比，系统总能量降低了 0.11eV，在整个过程中，终态系统总能量小于初态系统总能量，说明整个过程是一个放热反应，有利于氧原子扩散，不利于石墨烯的抗氧化腐蚀性能。值得注意的是，在 $TS_3$ 的过程中，远离 O 原子的 Cl 原子将首先被解吸（见图 3-7(b)），并且随着扩散的进行，它被吸附在原始位置以达到稳定的结构。可以看出，在含氯情况下，氯原子吸附在石墨烯上，各个阶段的扩散势垒均小于氧在纯石墨烯上的扩散，这说明氯会促进氧在石墨烯上的扩散。因此，石墨烯在海洋环境中，由于 Cl 在石墨烯上的吸附，抗氧化腐蚀性能会降低。

尽管完整的石墨烯层可以阻挡气体和液体并对金属基底提供完全保护，但石墨烯缺陷可能通过提供渗透途径甚至捕获氯原子来破坏这种保护能力[18]。由于缺陷，石墨烯的共轭键被破坏，因此石墨烯空位缺陷边缘的 C 原子活性极大，这很容易导致腐蚀性粒子在空位缺陷处吸附团聚，如图 3-8(a)和(c)所示，O 原子和 Cl 原子均吸附在空位石墨烯缺陷边缘。这些腐蚀性粒子通过缺陷向下扩散之后，会留出点位吸附其他腐蚀性粒子。

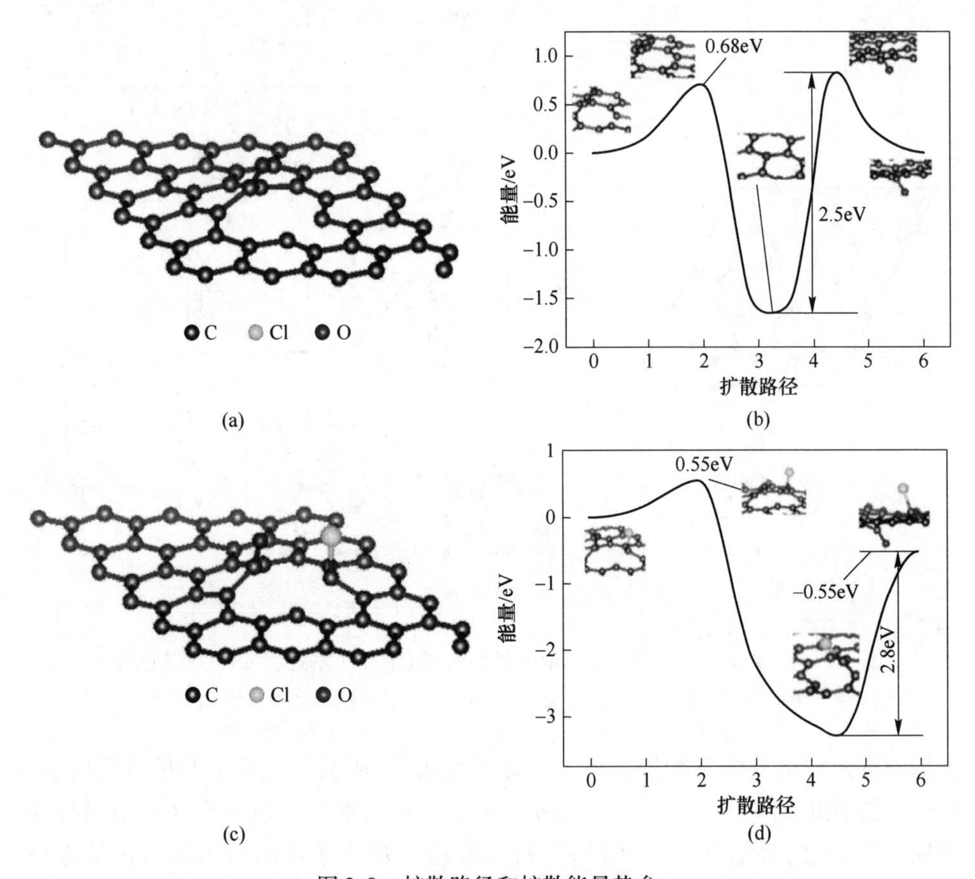


图 3-8　扩散路径和扩散能量势垒

(a) 氧在空位缺陷石墨烯吸附；(b) 氧在空位缺陷处扩散；
(c) 氧和氯在空位缺陷石墨烯上吸附的模型图；
(d) 氧在吸附氯情况下在石墨烯上扩散

氧在石墨烯的空位缺陷处扩散如图3-8(b)所示，扩散的第一阶段有一个0.68eV的扩散势垒，随着扩散的进行，O到达缺陷的中心位置，能量迅速下降，第二阶段则有2.5eV的能量势垒，在初始结构和扩散完成结构中，由于这两个结构具有对称性，因此初态的系统总能量和末态的系统总能量一样。而在有Cl的情况下（见图3-8（d）），在扩散初期，扩散势垒仅为0.55eV，小于无氯时的0.68eV。在扩散的第二阶段，当氧原子通过石墨烯空位时，虽然氯在纯石墨烯中的扩散势垒为2.8eV，但相比于在纯石墨烯中，最终系统的总能量降低了0.55eV，表明扩散过程是放热反应，放出的能量可以为下一次扩散提供能量基础。因此，氯的存在仍然不利于石墨烯的腐蚀防护。石墨烯在海洋等含氯环境中的腐蚀防护将面临更加严峻的考验。

### 3.1.4　本节小结

计算了O在纯石墨烯/空位缺陷石墨烯和含Cl的石墨烯/空位缺陷石墨烯上的扩散及吸附情况，分析了吸附结构、吸附能及扩散势垒。结果如下：

（1）O在纯石墨烯上吸附的最佳点位为桥位，吸附能为2.27eV。Cl原子在石墨烯上的最佳吸附点位为顶位，吸附能为1.15eV。而在含氯情况下，O的吸附能增加了0.23eV，这表明Cl的存在会促进氧的吸附，从而加快石墨烯的氧化反应。

（2）O在纯石墨烯上的扩散势垒为0.79eV，而在含氯的石墨烯上，两个阶段的扩散势垒均小于该值，Cl的存在会促进石墨烯的扩散。

（3）在空位缺陷石墨烯上，O和Cl都是吸附在空位缺陷边缘的C原子的顶位上，没有氯的情况下，氧渗透穿过石墨烯的扩散势垒为0.68eV，而在含氯情况下，扩散势垒降低到0.55eV，Cl同样会促进O的扩散。因此，在海洋等含氯环境中，不利于石墨烯的抗氧化腐蚀性能。

## 3.2　氟功能化石墨烯的抗氧化腐蚀行为

石墨烯是石墨的单原子层，具有特殊的结构、力学、电学和光学性质。石墨烯的这些特性使其在柔性电子、纳米电子、能量转换和存储器件等领域有着广泛的应用前景[19]。但在石墨烯中没有带隙，限制了其在各种纳米电子器件中的应用。石墨烯层的化学改性对新材料的开发具有重要意义，因为它不仅可以打开禁带，而且可以控制其宽度，因此，这类体系的研究领域之一是化学功能化[20]。石墨烯氟化物因其能获得带隙可控的异质结构，引起了人们的兴趣，这对光电探测器或存储器件的生产具有重要意义。氟化石墨烯已经在不同氟覆盖率和分布下实验获得，对氟化石墨烯的结构、力学和电学性质进行了实验和理论研究，可以通过控制带隙的宽度和氟化浓度进行调控[21]对石墨烯层的选择性氟化进行实验研究，表明可以用电子束去除石墨烯中的氟原子或用含氟聚合物激光局部沉积氟原子，以达到控制氟化石墨烯氟含量的效果[22]。

根据 Pauling 标度，氟的电负性（3.98）高于氢（2.20），具有更大的结合和解吸能，从而导致碳与氟之间的强结合[23]。通过分散氧化石墨烯与氢氟酸的反应，观察到氟化程度可调的氟化石墨烯的合成，其带隙为 1.82 ~ 2.99eV[24]。石墨烯氟化之后，氟原子周围的碳原子会从 $sp^2$ 杂化变为 $sp^3$ 杂化，也就是说，氟化石墨烯保留了原先石墨烯具有的二维网状结构，碳原子的化学性质发生了变化。氟化石墨烯和石墨烯一样是平面结构，其中 F 原子和 C 原子是以共价键的形式结合的[25]。Liu 等人[26]通过在石墨烯薄膜上分解 $XeF_2$，研究了氟化石墨烯的光学、结构、微观力学和输运性能，结果表明氟化石墨烯是一种高质量的绝缘体（电阻大于 1012Ω），光学带隙为 3.0eV，氟化石墨烯为 $sp^3$ 杂化，即使在 400℃ 的空气中也能稳定存在，同时氟石墨烯继承了石墨烯的机械强度，具有 100N/m 的杨氏模量，这为氟化石墨烯的抗氧化腐蚀提供了强有力的支撑。

因此，本节计算了氧在氟功能化石墨烯及含氯情况下氟功能化石墨烯上的扩散，并和氧在纯石墨烯的扩散势垒比较。进一步分析了氯和氧在石墨烯上的吸附能、键型和能带结构，阐明了氧在石墨烯/含氯石墨烯上的动力学和热力学特性。结果表明，氟化石墨烯可以增加氧的扩散势垒，从而在海洋环境中比原始石墨烯具有更好的耐腐蚀性。

### 3.2.1 氟化石墨烯上氧和氯原子的吸附结构

采用密度泛函理论（DFT）进行第一性原理计算，并在第一性原理计算模拟软件包（VASP）中实现[8]。使用 550eV 的截断能量用于计算和广义梯度近似（GGA）与 Perdew Burke Ernzerhof（PBE）参数化[9]。电子自洽的能量收敛标准为 $10^{-5}$eV。力的收敛标准为 0.1eV/nm。使用共轭梯度法优化原子位置。并采用 PBE + vdW 计算方法计算了 Van der Waals 的影响。构建了一个 5×5 的超胞，以足够的空间使 Cl 原子在石墨烯表面的吸附和 O 原子的扩散。为了避免石墨烯层之间沿 Z 方向的相互作用，在垂直于单层石墨烯表面的方向上增加了一层 1.5nm 真空层。布里渊区的 K 点网格取 5×5×1。为了比较 O 原子在原始石墨烯和含氯石墨烯上扩散势垒的差异，采用 Henkelman 组的 VASP（VTST）[10-11]程序过渡态工具的 Cl-NEB 方法寻找鞍点和最小能量路径。

首先模拟计算了氟化石墨烯中 F 原子和石墨烯中的 C 原子的结合情况。其他文献已明确指出 F 原子是吸附在 C 原子顶位上[27-29]，经过本书的计算，无论是将 F 原子放在石墨烯的桥位（B）、顶位（T），还是间位（H），模型经过优化后，F 原子都会“跑”到 C 原子顶位上与碳原子形成较强的共价键结合，如

图3-9(a)所示，这进一步说明F原子具有很强的电负性。而对于氧在氟化石墨烯上的吸附情况，我们在优化好的氟化石墨烯的模型为基础，计算了不同点位吸附O的总能量，如图3-9(b)所示，分别为氟化石墨烯的高对称点位，其中$B_1$ ~ $B_3$为桥位，$T_1$ ~ $T_2$为顶位。

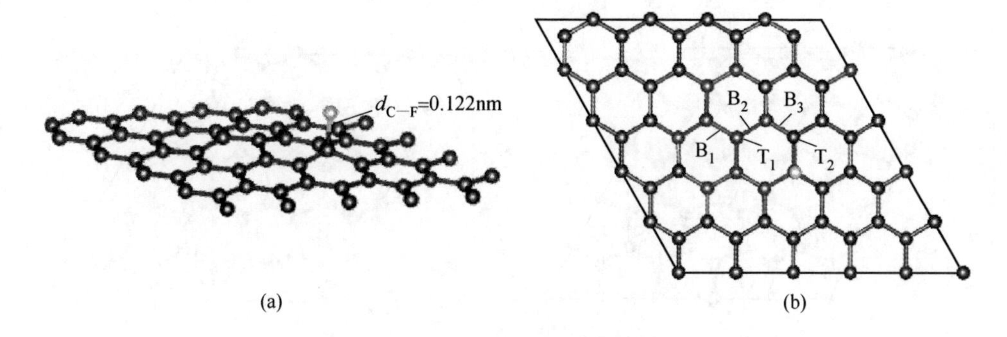


图3-9 氟化石墨烯模型（a）和氟化石墨烯不同高对称点位（b）

经过优化计算，氧在氟化石墨烯不同点位的系统总能量可以看出，氧吸附在桥位的总能量还是要低于吸附在顶位的总能量，其中$B_1$点位的总能量最低，其次是$B_3$点位，而$T_2$点位最高，比最低点高了1.04eV。而对于含氯情况下，氯在氟化石墨烯上吸附时，我们也用相同点位进行了模拟计算，结果表明，Cl原子吸附$T_1$位置，即和F原子对顶位时系统总能量最低。而放在桥位的Cl原子经过结构优化计算后，会吸附在顶位，因此，表格只给出在顶位的两个结构的系统总能量值。因此，氧和氯分别吸附在氟化石墨烯上的模型图如图3-10所示，氧吸附在氟化石墨烯桥位位置最为稳定（见图3-10(a)），氯原子吸附在氟化石墨烯中F原子对顶位位置（见图3-10(b)）。

经过结构优化计算，已经得出了O和Cl分别在氟化石墨烯上吸附的结构模型，然而，对于O在含氯情况下的氟化石墨烯上的吸附情况，还需要计算。因此，以图3-10(b)的模型为基础，进一步计算O在上面的吸附情况。因为这种结构Cl和F原子分别在石墨烯六边形格点的两端，因此，需要计算的高对称点位的吸附模型更多，图3-11(a)所示为偏向于F一侧的高对称点位，桥位和顶位分别用$B_1$ ~ $B_4$，$T_1$ ~ $T_3$表示，图3-11(b)所示为偏向于Cl原子一侧的高对称点位，桥位和顶位分别用$B_1'$ ~ $B_4'$，$T_1'$ ~ $T_3'$表示。

从计算结果可以得出，O吸附在桥位（B）的能量都要比相邻的顶位（T）的能量要低。在这些高对称点位中，O吸附在$B_1$($B_1'$)和$B_4$点位的能量为相对低的能量，因此，可以确定这个体系的扩散路径为：靠近F侧为$B_1$ ~ $B_4$，靠近Cl侧为$B_1'$ ~ $B_4'$。

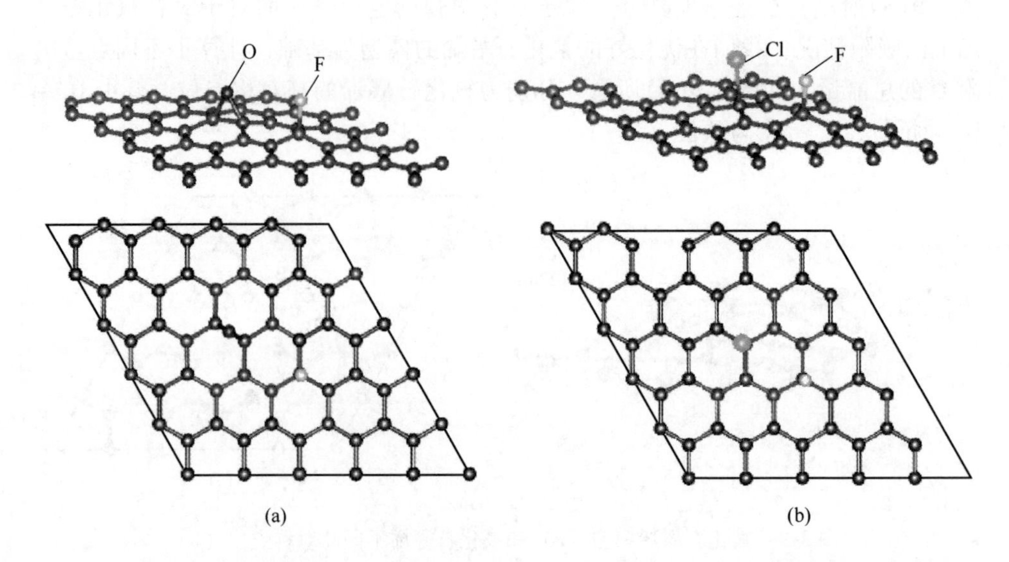


图 3-10　氧吸附在氟化石墨烯上模型（a）和氯吸附在氟化石墨烯上模型（b）

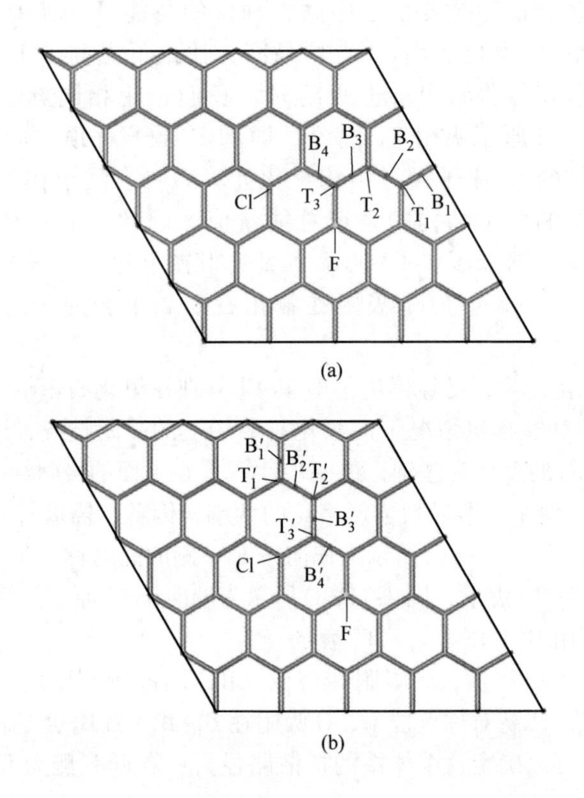


图 3-11　F 侧的高对称点位（a）和 Cl 侧的高对称点位（b）

### 3.2.2 含氯情况下氟化石墨烯上氧原子的吸附行为

为了了解 O 原子在原始石墨烯(G)/含氯石墨烯(Cl@ G)/含氯氟化石墨烯(Cl@ F-G)上的热力学行为，我们研究了 O 原子和 F 原子在 G/Cl@ G/Cl@ F-G 上的成键性质。图 3-12 显示了电荷密度差，差分电荷密度是原子和原子之间成键后的电荷分布与初始点原子的电荷差，可以定义为：

$$\Delta\rho = \rho_{X/G} - (\rho_X + \rho_G) \tag{3-3}$$

这里，$\rho_{X/G}$是一个 O 原子吸附在原始石墨烯(G)/含氯石墨烯(Cl@ G)/含氯氟化石墨烯(Cl@ F-G)上的电荷密度。$\rho_X + \rho_G$ 是孤立的 O、F 或 Cl 原子和本征石墨烯的电荷密度的叠加。含氯环境中，氯在石墨烯上的吸附结构表明，两个氯原子吸附在石墨烯六边形晶格的对顶位，同时证实了两个氯原子在石墨烯上的吸附结构，两个氯原子在石墨烯的六边形晶格上倾向于形成一个准顶位吸附。单个氧原子更可能吸附在石墨烯桥位上。在氧和氯的作用下，最低能量吸附点是氧被氯吸附的六边形中间桥位。在氟化石墨烯中，氯原子被吸附在氟原子的并置处，氧被吸附在六边形晶格中间的桥位处。图 3-12(a)显示了吸附在石墨烯六角结构对顶位的两个氯原子的电荷密度差。可见，由两个氯原子获得的电子是由最近的两个碳原子转移而来，并形成一个稳定的结构。图 3-12(b)所示为吸附在石墨烯桥位的氧原子的电荷密度差分图，氧原子的电荷发生了很大的重排，得到的电子来自两个碳原子，形成了 C ═ O ═ C 的结构。图 3-12(c)是石墨烯稳定吸附 Cl 原子和 O 原子的模型图。O 和 Cl 原子作为电子受体，在石墨烯上容易引起空穴掺杂，共价键和离子键共同作用，这与 Cl@ F-G 上 O 原子的情况一致（见图 3-12(d)），但 C—F 共价键比 C—Cl 键强，氧原子的扩散需要更高的能量来破坏价键结构，这会导致氧原子扩散势垒增加。

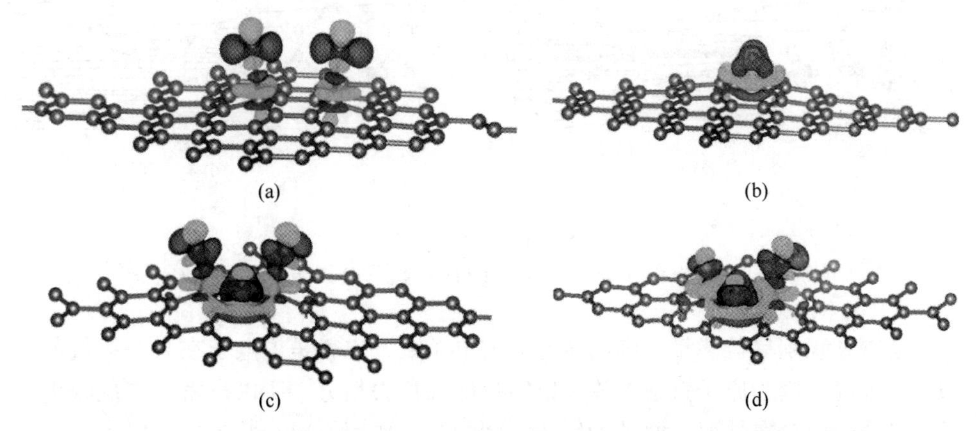

图 3-12 差分电子密度，其中红色和绿色分别代表电子的积累和转移

(a) Cl@ G；(b) O 原子吸附在 G 上；(c) O 原子吸附在 Cl@ G 上；(d) O 原子吸附在 Cl@ F-G 上

为了进一步了解 O 原子与 G/Cl@ G/Cl@ F-G 之间的相互作用，计算了带结构，如图 3-13 所示。图 3-13(a)是原始石墨烯的能带结构，显示了 K 点处典型的狄拉克锥[30]。由于诱导 $sp^3$ 轨道杂化的绝缘特性，吸附原子也打开了石墨烯的带隙。当石墨烯吸附 Cl 原子时，带隙打开约 0.7eV（见图 3-13(b)）。当 O 原子吸附在含氯石墨烯上时，Cl 原子态的峰值密度增加（见图 3-13(c)），这是由于 O 的加入破坏了两个对顶位 Cl 原子先前形成的共轭电子对，促进了 $sp^3$ 杂化。O 原子吸附在 Cl@ F-G 上，导致 Femi 能级略微上升（见图 3-13(d)），这可能导致 p 掺杂特性。

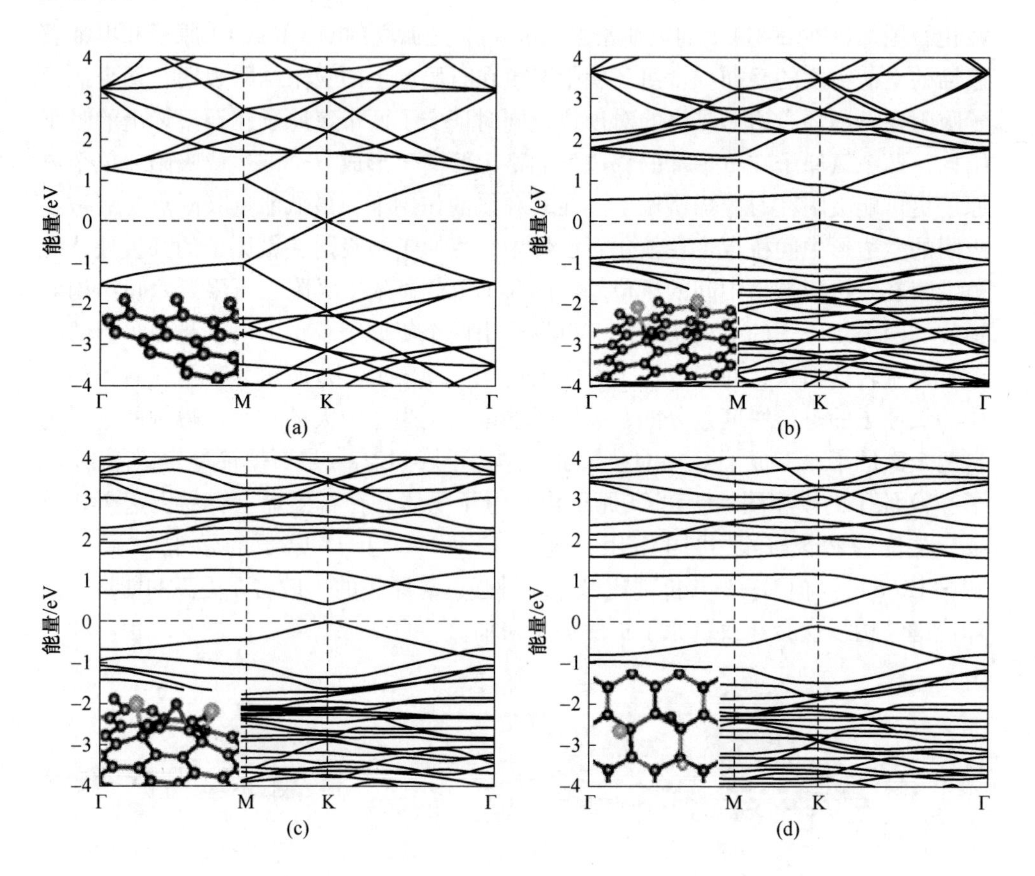


图 3-13　能带结构

（a）~（c）分别为 G、Cl@ G、O 吸附在 Cl@ G 上；（d）O 吸附在 Cl@ F-G 上

态密度表示单位能量范围内所允许的电子数，也就是说电子在某一能量范围的分布情况。因为原子轨道主要是以能量的高低去划分，所以态密度能反映出电子在各个轨道分布情况，原子和原子之间的相互作用情况，并且还可以揭示化学键的信息。我们可以看出 Cl 原子有助于能量结构，表明 C—Cl 键的存在。在吸

附 O 原子的情况下（见图 3-14(c)），Cl 原子的 DOS 峰在 -2.4eV 处更明显，说明 O 原子的加入促进了 C 原子和 Cl 原子的杂化。此外，从图 3-14(c)和（d）可以清楚地看到，这两个峰分别由于 O 原子和 F 原子的轨道而在 -23eV 和 -25eV 处显示出振幅，并且石墨烯的带隙被打开。这些变化表明，Cl 原子的吸附导致石墨烯的 $sp^2$ 晶格的破坏，这进一步促进了石墨烯的氧化和腐蚀。

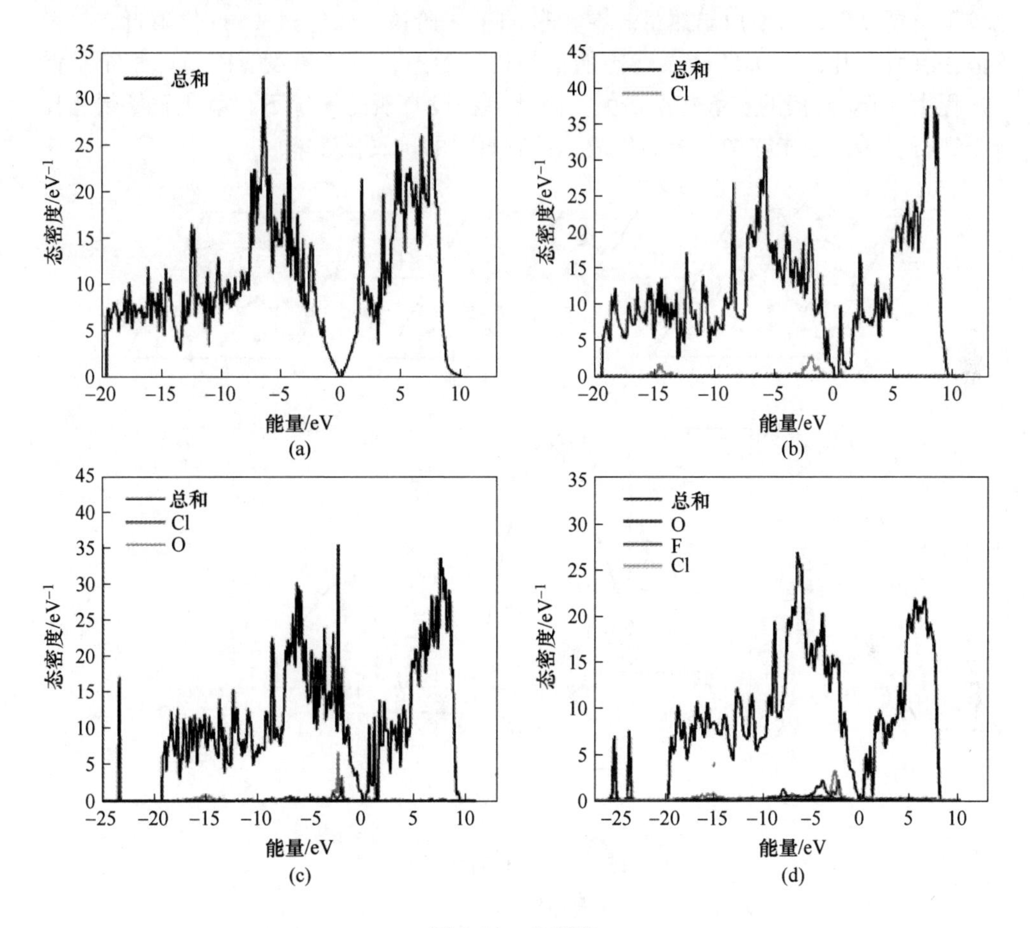


图 3-14 态密度

（a）~（c）分别为 G、Cl@ G、O 吸附在 Cl@ G 上的态密度；

（d）O 吸附在 Cl@ F-G 上的态密度

### 3.2.3 含氯情况下氟化石墨烯上氧的扩散行为

首先是 O 在氟化石墨烯上的扩散行为的模拟计算[15]，根据前面计算得到的 O 在氟化石墨烯上的不同高对称点位的系统总能量大小判定，$B_1$ 和 $B_3$ 点位具有相对较低的系统总能量，因此，扩散是在这两个点位之间进行的。整个扩散过程中O原子位置变化如图3-15(a)图所示，O从$B_1$点扩散到$B_3$点。在扩散的第一个阶（$TS_1$），扩散势垒在图3-15(b)中给出，可以看到，O从$B_1$点扩散到$B_2$点，经过其中的$T_1$点，而根据在$T_1$点计算的系统总能量，$T_1$点的能量最高，因此在$TS_1$阶段的扩散能量势垒最大，为0.91eV，这与系统总能量的计算结果相吻合。在扩散过程中，到达$B_2$点时，能量迅速下降，这是因为O在桥位处的吸附较顶位更稳定，需要放出热量。在扩散的第二阶段，O经过$T_2$点位附近，扩散势垒有所上升，为0.59eV。终态能量相比于始态，总能量没有降低。整个扩散过程中，$TS_1$阶段的扩散势垒最大。因此，在没有氯的情况下，氟化石墨烯相比于纯石墨烯，更能够抑制氧的扩散，具有更好的抗氧化性能。

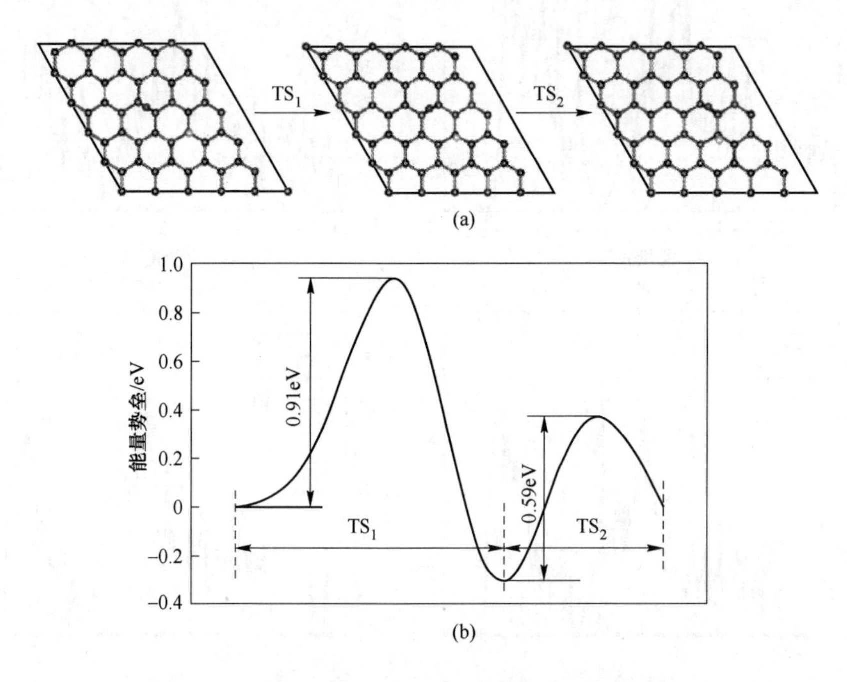


图3-15　O在氟化石墨烯上扩散

（a）扩散路径；（b）扩散势垒

在含氯的情况下，我们已经得到了O原子和Cl原子在氟化石墨烯上的吸附模型，并计算了不同点位吸附O的系统总能量，先对F一侧扩散路径的扩散势垒进行计算，因此其扩散路径可以确定为从$B_1$点扩散到$B_4$点，如图3-16(a)所示。在第一个扩散阶段（$TS_1$）中，氧从$B_1$扩散到$B_2$点位，经过$T_1$点位，扩散势垒为0.52eV。在$TS_2$阶段，O原子经过$T_2$点位，这时的能量势垒较低，只有0.23eV，这是因为石墨烯的$sp^2$结构先被F和Cl的吸附破坏，因此氧只要更低的能量就能扩散。而在$TS_3$阶段，扩散势垒迅速增大至0.99eV，最终吸附在$B_4$点位，扩散势垒大于氧在纯石墨烯上扩散的0.78eV。但是终态的系统总能量相比于始态，降低了 0.2eV 左右。这说明氯的存在可以促进氧的吸附，但氟化石墨烯能够有效增大氧的扩散势垒。因此，氟化石墨烯在海洋防腐中有着较好的应用。

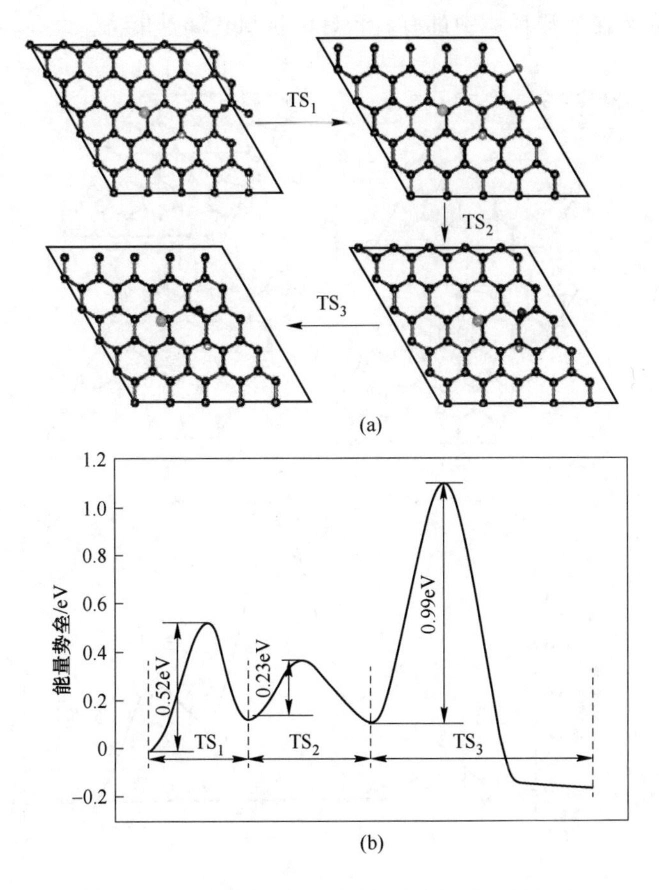


图 3-16 含氯情况下 O 从氟化石墨烯的 F 侧扩散

（a）扩散路径；（b）扩散势垒

对于氧在偏向氯一侧的扩散，如图 3-17 所示。在 $TS_1$ 阶段，O 原子从 $B_1'$ 扩散到 $B_2'$ 点位上，经过 $T_1'$ 点位，因为要大于在相邻的桥位系统总能量，所以，在扩散过程中，需要提供一段能量才能越过这个势垒，O 的扩散势垒为 0.55eV。然后到达 $B_2'$ 点位，体系总能量略微下降。但是从 $B_2'$ 点位向 $B_3'$ 点位扩散时，所需的扩散势垒急剧增大到 0.85eV，相比于 O 在纯石墨烯上扩散势垒（0.79eV）要大。值得注意的是，$TS_1$ 阶段末期系统总能量没有下降很多，不能为 $TS_2$ 阶段的扩散提供能量，因此，在 $TS_1$ 和 $TS_2$ 两个阶段中，总共所需的扩散势垒为 1.15eV，这对于氟化石墨烯在海洋中的防氧化腐蚀具有积极意义。$TS_2$ 阶段扩散完成后，O 原子到达 $B_3'$ 这个相对稳定的吸附点位，体系总能量快速下降。而在

$TS_3$ 阶段，只需要一个略小的扩散势垒（0.13eV）就能完成这个体系的扩散。而且终态和末态相比，体系的总能量下降了 0.2eV 左右。这说明氯的存在仍然会对氧的扩散起到一个促进作用。因此，不管是 O 从 Cl 一侧扩散，还是从 F 一侧扩散，氟化石墨烯在海洋环境中都有着较好的抗氧化腐蚀能力。

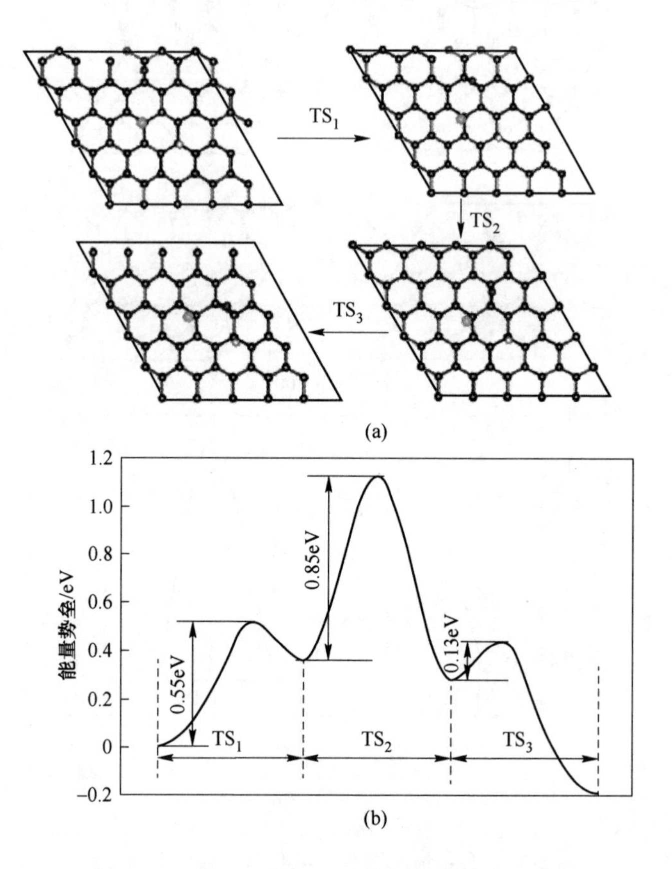


图 3-17 含氯情况下 O 从氟化石墨烯的 Cl 侧扩散

（a）扩散路径；（b）扩散势垒

### 3.2.4 本节小结

通过第一性原理模拟计算，研究了 O 在 F 功能化石墨烯上的吸附和扩散，以及在含氯情况下，模拟海洋环境中 O 在 F 功能化石墨烯上的吸附和扩散。得出结论如下：

（1）经过计算 O、Cl 在氟化石墨烯不同点位的系统总能量，发现 O 吸附在氟化石墨烯 $B_1$ 点位最稳定，而 Cl 原子则是吸附在石墨烯六边形格点和 F 原子对顶位 $T_1$ 的位置。

（2）通过对差分电荷密度和能带结构的分析，明确了在不含氯情况下氟化石墨烯可以有效抑制氧的扩散机制。

（3）通过对O在含氯情况下的氟化石墨烯上的扩散能量势垒分析，发现无论O往哪一侧扩散，O在氟化石墨烯上的扩散势垒均要大于没有氟化的石墨烯的扩散势垒，因此，氟化石墨烯能够较好地应用在海洋防腐当中。

## 3.3 掺杂空位石墨烯的抗氧化腐蚀行为

具有 $sp^2$ 杂化结构的石墨烯以其优异的热稳定性和化学稳定性，广泛应用于透明电极[31]、催化剂[32]和传感器[33]等领域。同时，石墨烯不仅具有良好的导电性和导热性，而且为金属的使用环境提供了良好的条件[34-36]。氯化物（含 $Cl^-$）被认为是海水中最具侵略性的物质，尤其是局部腐蚀。硫酸盐（含 $SO_4^{2-}$）离子在厌氧条件下增殖的硫酸盐还原菌（SRB）的活性中起着重要的作用，并会对某些材料的应用造成严重的腐蚀问题。海水中控制腐蚀的主要反应是氧化还原反应。对于给定的溶解氧浓度，腐蚀过程往往受到海水流速的强烈影响。在含有氯离子的大气环境中使用的钢的腐蚀已成为一个主要问题。为了评估金属上涂层的防腐能力，有必要加速这些材料的降解，努力保持一致的腐蚀环境。这引起了大气暴露试验场的使用，这些试验场分为四大类：农村、城市、工业和海洋。海洋环境通常被认为是最具腐蚀性的环境，因为风会携带靠近海洋和含盐空气中的海盐沉积在物质上。石墨烯以这些独特的性能使其在海洋工程金属材料防腐领域具有巨大的应用潜力。石墨烯能抑制腐蚀介质的通过，使石墨烯涂层具有优异的防腐性能。此外，有研究表明，石墨烯的加入不仅提高了涂层的力学性能和耐冲击性能，而且还提高了涂层的耐腐蚀性能[37-41]。在前两章的研究中，我们发现氯可以促进氧的扩散[42]。因此，降低石墨烯在含Cl环境中的空位缺陷透氧速率是提高石墨烯耐腐蚀性能的关键。

近年来，非金属元素掺杂石墨烯越来越受到人们的重视。磷[43-44]、硅[45-46]和硼掺杂[47-48]可以显著改变石墨烯的电子性质和功能。掺杂元素可以提高石墨烯的表面活性，用于气体吸附[49]、锂离子电池[50]和催化[51]。在结构和能量方面，掺杂原子倾向于在石墨烯的缺陷处结合[7]，这降低了石墨烯的空位缺陷水平，对阻止腐蚀介质的扩散起到了积极的作用。

石墨烯的基本性质通过在六边形碳晶格中由取代杂质或客体原子产生的缺陷环境而得到有效的修饰。各种客体原子掺杂石墨烯体系可能会呈现出独特的物理现象，并具有潜在的应用前景。迄今为止，S、B和P的客体原子通过化学气相沉积（CVD）或电弧放电方法成功地取代了碳原子。这些新的二维材料显示了原A和B子晶格的不等价性，导致了可能存在的能隙工程和倾斜的Dirac锥。根据第一性原理计算，氮和硼掺杂的石墨烯体系具有特殊的基本物理性质，对掺杂浓度和掺杂位置比较敏感。特别是对于掺硅石墨烯，六方晶格上的 π 键由于不同的电离势而扭曲甚至破坏。也就是说，存在一个很大的修正的狄拉克锥或明显的能隙，以及以硅和碳为主的低能带结构。能量色散关系、带隙和原子主导波函数的剧烈变化对磁量子化现象的多样化起着关键作用。

非金属元素掺杂石墨烯虽然在各个领域有着广泛的应用，但在腐蚀防护方面的应用却很少。本节首先利用密度泛函理论计算了氧原子在石墨烯空位缺陷处的吸附能和扩散势垒。但随着氯离子的参与，氧的扩散势垒降低，说明石墨烯在含氯环境中更难起到保护作用。考虑到 P、Si、B 等非金属元素掺杂在空位缺陷石墨烯中，掺杂元素周围碳原子的价态发生变化，从而影响氧的吸附和扩散势垒。在氯的情况下，我们发现氧在掺杂空位缺陷石墨烯处的扩散势垒大于未掺杂空位缺陷石墨烯处的扩散势垒。分析了吸附能和态密度，阐明了氧的扩散机理。这些结果将为非金属掺杂石墨烯在海洋环境中的腐蚀防护提供重要的指导。

### 3.3.1　掺杂空位缺陷石墨烯的电子结构

利用维也纳从头算模拟软件包(VASP)进行了密度泛函理论(DFT)计算。平面波截断能量为550eV，在计算中采用 Perdew Burke Ernzerhof 参数化的广义梯度近似（GGA）。电子自洽的能量收敛标准为 $10^{-5}$eV，力的收敛标准为 0.1eV/nm。为了适应空位缺陷石墨烯对氯原子的吸附和氧原子的扩散，我们构建了一个 5×5 的超胞。在 $z$ 轴方向上添加 1.5nm 真空层是为了避免周期性模型中层与层之间相互影响，布里渊区的 $K$ 点网格取 5×5×1。为了比较氧原子在原始石墨烯和含氯石墨烯上扩散势垒的差异，采用 Hankelman 组的 VASP（VTST）程序过渡态工具的 Cl-NEB 方法寻找鞍点和最小能量路径。

考虑到非金属元素掺杂石墨烯吸附的可能性，选择了三种典型的非金属元素 P、Si 和 B 掺杂到空位缺陷石墨烯中[49-54]，用这些掺杂石墨材料研究了腐蚀介质的价态性质及其对吸附和扩散的影响。图 3-18 展示了 P、B、Si 掺杂石墨烯体系中各原子的价态数。可以看出，掺杂的 P 处在空位缺陷中心处，为正价态，表明 P 失去电子，而 P 周围的 C 原子为负价态，P 失去的电子转移到周围的 C 原子上，且电荷数不对称，因为 C 原子中未被占据的 $p_z$ 轨道强烈地吸引电子。而在 B 掺杂的石墨烯中，B 也是显示出了正价态，处于石墨烯缺陷的中心位置，电子转移到了周围的 C 原子上。Si 掺杂的石墨烯，相比于 P 和 B 掺杂的石墨烯，Bader 电荷显示为 +2.53 价态，比 P 和 Si 的价态要高。

在存在氯的情况下，Cl 优先吸附在带正电的掺杂原子上，图 3-19 展示了掺杂石墨烯吸附的 Cl 原子的价态。从图中可以看出，Cl 原子吸附后，P、B、Si 原子的价态都增加，一些电子转移到 Cl 上，Cl 呈现负价态。掺杂 P 和 Si 的石墨烯

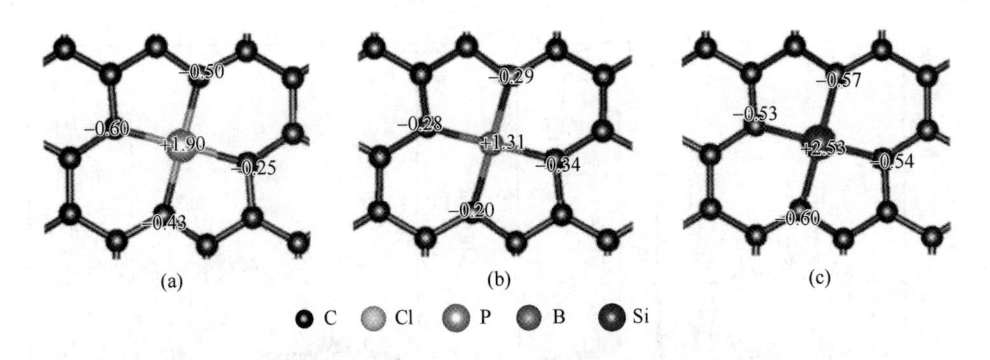


图 3-18 非金属元素掺杂石墨烯的 Bader 电荷

（a）P 掺杂石墨烯；（b）B 掺杂石墨烯；（c）Si 掺杂石墨烯

中 C 原子在掺杂原子周围的价态变化不大，说明 Cl 对 C 原子与掺杂原子的结合影响不大。在掺硼石墨烯中，电荷从 B 原子转移到 Cl 原子。且 B 掺杂的石墨烯中，B 原子的价态与 P 掺杂和 Si 掺杂石墨烯相比，增加的最多。掺杂原子的价态增加，说明掺杂原子具有较强的活性，能吸附住氧原子，对氧的渗透穿过石墨烯缺陷扩散有一定影响。

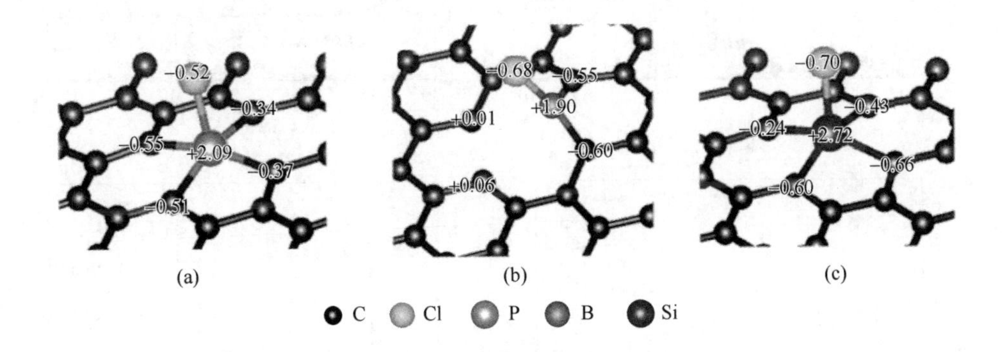


图 3-19 Cl 吸附在非金属元素掺杂石墨烯上的 Bader 电荷

（a）P 掺杂石墨烯；（b）B 掺杂石墨烯；（c）Si 掺杂石墨烯

图 3-20 展示出了掺杂石墨烯的分波态密度（PDOS）和 Cl 在掺杂石墨烯上的吸附。由图可以看出，对于 P 掺杂空位缺陷石墨烯的 PDOS 图，其 C 2p 轨道和 P 3p 轨道在费米能级处不为零，说明 P 掺杂具有金属性。此外，C 和 P 原子形成了大量的共振峰，这表明 C 和 P 原子之间存在着强烈的杂化，C 和 P 原子之间存在着明显的键合特性。从 PDOS 图上可以看出，P 原子和 C 原子的赝能隙约为 3.9eV，赝能隙越大，则表明原子之间成键越强。掺硼石墨烯类似于掺磷石墨烯，同时可以看出在费米能级附近，C 2p 和 B 2p 轨道之间存在着强烈的杂化，赝

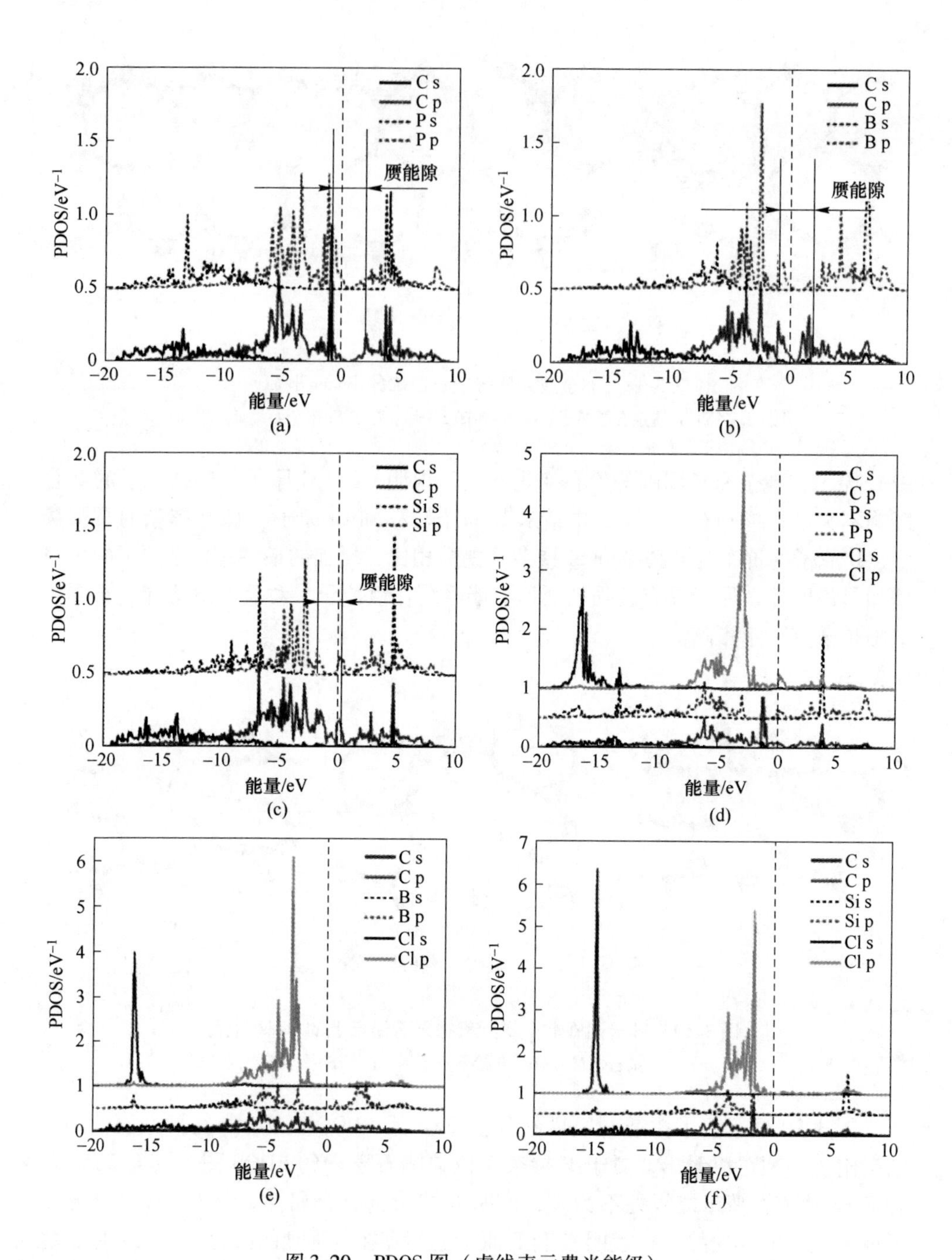


图 3-20　PDOS 图（虚线表示费米能级）

（a）P 掺杂石墨烯；（b）B 掺杂石墨烯；（c）Si 掺杂石墨烯；
（d）Cl 吸附在 P 掺杂石墨烯上；（e）Cl 吸附在 B 掺杂石墨烯上；
（f）Cl 吸附在 Si 掺杂石墨烯上

能隙约为 3.8eV，略低于 P 和 C 原子的键合程度。从 C 2s 和 Si 3s 所示的 Si 掺杂石墨烯可以看出，C 2p 和 Si 3p 轨道具有高的杂化峰，赝能隙最窄，表明 Si 和 C 的键合程度最低。当 Cl 吸附在掺杂石墨烯上时，掺杂原子（P 3p、B 2p 或 Si 3p）的 p 轨道和 Cl 3p 轨道可以形成强杂化，表明 Cl 原子与掺杂原子具有键合效应。然而，在 B 和 Si 掺杂的石墨烯上，Cl 2p 的峰值和峰值密度高于 P 掺杂的石墨烯，这表明 B 和 Si 与 Cl 的键比 P 原子与 Cl 的键强。

### 3.3.2 掺杂空位缺陷石墨烯上氧和氯原子的吸附结构

石墨烯的保护行为主要体现在防止腐蚀介质的渗透。因此，了解 O 在掺杂石墨烯上的动力学行为是非常重要的。图 3-21 显示了在 P、B、Si 掺杂的石墨烯上吸附 O 和 Cl 的空位缺陷模型和相应的差分电荷密度。由图 3-21(a)和(c)可以看出，O、Cl 分别在 P 和 Si 上的吸附结构基本相似，P、Si 掺杂的空位石墨烯中 Cl 吸附在掺杂原子上，O 与 C 原子分别和掺杂原子形成共价键。此外，从差分电荷密度图可以看出，P 或 Si 原子失去电子并转移到 Cl、O 和周围的 C 原子。O 扩散需要破坏共价键，消耗大量能量，从而增加扩散势垒。然而，在掺杂 B 的石墨烯（图 3-21(b)）上，图 3-21(e)表明 O 和 B 原子之间没有电子转移，O 的初始吸附结构没有与 B 形成杂化。

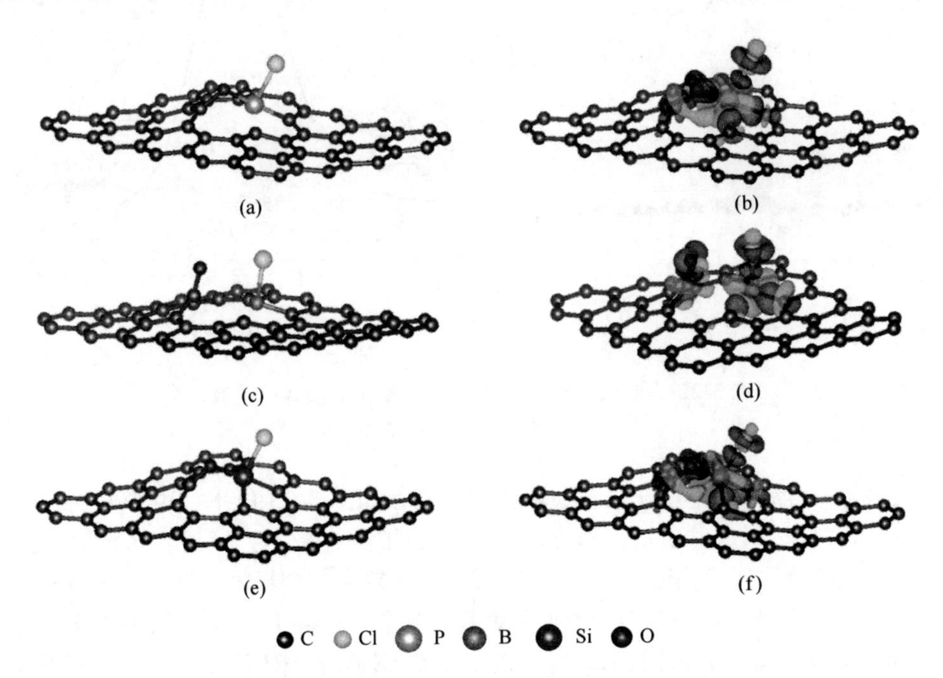


图 3-21 O 在 P(a)和(b)、B(c)和(d)、Si(e)和(f)掺杂石墨烯的吸附结构及其相应的差分电荷密度图

计算了 O 原子和掺杂原子在石墨烯空位处的吸附能，反映了原子间的键合强度。得出了当 Cl 吸附在掺杂原子上时，O 原子和掺杂原子对石墨烯空位的吸附能，由于 O 原子与 P 原子或 Si 原子之间的共价键，P 原子或 Si 原子对 O 原子的吸附能高于 B 原子对 O 原子的吸附能。P 原子的吸附能为 7.67eV，与文献一致。而且，Cl 原子在 B 或 Si 掺杂石墨烯上的吸附能高于 P 掺杂石墨烯。

### 3.3.3　含氯情况下掺杂空位缺陷石墨烯上氧原子的扩散行为

图 3-22(a)所示为含氯情况下，O 在 P 掺杂的石墨烯上扩散穿过石墨烯缺陷的模型图，其中 Cl 原子吸附在 P 原子上。图 3-22(b)所示为 O 的扩散能量势垒图。从图中可以看出，氧的扩散需要穿过 2.32eV 的势垒，这个能量势垒比氧在未掺杂空位缺陷石墨烯的势垒（0.55eV）要大得多。结合图 3-25 扩散过程中 O 原子和 P 原子的距离变化可以看出，O 原子随着扩散的进行，慢慢靠近掺杂在石墨烯缺陷处的 P 原子，在这个过程中，原子轨道发成杂化和重排。而扩散需要破坏形成的 O—P 键结构，需要较大的能量。

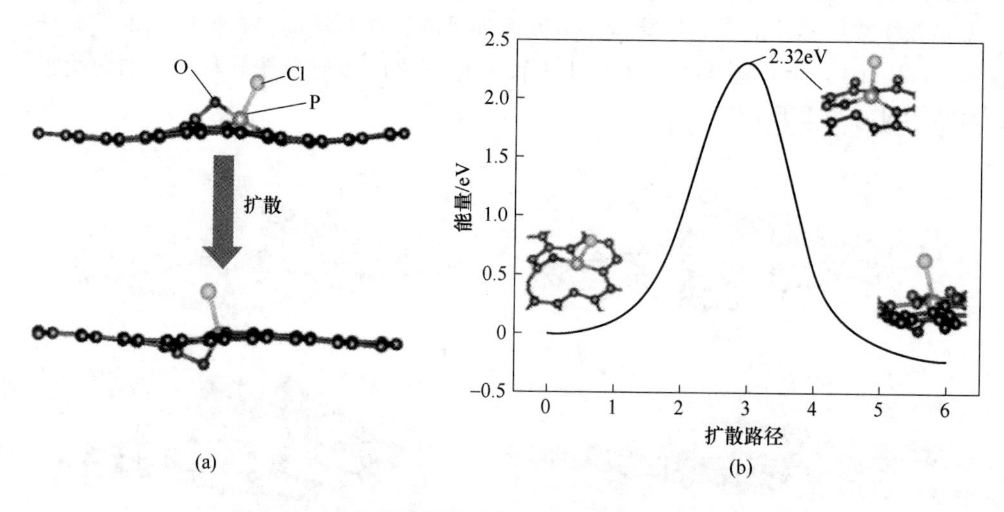


图 3-22　在含氯情况下，在 P 掺杂缺陷石墨烯处扩散
（a）扩散模型图；（b）扩散势垒

但是，在掺 B 的空位缺陷石墨烯上则不同，如图 3-23 所示，由于 O 原子的吸附不与 B 原子形成共价键，氧在扩散初期的扩散势垒不大，只有 0.63eV，但随着扩散的进行，O 逐渐接近 B 原子并形成杂化轨道，会释放大量能量。这种放热过程为 O 原子的进一步扩散提供了动力。但是，在掺 B 的空位缺陷石墨烯上则不同，如图 3-23(b)和图 3-25 所示，由于 O 原子的吸附不与 B 原子形成共价键，氧在扩散初期的扩散势垒为 0.63eV，略高于未掺杂的缺陷石墨烯中 O 的扩散势垒 0.55eV。随着扩散的进行，在扩散的第二阶段，O 的势垒增加到 3.8eV，

比未掺杂的缺陷石墨烯 2.8eV 大得多。最终系统的总能量仅降低了 0.48eV，未掺杂时降低了 0.55eV。因此，在整个扩散阶段，掺硼石墨烯具有良好的抗氧化性。

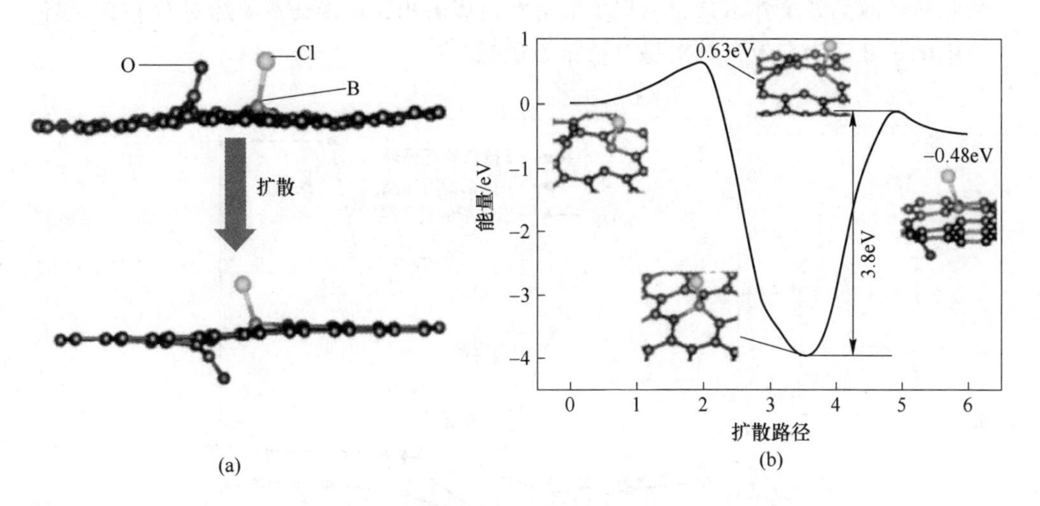


图 3-23　在含氯情况下，在 P 掺杂缺陷石墨烯处扩散
（a）扩散模型图；（b）扩散势垒

在含氯环境中，O 在掺硅石墨烯上的扩散，如图 3-24 所示。扩散初期有一个 0.75eV 的势垒，它比氧在未掺杂缺陷石墨烯上的扩散势垒大。在扩散的第二阶段，扩散势垒仅为 0.95eV，小于 O 在未掺杂的缺陷石墨烯和其他非金属掺杂缺陷石墨烯的势垒。在整个扩散过程中，能量变化很小，最终态的总能量与初始

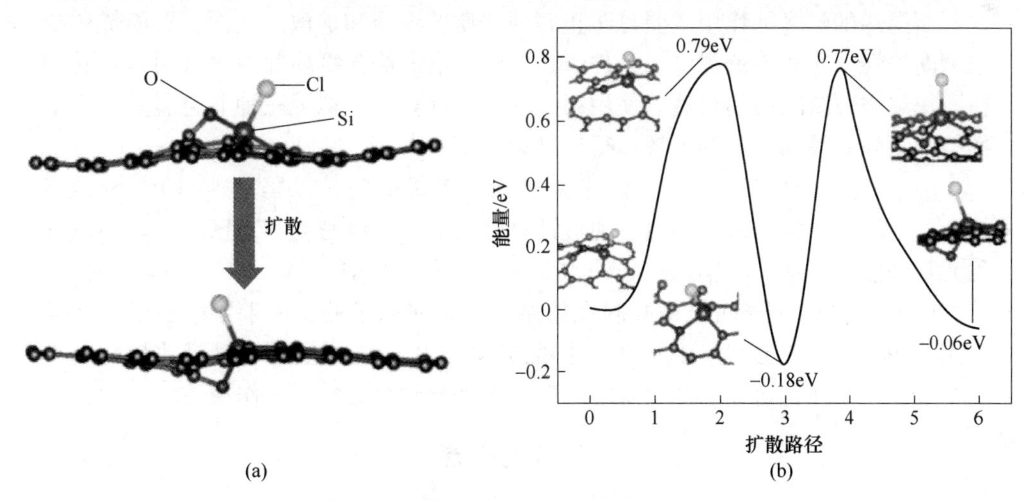


图 3-24　在含氯情况下，在 Si 掺杂缺陷石墨烯处扩散
（a）扩散模型图；（b）扩散势垒

态的总能量相同，这是因为 O—Si 键的键长没有一直变化很大，如图 3-25 所示。Si 掺杂对石墨烯在含氯环境中的抗腐蚀性能虽然在初始阶段有一定效果，但随着扩散的进行，扩散势垒会小于其他非金属元素掺杂的石墨烯，因此，掺硅石墨烯抑制氧扩散的效果并不理想。从扩散势垒可以看出，B 掺杂石墨烯对 O 在含氯环境中的扩散最为有效，其次是 P 掺杂石墨烯。

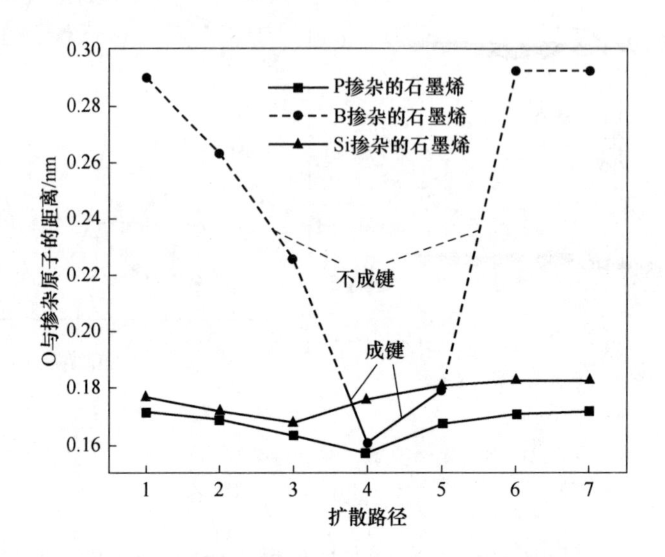


图 3-25　O 扩散过程中 O 与掺杂原子距离的变化

### 3.3.4　本节小结

石墨烯的耐腐蚀作用主要是防止腐蚀介质的渗透和扩散。然而，石墨烯的缺陷为腐蚀性介质的渗透提供了条件。在海洋、沿海等含氯环境中，Cl 可以加速 O 在石墨烯空位缺陷中的渗透。使用第一性原理计算，模拟了三种非金属元素掺杂的空位缺陷石墨烯上氧的扩散。得出结论如下：

(1) P、Si、B 三种非金属元素掺杂在石墨烯的空位缺陷处，当 P，Si 或 B 掺杂到石墨烯的空位缺陷中时，通过计算吸附能、电荷密度和态密度，表明这三种元素都能很好地与石墨烯缺陷处的 C 原子结合，其中 P 与 C 原子成键最强。

(2) O 和 Cl 原子可以被吸附在掺杂的非金属原子处，由于掺杂原子的活性抑制 O 的扩散。特别地，具有最高扩散势垒的 B 掺杂石墨烯能最有效地抑制 O 的扩散，从而在含氯环境中对材料的氧化腐蚀起到最大的保护作用。

## 参 考 文 献


[1] LI B, ZHOU L, WU D, et al. Photochemical chlorination of graphene [J]. ACS Nano, 2011, 5 (7): 5957-5961.

[2] SAHIN H, CIRACI S. Chlorine adsorption on graphene: Chlorographene [J]. Journal of Physical Chemistry C, 2012, 116 (45): 24075-24083.

[3] LI Z Y, ZHANG W H, LUO Y, et al. How graphene is cut upon oxidation? [J]. Journal of the American Chemical Society, 2009, 131 (18): 6320-6321.

[4] BANHART Florian, KOTAKOSKI Jani, KRASHENINNIKOV Arkady V. Structural defects in graphene [J]. Acs Nano, 2011, 5 (1): 26-41.

[5] PYUN K R, KO S H. Graphene as a material for energy generation and control: Recent progress in the control of graphene thermal conductivity by graphene defect engineering [J]. Materials Today Energy, 2019, 12: 431-442.

[6] WANG C G, LAN L, LIU Y P, et al. Defect-guided wrinkling in graphene [J]. Computational Materials Science, 2013, 77: 250-253.

[7] CHISHOLM Matthew F, DUSCHER Gerd, WINDL Wolfgang. Oxidation resistance of reactive atoms in graphene [J]. Nano Letters, 2012, 12 (9): 4651-4655.

[8] KRESSE G, FURTHMÜLLER J. Efficient iterative schemes for ab initio total-energy calculations using a plane-wave basis set [J]. Physical review B, Condensed matter, 1996, 54 (16): 11169-11186.

[9] PERDEW J P, BURKE K, ERNZERHOF M. Generalized gradient approximation made simple [J]. Physical Review Letters, 1998, 77 (18): 3865-3868.

[10] HENKELMAN Graeme, UBERUAGA Blas, JONSSON Hannes. A climbing image nudged elastic band method for finding saddle points and minimum energy paths [J]. J Chem Phys, 2000, 113: 9901-9904.

[11] HENKELMAN Graeme, JONSSON Hannes. Improved tangent estimate in the nudged elastic band method for finding minimum energy paths and saddle points [J]. J Chem Phys, 2000, 113: 9978-9985.

[12] YI Seho, CHOI Jin-Ho, KIM Hyun-Jung, et al. Contrasting diffusion behaviors of O and F atoms on graphene and within bilayer graphene [J]. Physical Chemistry Chemical Physics, 2017, 19 (13): 9107-9112.

[13] AJAYAN P M, YAKOBSON B I. Materials science-Oxygen breaks into carbon world [J]. Nature, 2006, 441 (7095): 818-819.

[14] YANG M M, ZHOU L, WANG J Y, et al. Evolutionary chlorination of graphene: From charge-transfer complex to covalent bonding and nonbonding [J]. Journal of Physical Chemistry C, 2012, 116 (1): 844-850.

[15] TOYOURA K, KOYAMA Y, KUWABARA A, et al. First-principles approach to chemical diffusion of lithium atoms in a graphite intercalation compound [J]. Physical Review B, 2008, 78 (21): 214903.

[16] LU Ning, LI Zhenyu, YANG Jinlong. Structure of graphene oxide: Thermodynamics versus kinetics [J]. The Journal of Physical Chemistry C, 2011, 115 (24): 11991-11995.

[17] LI Qiang, ZHENG Shaoxian, PU Jibin, et al. Thermodynamics and kinetics of an oxygen adatom on pristine and functionalized graphene: Insight gained into their anticorrosion

properties [J]. Physical Chemistry Chemical Physics, 2019, 21: 12121-12129.

[18] LEE Jihyung, BERMAN Diana. Inhibitor or promoter: Insights on the corrosion evolution in a graphene protected surface [J]. Carbon, 2018, 126: 225-231.

[19] 徐立静，杨居一，郑和平，等．石墨烯的应用现状及发展［J］．装饰装修天地，2019，15：139.

[20] 杨程，陈宇滨，田俊鹏，等．功能化石墨烯的制备及应用研究进展［J］．航空材料学报，2016，36（3）：40-56.

[21] 徐志伟，吴凡，吴腾飞，等．基于γ射线辐照一步制备氟化石墨烯的方法：中国，CN104098093A［P］．2014-08-01.

[22] 徐杨，陆薇，阿亚兹，等．一种氟化石墨烯的制备方法：中国，CN104986750A［P］．2015-06-26.

[23] WANG Z F, WANG J Q, LI Z P, et al. Synthesis of fluorinated graphene with tunable degree of fluorination [J]. Carbon, 2012, 50 (15): 5403-5410.

[24] ŞAHIN H, TOPSAKAL M, CIRACI S. Structures of fluorinated graphene and their signatures [J]. Physical Review B, 2011, 83 (11): 115432.

[25] 张正斌，于剑昆．氟化石墨烯的制备与应用进展［J］．化学推进剂与高分子材料，2019，17（1）：20-25.

[26] LIU Y J, NOFFKE B W, QIAO X X, et al. Basal plane fluorination of graphene by $XeF_2$ via a radical cation mechanism [J]. The Journal of Physical Chemistry Letters, 2015, 6 (18): 3645-3649.

[27] 隋鹏飞，赵银昌，戴振宏．氟化石墨烯能带中的对称分类研究［J］．大学物理，2014，33（2）：12-14，44.

[28] CHANG H X, CHANG J S, LIU X Q, et al. Facile synthesis of wide-bandgap fluorinated graphene semiconductors [J]. Chemistry-A European Journal, 2011, 17 (32): 8896-8903.

[29] SHARIN E P, ZAKHAROV R N, EVSEEV K V. First-principles calculation of electronic properties of fluorinated graphene [J]. AIP Conference Proceedings, 2018, 2041 (1): 020024.

[30] NETO A H C, GUINEA F, PERES N M R, et al. The electronic properties of graphene [J]. Reviews of Modern Physics, 2009, 81 (1): 109-162.

[31] KIM K S, ZHAO Y, JANG H, et al. Large-scale pattern growth of graphene films for stretchable transparent electrodes [J]. Nature, 2009, 457 (7230): 706-710.

[32] ALI Muhammad, TIT Nacir, PI Xiaodong, et al. First principles study on the functionalization of graphene with Fe catalyst for the detection of $CO_2$: Effect of catalyst clustering [J]. Applied Surface Science, 2019: 144153.

[33] WEI S J, HAO Y B, YING Z, et al. Transfer-free CVD graphene for highly sensitive glucose sensors [J]. Journal of Materials Science & Technology, 2020 (2): 71-76.

[34] BERMAN D, ERDEMIR A, SUMANT A V. Few layer graphene to reduce wear and friction on sliding steel surfaces [J]. Carbon, 2013, 54: 454-459.

[35] ZHOU F, LI Z T, SHENOY G J, et al. Enhanced room-temperature corrosion of copper in the presence of graphene [J]. Acs Nano, 2013, 7 (8): 6939-6947.

[36] AVOURIS Phaedon, DIMITRAKOPOULOS Christos. Graphene: Synthesis and applications [J]. Materials Today, 2012, 15 (3): 86-97.

[37] MIŠKOVIĆ-STANKOVIĆ Vesna, JEVREMOVIĆ Ivana, JUNG Inhwa, et al. Electrochemical study of corrosion behavior of graphene coatings on copper and aluminum in a chloride solution [J]. Carbon, 2014, 75: 335-344.

[38] RAMEZANZADEH Bahram, BAHLAKEH Ghasem, RAMEZANZADEH Mohammad. Polyaniline-cerium oxide ($PAni-CeO_2$) coated graphene oxide for enhancement of epoxy coating corrosion protection performance on mild steel [J]. Corrosion Science, 2018, 137: 111-126.

[39] DING J H, ZHAO H R, ZHENG Y, et al. A long-term anticorrsive coating through graphene passivation [J]. Carbon, 2018, 138: 197-206.

[40] CUBIDES Y, CASTANEDA H. Corrosion protection mechanisms of carbon nanotube and zinc-rich epoxy primers on carbon steel in simulated concrete pore solutions in the presence of chloride ions [J]. Corrosion Science, 2016, 109: 145-161.

[41] DING R, ZHENG Y, YU H B, et al. Study of water permeation dynamics and anti-corrosion mechanism of graphene/zinc coatings [J]. Journal of Alloys and Compounds, 2018, 748: 481-495.

[42] YAO W J, ZHOU S G, WANG Z X, et al. Antioxidant behaviors of graphene in marine environment: A first-principles simulation [J]. Applied Surface Science, 2020, 499: 143962.

[43] LIU Z W, PENG F, WANG H J, et al. Phosphorus-doped graphite layers with high electrocatalytic activity for the $O_2$ reduction in an alkaline medium [J]. Angewandte Chemie International Edition, 2011, 50 (14): 3257-3261.

[44] MACINTOSH Adam R, JIANG G P, ZAMANI P, et al. Phosphorus and nitrogen centers in doped graphene and carbon nanotubes analyzed through solid-state NMR [J]. The Journal of Physical Chemistry C, 2018, 122 (12): 6593-6601.

[45] SHAHROKHI M, LEONARD C. Tuning the band gap and optical spectra of silicon-doped graphene: Many-body effects and excitonic states [J]. Journal of Alloys and Compounds, 2017, 693: 1185-1196.

[46] HOUMAD M, ZAARI H, BENYOUSSEF A, et al. Optical conductivity enhancement and band gap opening with silicon doped graphene [J]. Carbon, 2015, 94: 1021-1027.

[47] CHEN Z, HOU L Q, CAO Y, et al. Gram-scale production of B, N co-doped graphene-like carbon for high performance supercapacitor electrodes [J]. Applied Surface Science, 2018, 435: 937-944.

[48] SAHOO M, SREENA K P, VINAYAN B P, et al. Green synthesis of boron doped graphene and its application as high performance anode material in Li ion battery [J]. Materials Research Bulletin, 2015, 61: 383-390.

[49] HAN C L, CHEN Z Q. Adsorption properties of $O_2$ on the unequal amounts of binary co-doped

graphene by B/N and P/N: A density functional theory study [J]. Applied Surface Science, 2019, 471: 445-454.

[50] ZHANG Chenzhen, MAHMOOD Nasir, YIN Han, et al. Synthesis of phosphorus-doped graphene and its multifunctional applications for oxygen reduction reaction and lithium ion batteries [J]. Advanced Materials, 2013, 25 (35): 4932-4937.

[51] CAZETTA André L, ZHANG Tao, SILVA Taís L, et al. Bone char-derived metal-free N-and S-co-doped nanoporous carbon and its efficient electrocatalytic activity for hydrazine oxidation [J]. Applied Catalysis B: Environmental, 2018, 225: 30-39.

[52] KRESSE G, FURTHMÜLLER J. Efficient iterative schemes for ab initio total-energy calculations using a plane-wave basis set [J]. Phys Rev B Condens Matter, 1996, 54 (16): 11169-11186.

[53] KRESSE G, FURTHMÜLLER J. Efficiency of ab-initio total energy calculations for metals and semiconductors using a plane-wave basis set [J]. Computational Materials Science, 1996, 6 (1): 15-50.

[54] ESRAFILI Mehdi D, MOUSAVIAN Parisasadat. Probing reaction pathways for oxidation of CO by $O_2$ molecule over P-doped divacancy graphene: A DFT study [J]. Applied Surface Science, 2018, 440: 580-585.

# 4 金属表面石墨烯涂层抗氧化腐蚀的理论基础

在海洋环境下，在交替的湿/干环境中，金属表面通常会形成海水液层。由于液层的厚度随温度和湿度而变化，因此腐蚀行为复杂。一方面，液膜逐渐蒸发变薄，$Cl^-$浓度在液膜中逐渐增大，导致金属材料加速电化学腐蚀[1-2]。Fuente 等人[3]就发现当 $Cl^-$ 含量高时，会在金属表面形成“剥落的锈蚀层”，锈蚀层的出现促进阴极析氢反应，从而加速了金属腐蚀。另一方面，$Cl^-$浓度的增加会显著影响锈层的结构和性能。当 $Cl^-$浓度高时，金属会很难与其形成稳定的碱性氯化物，从而导致锈层中多孔结构松散[4]。这种松散的多孔结构具有很高的保湿性，金属表面始终保持湿润，这就为腐蚀提供了有利的条件[5]。因此对于具有钝化膜的金属而言，除非 pH 值足够高且工作温度也不高于某一临界点，不然铜等金属表面的钝化层最终还是会加剧阳极溶解，在海洋环境下这种的局部侵蚀的产生不可避免。含氧量越高，海水对不锈钢的侵蚀性也越强烈[6]。为提高金属材料在海洋环境下的抗氧化耐腐蚀性能，主要采取耐腐蚀的金属材料、加缓蚀剂、表面改造、涂层防护和电化学防护等措施方式[7]。在各种海洋防腐蚀技术中，涂层防护法以其经济性和实用性已成为最普遍的海洋防腐蚀技术[8]。在涂层技术中金属电镀因其不受材料形状限制，且工艺简单被广泛使用[9]。然而，海洋环境下的盐雾很容易从材料表面电镀多孔结构渗透而引起金属腐蚀，因此其在海洋大气中的应用受到限制。研究表明有机镀层可以有效避免与水分、氧化物、腐蚀介质和金属组分的接触，从而防止在涂层下产生金属电化学腐蚀的电路，并抑制对金属材料的锈蚀，从而成为海洋大气腐蚀防护的主要手段[10]。但涂层表面的液膜会逐渐渗透到涂层中，最终导致涂层失效。此外，在紫外线照射作用下，由于光电化学反应所产生的活性氧原子将进一步引起有机涂层的失效，从而加速金属组分的腐蚀[11]。因此，寻找一种高效的耐腐蚀抗氧化涂层是提高铜及其合金在海洋环境下长效服役的关键。石墨烯的出现为提高金属的耐腐蚀性提供了可能，但实验发现石墨烯缺陷等问题的存在限制了其作为防腐抗氧化涂层发展，因此采用计算的方法从理论入手找寻提高金属基底石墨烯防腐蚀抗氧化性能的方法至关重要。

石墨烯自身优异的物理化学性能，并且具有单分子不透过性使其在防腐蚀涂层有良好前景。但是石墨烯也有缺陷存在，在金属基底上沉积的石墨烯涂层后在长效耐腐蚀性上甚至不如未沉积石墨烯层的金属基底。因此，在更复杂氧化的海洋环境下（含氯），金属基底上的石墨烯层将面临更加严峻的氧化腐蚀失效。目前，有关金属表面石墨烯的腐蚀行为实验较多，理论解释较少。因此迫切需要通过理论计算探索铜基石墨烯的防腐蚀抗氧化机理。本章通过第一性原理计算探索氧在大气环境下金属表面石墨烯的吸附与扩散行为，着重分析了氧在海洋环境下金属表面石墨烯上的吸附与扩散行为。基于石墨烯氧化行为研究，进一步研究了氧在缺陷石墨烯上的穿透行为，从而明确海洋环境下氧扩散对金属表面石墨烯的抗氧化与耐腐蚀性能的影响。

## 4.1 铜表面石墨烯的抗氧化腐蚀行为计算模拟

海洋对于国家而言有重大战略意义。腐蚀对金属材料的性能有害，会缩短基础设施和公用事业的使用寿命，造成经济损失，并威胁工业安全。腐蚀主要由水分、氧气、电解质等环境因素引发，而海洋环境由于含有大量腐蚀离子尤其是 $Cl^-$，因此海洋环境对铜及其合金材料的腐蚀影响要显著大于大气环境的影响。因此开发一种有效的抗氧化和耐腐蚀涂层来阻止腐蚀性离子的渗透是保护金属免受腐蚀的普遍、实用和首选的方法。

石墨烯自被发现以来，因其优异的物理化学性质而受到广泛关注。B. Li 等人[12]的实验结果表明氯原子在活性氯和光催化作用下吸附在石墨烯上，使得石墨烯上的 C—C 键 $sp^2$ 杂化转变为 $sp^3$ 杂化，由于 $sp^3$ 键能小于 $sp^2$ 键的键能，因此在有氧的情况可能会导致石墨烯的更快裂解。Şahin[13]认为单个氯原子的键合是离子型的，并与平面上的石墨烯引起局部变形。此外与氢和氟吸附原子不同，单个氯吸附原子在石墨烯表面的迁移几乎没有障碍。通过理论计算认为石墨烯在含氯环境下的裂解共分为三步：（1）两个活性氯原子吸附在石墨烯六方晶格的对顶位置，同时，与氯原子相邻的两个碳原子向上突出。（2）由于石墨烯上氯原子的吸附会降低氧原子在石墨烯上的扩散能垒，因此氧原子在石墨烯上更容易扩散。氧原子在石墨烯上的扩散会导致石墨烯本身键型由 $sp^2$ 键向 $sp^3$ 键的转化，减低 C—C 键能，增加石墨烯的变形程度。（3）随着扩散的加剧，最终氯原子与氧原子的共同作用下导致石墨烯层断裂[14]。因此更迫切需要研究海洋环境下氯原子对铜基石墨烯上氧扩散的影响。采用第一性原理计算对海洋环境下（本实验采用活性氯原子代替海洋环境下 $Cl^-$ 的腐蚀作用）铜基石墨烯上氧扩散行为进行计算分析，同时选用 B、P、S 和 Si 四种非金属元素对石墨烯进行掺杂改性，希望能通过非金属元素掺杂的方式提高铜基石墨烯在海洋环境下的耐腐蚀抗氧化能力。

### 4.1.1 铜表面石墨烯上氧和氯原子的吸附结构

采用密度泛函理论进行计算，计算过程由 VASP 软件[15]实现。用于计算的截断能量为560eV，电子自洽的能量收敛标准为$10^{-5}$eV、力的收敛标准为0.1eV/nm。并采用PBE + vdW 计算方法[16]明确范德华瓦尔斯键对材料的影响。为了最小化吸附原子之间的耦合，结合能和反应路径的计算，构建模型时采用使用4×4的超胞。对于涂层表面，使用5×5×1的$K$点网格。石墨烯下面是一个64原子的Cu(111)表面。垂直于单层石墨烯表面的方向上添加了一个1.5nm的真空层，以避免不同晶格之间的影响。亨克尔曼小组的VASP(VTST)代码的过渡态工具的爬行图像弹性带(Cl-NEB)方法被用来寻求VASP(VTST)代码的鞍点和最小能量路径[17-18]。

为确定氯原子在石墨烯上的吸附位置，并且根据石墨烯本身的对称性，初始结构共选出6种，如图4-1所示。结构优化后6种初始结构弛豫后删去重复相同结构，统计共为4种结构，如图4-2所示。可以看出，石墨烯上单氯原子的吸附不稳定，单氯原子吸附在石墨烯上的键长为0.251nm，吸附后的体系能量为-542.45eV。

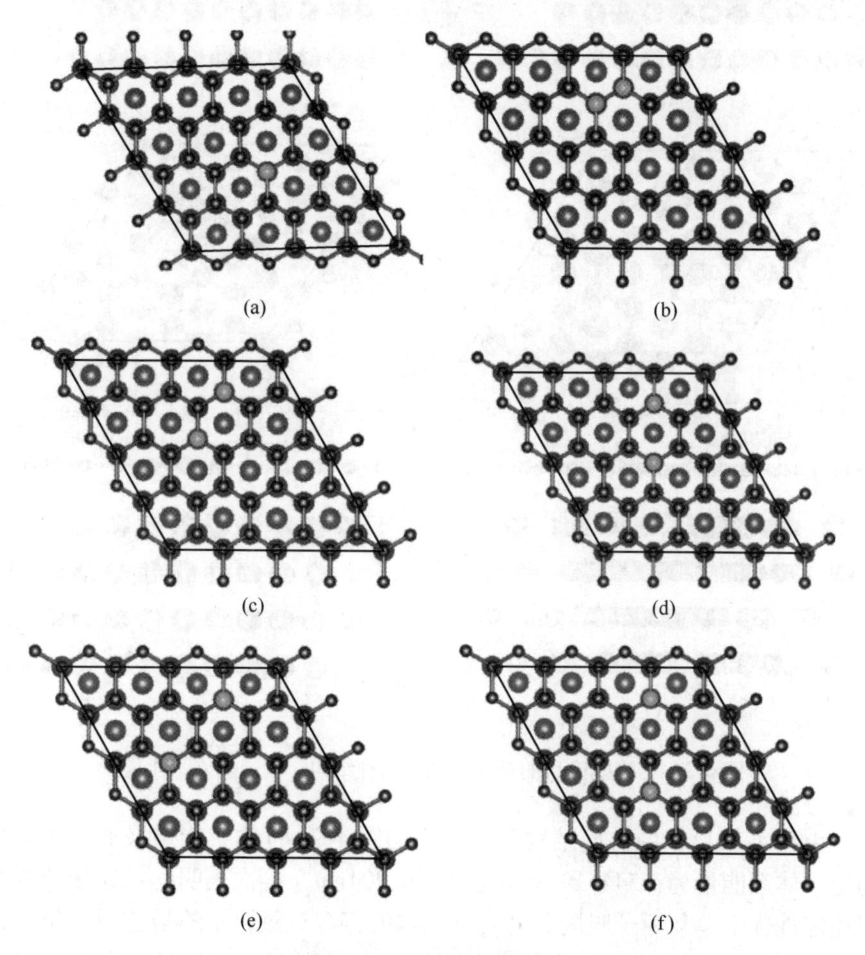


图4-1　Cl吸附在石墨烯上的不同初始位置建模

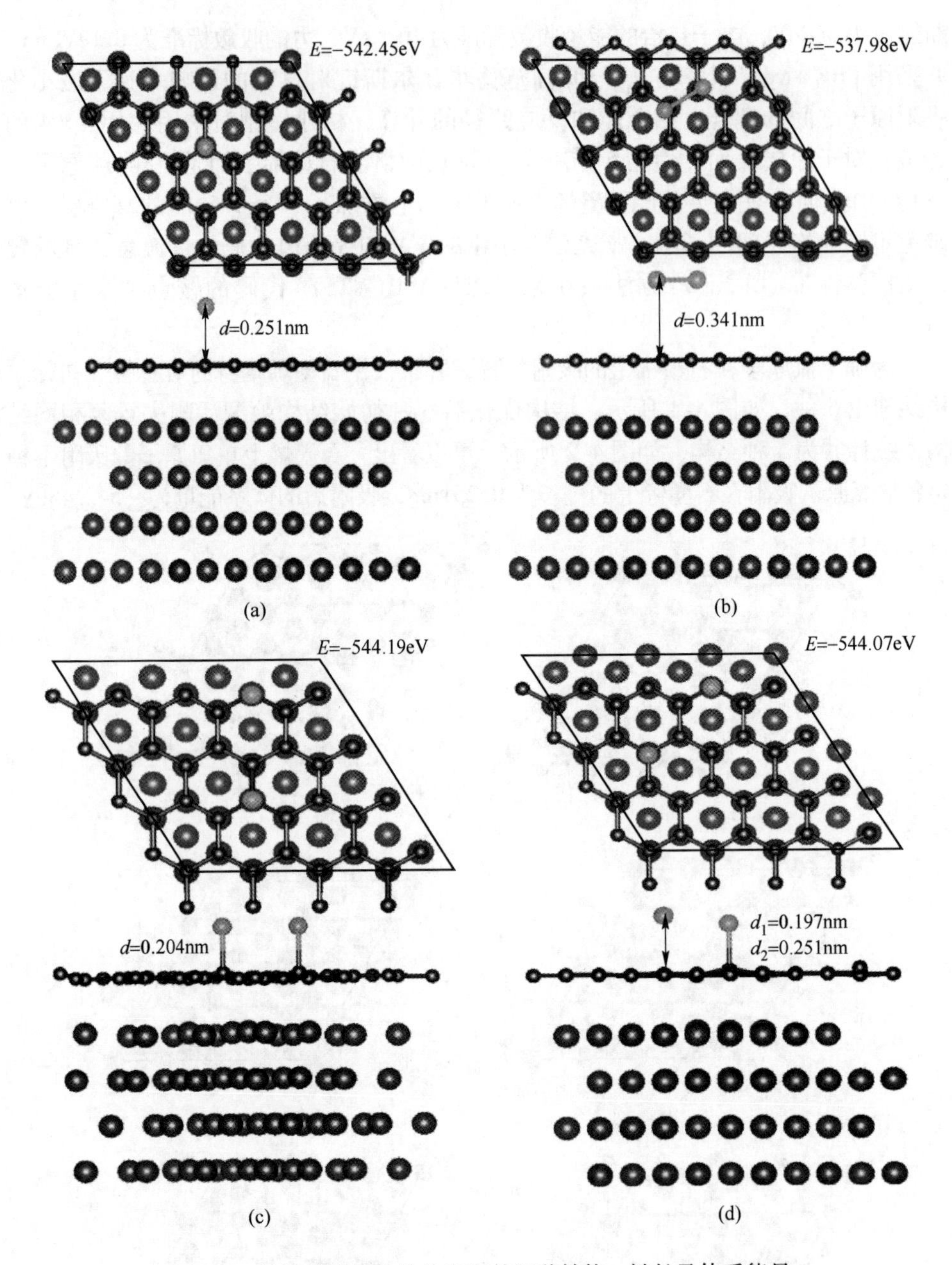


图 4-2　结构弛豫后的总共出现的四种结构、键长及体系能量

此外，由图 4-1(f)中的初始结构所优化出的图 4-2(c)体系能量最低，吸附结构最稳定，体系能量为 −544. 19eV，键长为 0. 204nm，再次表明，氯原子的双原子吸附稳定性优于单氯原子吸附，并且基底铜的存在对氯原子的最佳吸附位置也产生了影响，无基底铜时氯原子吸附在石墨烯六圆环对顶位为最佳吸附位置。因

此，在之后的计算中，在保证体系能量最低的情况下，氯原子尽量选择此种吸附结构作为在石墨烯上的吸附结构。

吸附能方面，氯原子的吸附能为 1.68eV，大于无铜基底时氯原子的最大吸附能 1.27eV。同时，氯原子吸附在石墨烯上时，氧的吸附能为 4.77eV，略大于无氯原子吸附时的 4.69eV。吸附能的提高表明铜基底的存在促进了氯原子在石墨烯上的吸附，同时氯原子的存在又促进了氧原子在石墨烯上的吸附稳定性。

### 4.1.2 含氯情况下铜表面石墨烯上氧原子的扩散行为

图 4-3 所示为氧原子在氯原子吸附在石墨烯上时的扩散轨迹和扩散势垒图。其中扩散轨迹图中的 *A*、*E* 为扩散过程的初末态。从图中可以看出，海洋环境下，氧在石墨烯上的扩散势垒（*D*～*E* 点）为 0.42eV。这个值高于氧在纯石墨烯上的扩散势垒的 0.1eV，但氧在向氯靠近过程中，由初态到能量最低点（*A*～*D* 点）的扩散过程释放了 0.34eV，高于氧在无氯原子石墨烯上的值（0.26eV）。并且在

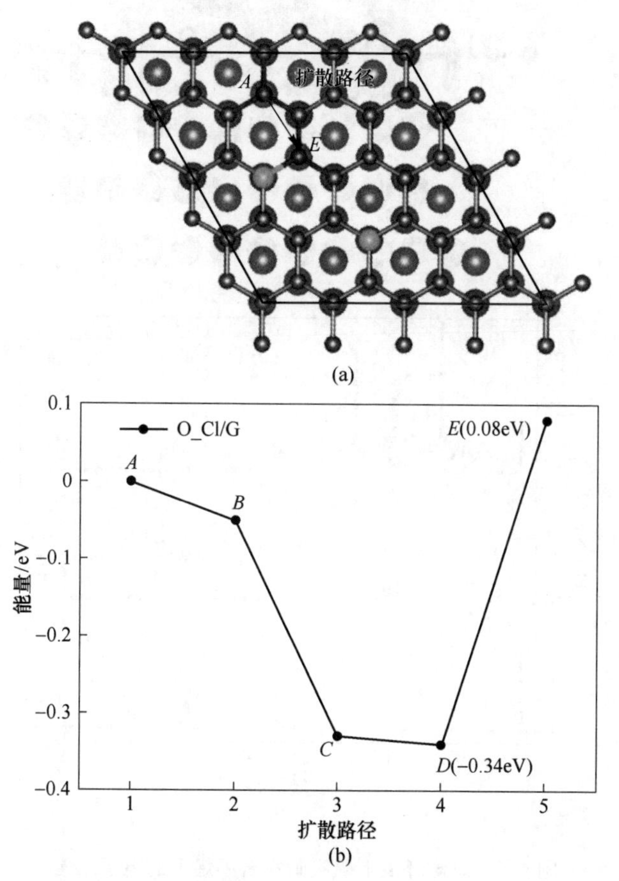


图 4-3 海洋环境下氧在石墨烯上的扩散路径（a）及扩散势垒（b）

整个过程的最高能量（$E$ 点为 0.08eV）与无氯原子的大气环境情况相似，接近于 0eV，表明海洋环境下氯原子能够显著促进氧原子在石墨烯上的扩散。

### 4.1.3　含氯情况下铜表面石墨烯上吸附氧原子的电子结构

为进一步了解海洋环境下石墨烯上氯和氧原子的电子结构，进行了差分电荷密度和偏态密度的计算。图 4-4(a)所示为差分电荷密度图。由图可以看出，虽然氯原子之间相距较远，但仍引起了大范围的电荷转移，氧原子的电荷密度发生重排，同时，氯原子的吸附，使石墨烯上的 C 原子与下层铜原子之间的电荷交换大于未吸附氯和氧原子的区域，表明 Cu 原子对石墨烯上的氯原子吸附产生了影响，这种电荷的转移对石墨烯本身的防腐性能可能产生影响。具体键合通过偏态密度（见图 4-4(b)）可以进一步分析，由图可以看出，由于氯原子的存在，C p

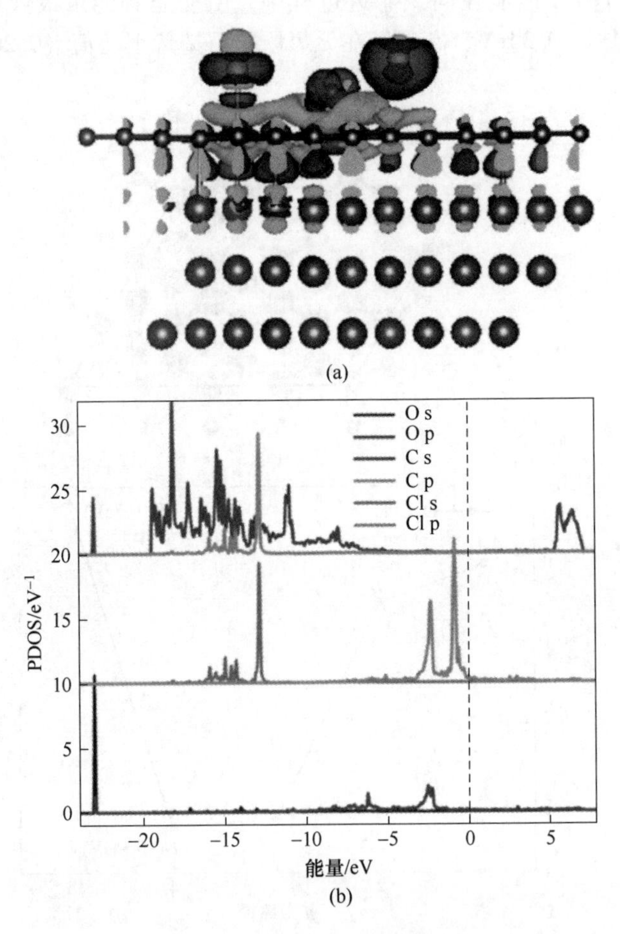


图 4-4　海洋环境下氧吸附在石墨烯上的电子结构

（a）差分电荷密度；（b）偏态密度（PDOS）

轨道峰在费米能级附近的强度和展宽都弱了很多。并且费米点能级处主要由氯原子的电子贡献。在低能级 -24 ~ -22.5eV 主要由 C s 轨道和氧的 O s 轨道贡献。在次低能级 -17.5 ~ -12.5eV，C p 轨道走势和氯的 s 轨道走势相似，同时展宽较窄，表现出 Cl 和 C 原子之间具有离子性，成键多为 σ 键。在较高能级 -2.5eV 附近 Cl p 轨道和 O p 轨道发生杂化。在高能级区域大于 5eV 的能量范围主要由 C 的 p 轨道贡献。

### 4.1.4 铜表面掺杂石墨烯上氧和氯原子的吸附结构

图 4-5 所示为氯原子和氧原子吸附在掺杂石墨烯上的初始建模。初始建模除所示结构建模外也进行了大量计算测试，最终选取了这 4 种非金属掺杂结构。这 4 种结构在满足掺杂吸附稳定的基础上，得到了氯在石墨烯上稳定吸附的吸附结构。对应的结构弛豫后的结构如图 4-6 所示。

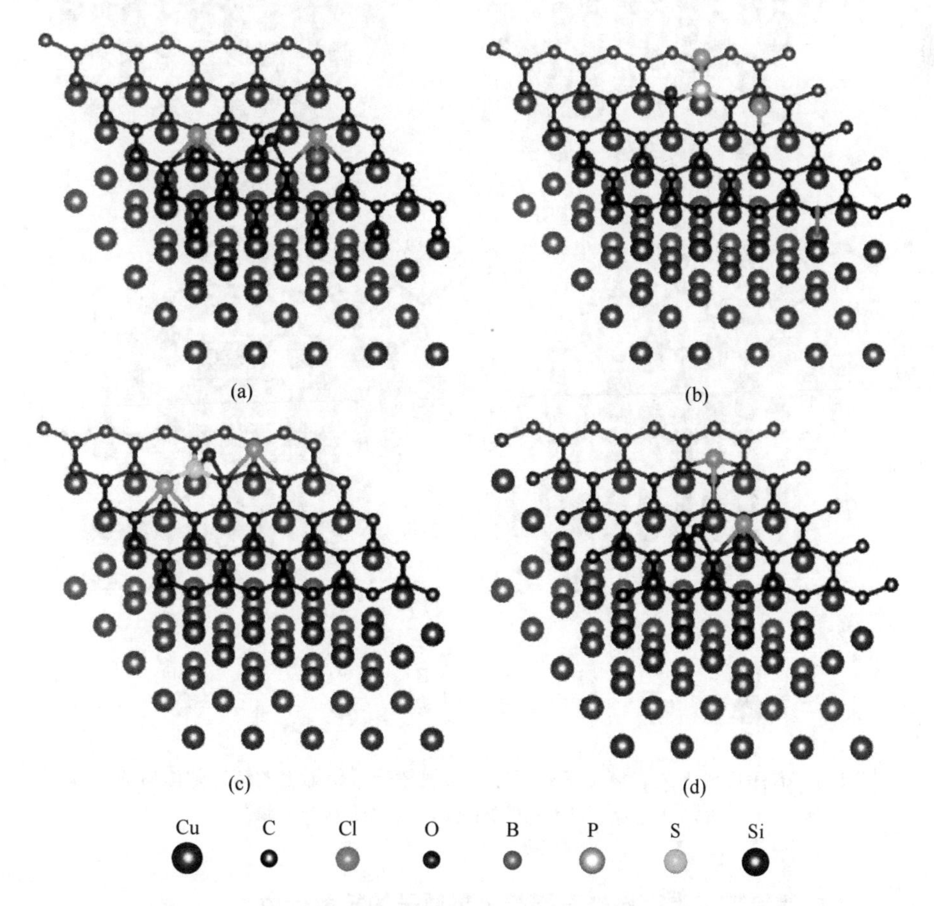


图 4-5 海洋环境下氧和氯吸附在非金属掺杂石墨烯上的初始建模
(a) B 掺杂；(b) P 掺杂；(c) S 掺杂；(d) Si 掺杂

可以看出，当P原子与Cl原子有比较强的作用时，P原子不再向Cu表面方向移动，反而略微向上凸起。氧原子在结构优化后，移动至S原子上方，如图4-6(c) 所示。Si原子结构优化前后位置变动不大。在Cl存在的情况下，氧原子在B、P和Si掺杂上的吸附能均小于无掺杂石墨烯上氧的吸附能，其中氧在P掺杂石墨烯上的吸附能最低，仅为4.35eV，氧在B掺杂石墨烯上的吸附能次低。而氧在S掺杂石墨烯上最高，即氧在S掺杂石墨烯上的吸附结构最稳定。

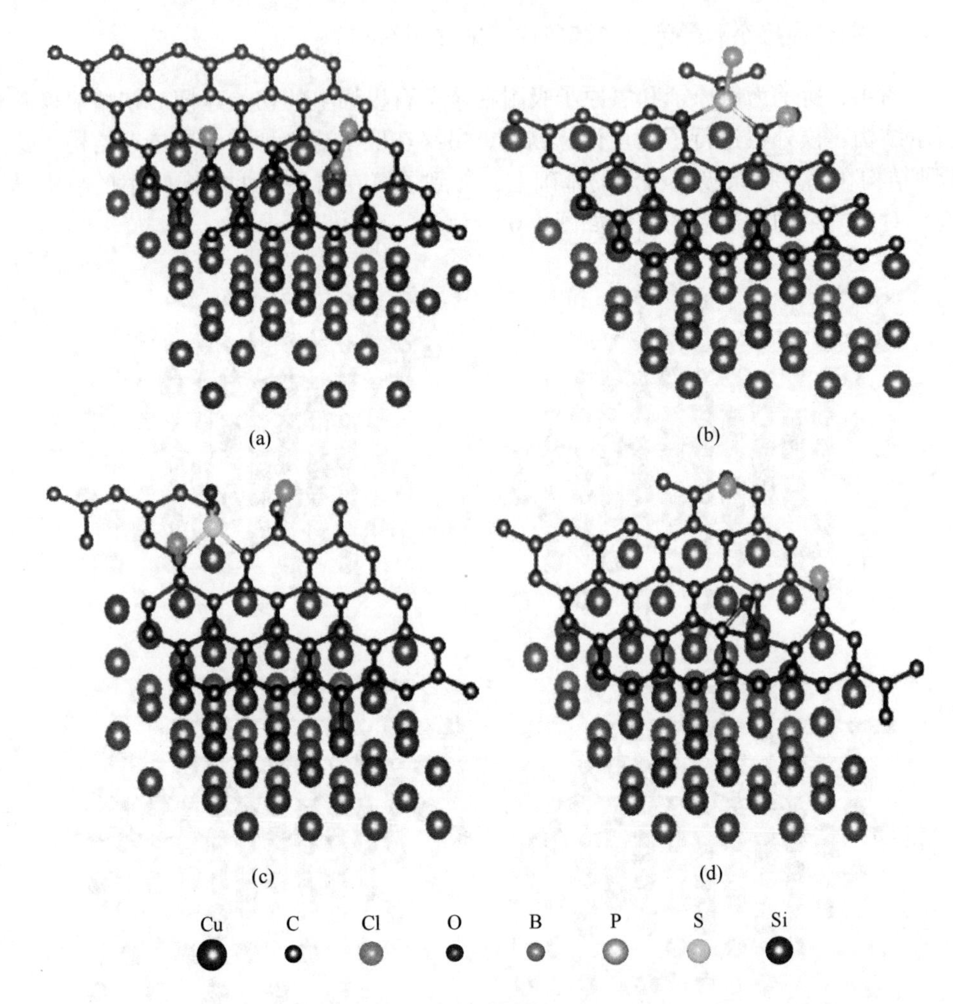


图4-6 海洋环境下氧和氯原子吸附在非金属掺杂石墨烯上的结构弛豫后的结构
(a) B掺杂；(b) P掺杂；(c) S掺杂；(d) Si掺杂

### 4.1.5 含氯情况下铜表面掺杂石墨烯上氧原子的扩散行为

图4-7 所示为氧在Cl原子吸附掺杂石墨烯上的扩散路径和扩散势垒图，反

映了在海洋环境下氧原子在石墨烯/掺杂石墨烯上扩散能难易程度，其中 *A* 和 *G* 点为扩散过程的初末态结构。路径的选取原则也是在保证稳定吸附的情况下，使氧在扩散图中尽可能靠近掺杂原子和氯原子，尽量保证扩散过程能体现氯原子和掺杂原子对氧扩散的影响。图 4-7(a)所示为氧在 B 掺杂石墨烯上扩散路径和扩散势垒图。可以看出氧在扩散初期（*A*-*B* 点），虽然能量释放了 0.33eV，这与无掺杂下的扩散释放能量相近，但随着氧原子向氯原子和掺杂 B 原子靠近，可以看出能量在逐步提高（*B* ~ *C* 点的 0.43eV、*D* ~ *E* 点的 0.35eV 和 *F* ~ *G* 点的 0.76eV），势垒为 0.76eV。这个氧扩散势垒已经显著高于其在无掺杂石墨烯上的扩散势垒，表明海洋环境下 B 掺杂石墨烯能够显著提高材料的抗氧化耐腐蚀能力。图 4-7(b)所示为氧在 P 掺杂石墨烯上的扩散势垒。可以看出海洋环境下氧在 P 掺杂石墨烯扩散势垒为 0.46eV，这个扩散势垒略高于氧在无掺杂石墨烯上的扩散势垒，但紧随其后体系能量释放了 0.83eV（*D* ~ *G* 点），*G* 点为负值，表

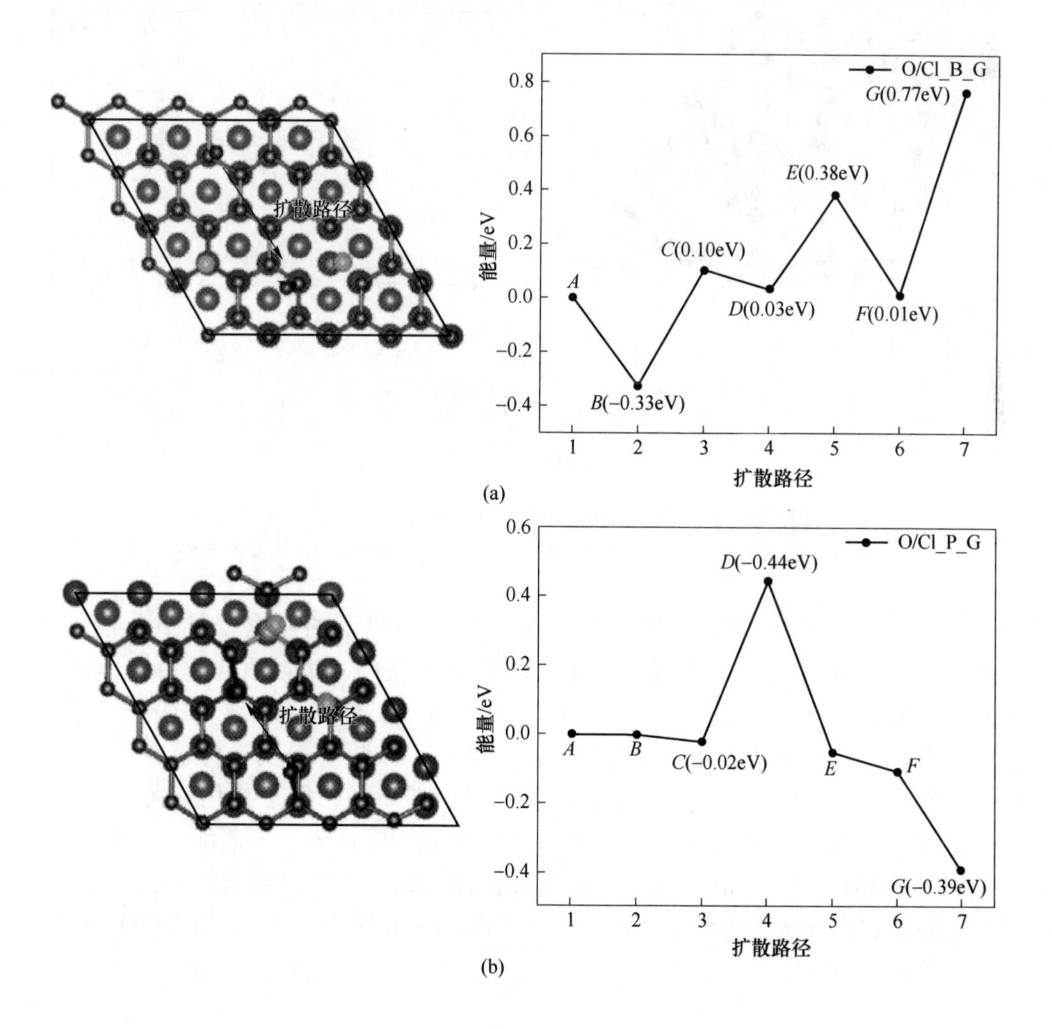

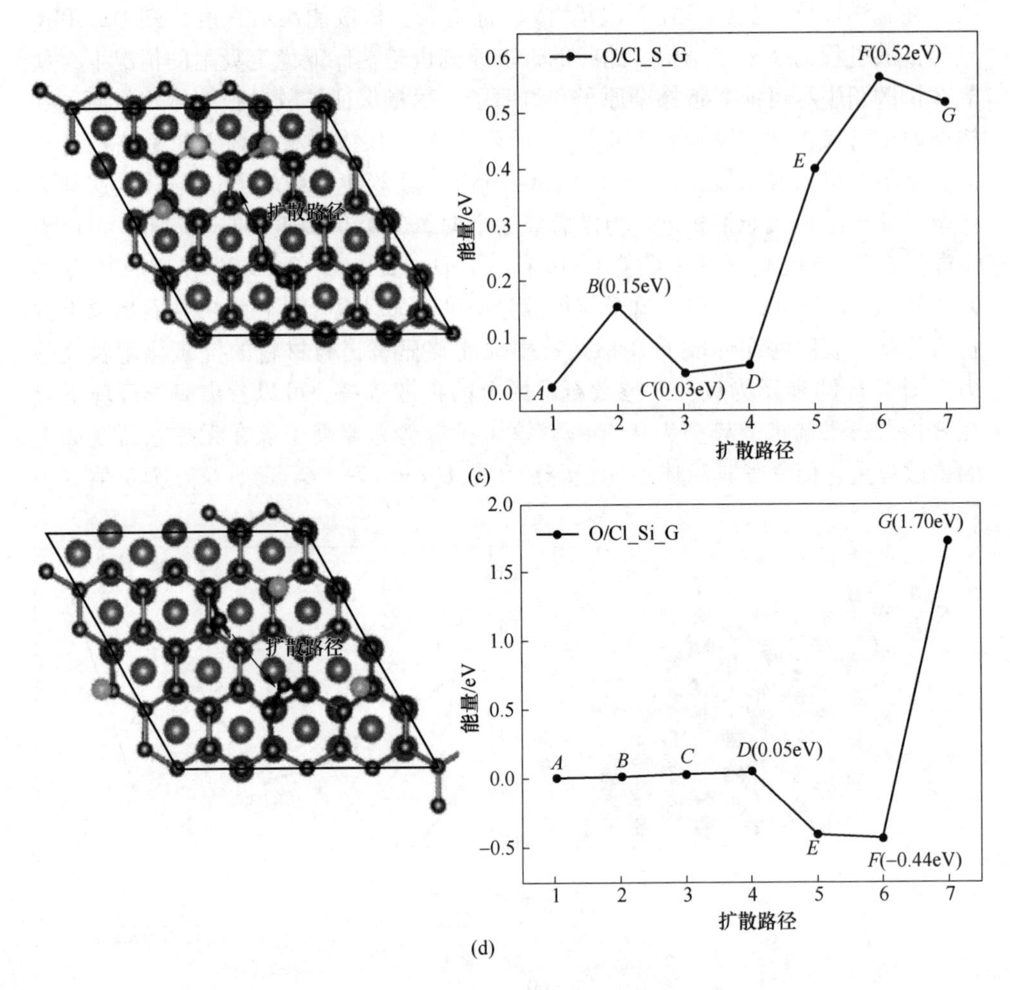


图 4-7　氧在非金属掺杂石墨烯上的扩散路径及扩散势垒

(a) B 掺杂石墨烯；(b) P 掺杂石墨烯；(c) S 掺杂石墨烯；(d) Si 掺杂石墨烯

明整个过程是自发过程，这不利于材料在海洋环境下的防腐蚀抗氧化能力。图 4-7(c)所示为氧在 S 掺杂石墨烯上的扩散势垒图。可以看出海洋环境下，氧在 S 掺杂石墨烯上的扩散势垒为 0.49eV，但氧扩散势垒在整个扩散过程中均为正值，有利于材料在此环境下的耐腐蚀性。图 4-7(d)所示为氧在 Si 掺杂石墨烯上的扩散势垒图，可以看出在扩散的初步阶段，能量变化不大（$A \sim D$ 点），随着氧逐步靠近掺杂原子，能量体现为先下降后升，扩散能量势垒最后达到了 2.14eV，这个值远远大于氧在其他掺杂结构上的扩散势垒。所以，从扩散势垒和扩散结构的角度出发，在海洋环境下 Si 掺杂石墨烯的防腐蚀抗氧化能力最好。

### 4.1.6 含氯情况下铜表面掺杂石墨烯上吸附氧原子的电子结构

为进一步分析材料的性能，对材料的电子结构进行了计算，图 4-8 所示为差分电荷密度计算。图 4-8(a)可以看出氧的电荷在 B 和 Cl 原子影响下进行了重排，并且 B—O—Cl 之间进行了大量电荷转移。从图 4-8(b)可以看出，P 原子对氯原子有显著影响，这可能是氧原子吸附能较低的原因。从图 4-8(c)可以看出，O、Cl 和 S 原子之间虽然存在大量电荷转移，但自身电子结构保存较为完好，这可能是氧原子在 S 掺杂石墨烯上结构稳定的原因，并且 S—O 之间的键合可能为 σ 键形式。图 4-8(d)所示为氧在 Si 掺杂石墨烯上的结构，可以看出氧与 Si 原子之间电荷转移最大，使氧原子电子结构重排。表明海洋环境下，氯原子改变了氧在石墨烯/掺杂石墨烯上的吸附形式，吸附结构与吸附能的降低，使其更容易与氯原子同时作用对石墨烯本身的 $sp^2$ 结构进行破坏。此外铜基底的存在也对石墨烯上吸附原子的吸附结构存在影响，使其不同于前文所示与吸附原子本身的吸附结构。

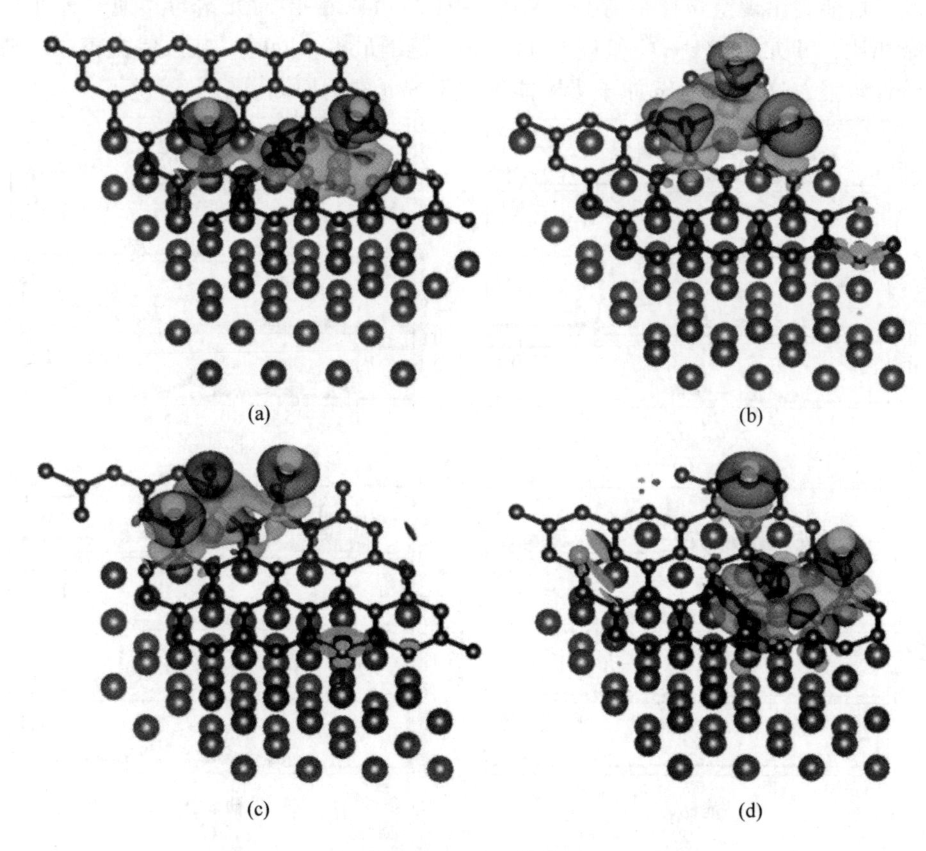


图 4-8 氧在非金属掺杂石墨烯上的差分密度电荷

(a) B 掺杂石墨烯；(b) P 掺杂石墨烯；(c) S 掺杂石墨烯；(d) Si 掺杂石墨烯

图4-9所示为偏态密度图，可以进一步了解原子之间的键合作用。从图4-9(a)中可以看出在低能级 −22.5eV 附近，主要由 O s 轨道和 C s 轨道杂化。在次低能级 −15eV 左右，由 Cl s 轨道、C s 轨道和 B s 轨道发生杂化。在 −2.5 ~ 0eV 附近，C p 轨道、O p 轨道、Cl p 轨道和 B p 轨道均发生共振，表明四种元素在此范围内均发生杂化。在高能级 5 ~ 7.5eV 范围内，主要由 C s 轨道、C p 轨道和 B p 轨道发生杂化。从图4-9（b）可以看出与 B 掺杂不同的是，P s 轨道和 Cl s 轨道、C s 轨道杂化范围向更低能级移动，移动至 −20 ~ −17.5eV 范围内，并且 Cl s 轨道峰强下降。在 −10 ~ −5eV 范围内，主要由 C p 轨道和 P p 轨道杂化。并且在 −5 ~ 0eV 范围并没有像 B 掺杂石墨烯（见图4-9(a)）和 Si 掺杂石墨烯（见图4-9(d)）态密度结构一样，发生四种元素的共振。还可以看出，氯的态密度峰向费米能级靠近。从图4-9(c)可以看出 S p 轨道与 O s 轨道在 −23eV 附近发生强烈共振，并且强度远远大于其他三种掺杂元素的态密度强度，表明 S 原子与 O 原子形成了较为紧密键合结构。同时，可以看出费米能级略微向石墨烯的导带移动，可能会出现空位掺杂情况。从图4-9(d)可以看出 Si 元素与其他三种元素掺杂相比，Si 元素与 O、C 和 Cl 之间的共振范围最多，同时，共振展宽较宽，则共价性较强，这可能是 Si 原子吸附能仅次于 S 元素的原因。

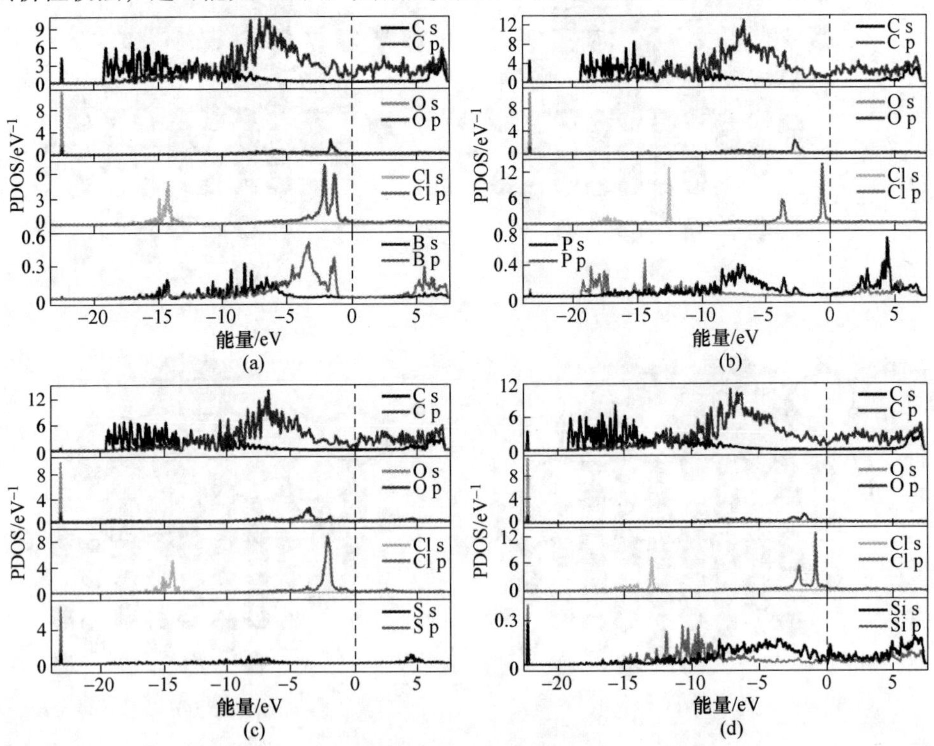


图4-9 氧在非金属掺杂石墨烯上的偏态密度图

(a) B 掺杂石墨烯；(b) P 掺杂石墨烯；(c) S 掺杂石墨烯；(d) Si 掺杂石墨烯

### 4.1.7 本节小结

采用第一性原理计算了氧在海洋环境下石墨烯和掺杂石墨烯上的扩散行为。主要得出以下几个结论：

（1）两个氯原子吸附在铜基底石墨烯上的结构更稳定，铜基底的存在改变了氯原子在石墨烯上的吸附位置，提高了氯在石墨烯上的吸附强度。海洋环境下氧的吸附能略大于无氯原子时的吸附能（4.69eV）。吸附能的提高表明氯原子的存在促进了氧原子在石墨烯上的吸附。同时，氯原子的吸附，使石墨烯上的 C 原子与下层铜原子之间的电荷交换大于未吸附原子区域，态密度图表明 Cl 和 C 原子之间具有一定的离子性，成键多为 σ 键。氯与氧原子之间存在轨道杂化。海洋环境下，氧在石墨烯上的扩散势垒为 0.42eV。但氧在向氯靠近过程中，由初态到能量最低点的扩散过程释放的能量高于氧在无氯石墨烯上的扩散。表明，海洋环境下氯原子能够促进氧原子在石墨烯上的扩散，可能导致基底铜上石墨烯更快产生缺陷，最终加速石墨烯在海洋环境下的裂解失效。

（2）氯原子存在情况下，氧原子在 B、P 和 Si 掺杂上的吸附能均小于无掺杂石墨烯上氧的吸附能，其中氧在 P 掺杂石墨烯上的吸附能最低，仅为 4.35eV，氧在 B 掺杂石墨烯上的吸附能次低。而氧在 S 掺杂石墨烯上最高，即氧在 S 掺杂石墨烯上的吸附结构最稳定。差分密度电荷表明 S—O 之间的键合最可能为 σ 键形式。氧与 Si 原子之间电荷转移最大，使氧原子电子结构重排。态密度方面，海洋环境下 S 掺杂石墨烯共价性最强。

（3）海洋环境下 Si 掺杂石墨烯具有最高的扩散势垒（2.14eV），B 掺杂石墨烯上扩散势垒为 0.76eV。这个值已经显著高于氧在无掺杂石墨烯上的扩散势垒。氧在 S 掺杂石墨烯上的整个扩散过程能量均为正值，扩散势垒为 0.49eV。因此，从扩散势垒出发，Si 掺杂石墨烯在海洋环境下的防腐蚀抗氧化能力最好，其次是 B 掺杂，P 掺杂石墨烯的防腐蚀抗氧化性能可能会不理想。

## 4.2 铜表面缺陷石墨烯的抗氧化腐蚀行为计算模拟

4.1 节已探讨了氧海洋环境下对于石墨烯本身完整结构的破坏，随着石墨烯结构的破坏，氧会进一步向铜基底进行扩散腐蚀，最后和 Cu 结合形成 $Cu_2O$，使得基底氧化物、腐蚀介质和石墨烯之间组成“原电池”，加速材料腐蚀。此外，目前几乎不可能为工业应用生产出完整结构的石墨烯，因此最终使用的石墨烯总是伴随着各种缺陷[19-21]，而其中大部分是空位的形式[22]。研究[23]表明，石墨烯的空位缺陷在制备生长过程中并不会随着石墨烯层数的堆叠而消除。总之，空位是导致石墨烯涂层腐蚀和氧化失效的重要原因。腐蚀介质（水、氧气、无机盐等）在缺陷处汇聚，并逐步渗透到石墨烯中，从而导致金属（铜及其合金）基材产生腐蚀。还有研究[24]表明，氯原子的存在可以促进氧气的扩散，所以减少氧气在石墨烯空位的渗透率是提高石墨烯在含氯环境中耐腐蚀性的关键。

近年来，磷、硫、硅和硼等非金属元素受到越来越多的关注，因为它们在原子尺寸上与碳原子相似，并且能够对石墨烯进行功能化并改变其电子特性。因此，非金属掺杂的石墨烯多用于传感器、锂离子电池等方面的研究。此外，掺杂原子在掺杂结构上倾向于在石墨烯缺陷处结合，从而对阻止腐蚀介质和腐蚀性粒子由石墨烯缺陷处向金属基底的渗透起到了显著作用。整个扩散过程如图 4-10 所示。这为在含氯环境（海洋环境）中使用非金属掺杂的缺陷石墨烯（VG）进行抗氧化涂层提供了基础。虽然对非金属掺杂的石墨烯在氯环境中的抗氧化性能进行的实验挺多，但是从理论角度分析掺杂石墨烯在铜基材上的抗氧化能力的研究较少。

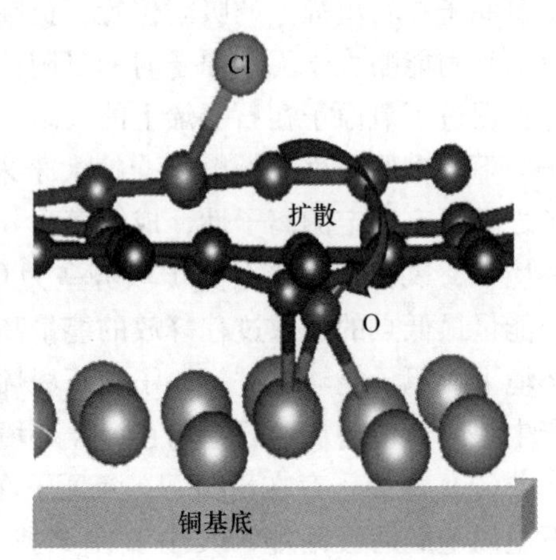


图 4-10　非金属掺杂缺陷石墨烯上氧的扩散模型

本节利用密度泛函理论计算了含海洋环境下氧原子在石墨烯和非金属掺杂石墨烯空位缺陷处的吸附和扩散势垒。通过对吸附能和状态密度的分析，明确了氧在铜基缺陷石墨烯上的扩散机制和铜基底对石墨烯上吸附原子吸附的影响。这些结果将为非金属掺杂的缺陷石墨烯在含氯环境或海洋环境中的防腐石墨烯涂层的应用提供重要指导。

### 4.2.1　铜表面缺陷石墨烯上氧和氯原子的吸附结构

采用密度泛函理论进行计算，计算过程由 VASP 软件[15]实现。计算使用的截断能量为 560eV，使用 PBE 参数[16]进行广义梯度近似（GGA）。电子自洽的能量收敛标准为 $10^{-5}$eV、力的收敛标准为 0.1eV/nm。原子位置和晶格常数优化使用共轭梯度法。用 PBE + vdW 计算方法[24]对范德瓦尔斯键的影响进行明确。为了最小化吸附原子之间的耦合，使用 4 ×4 的超胞用于计算结合能和反应路径。对于涂层表面，使用了 5 ×5 ×1 的 *K* 点网格。单层石墨烯下面是一个 64 原子铜基底。在垂直单层石墨烯方向上添加 1.5nm 的真空层以避免铜基底上的单层石墨烯晶格之间的相互作用。使用亨克尔曼小组的 VASP（VTST）代码的过渡态工具（Cl-NEB）方法来寻求 VASP（VTST）计算过程的鞍点和扩散过程最小能量路径[17-18]。

图4-11所示为氧在大气环境下和海洋环境下在缺陷石墨烯上的吸附结构，并计算了对应的氧和氯原子在缺陷石墨烯上的吸附能。可以得出缺陷的存在极大提高了氧在两种环境下的吸附能8.97eV和7.44eV，吸附能数据均远远大于无缺陷石墨烯上时的情况。之前文献表明，氧在无铜基底上掺杂石墨烯的最大吸附能5.89eV，因此吸附能结果表明基底铜的存在大大提高了氧在缺陷石墨烯上吸附强度。但氯在缺陷石墨烯上吸附后，O原子的吸附能降低了1.53eV，这意味着Cl原子的存在降低了O原子在石墨烯缺陷处的稳定性，这可能是图4-11(b)中$TS_2$相扩散势垒降低的原因。在海洋环境下，C—O键长和C—Cl的键长仅为0.122nm和0.182nm，键长均小于无缺陷石墨烯上对应的键长，表明氧原子和氯原子在缺陷石墨烯的缺陷位置附近上的吸附结构更稳定。

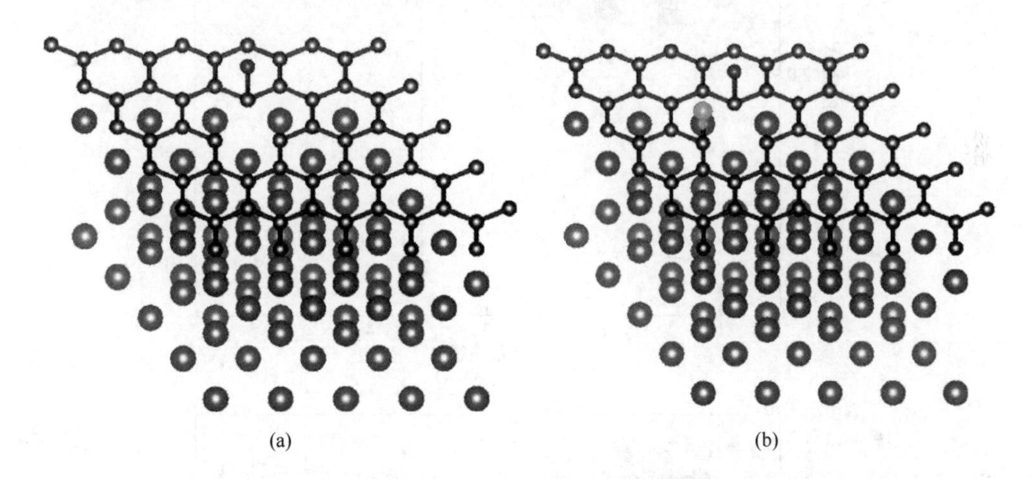


图4-11 氧在大气环境下（a）和海洋环境下（b）在缺陷石墨烯上的吸附结构

与此同时，氧吸附在缺陷位置附近所引起的晶格畸变也要大于无缺陷石墨烯上的情况。图4-12所示的与氧原子相连的$C_3$与周围$C_2$、$C_4$所构成的键角为118.01°，但$C_1$-$C_2$-$C_3$键角仅为107.91°，结构形状表明随着氧吸附的增加，氧有沿石墨烯缺陷处撕裂石墨烯造成更大缺陷的可能。从图中可以看出，石墨烯缺陷处的基底铜原子向缺陷处靠近，这种现象会随着氧扩散程度的提高，会加速形成$Cu_2O$，最终可能加剧材料的腐蚀程度。

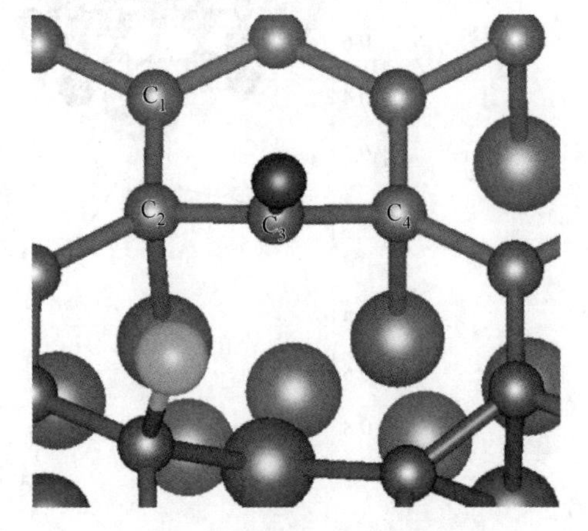


图4-12 氧在海洋环境下在缺陷石墨烯上的部分吸附结构

### 4.2.2　含氯情况下铜表面缺陷石墨烯上氧原子的扩散行为

如上所述，氧穿透石墨烯空位并扩散到铜基底，并与铜基底形成 $Cu_2O$ 和 CuO，加速了材料的腐蚀失效。因此，提高空位缺陷石墨烯的耐腐蚀性的关键是降低氧气在空位缺陷中的渗透率。图 4-13 显示了氧穿透有缺陷的石墨烯和在海

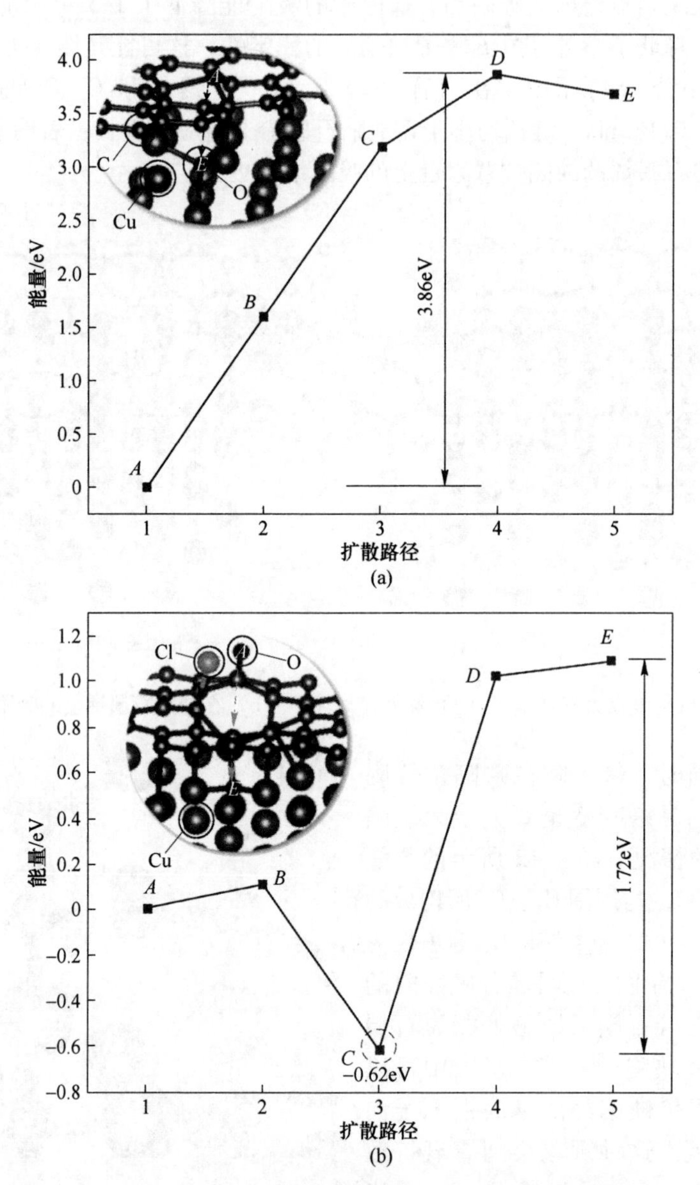


图 4-13　氧穿透有缺陷的石墨烯（a）和海洋环境下有缺陷的石墨烯（b）的扩散势垒

洋环境下有缺陷的石墨烯的扩散势垒。从图4-13(a)可以看出，氧穿透石墨烯氧的过程为能量持续上升的吸热反应，是非自发反应，氧穿透有缺陷的石墨烯的扩散势垒高达3.86eV，这表明氧从石墨烯空位向Cu表面的继续扩散受到很大阻力，可能原因是石墨烯空位处为结构能量最低点，氧位于空位最低点继续向下扩散受到较大阻力，最终与铜原子形成$Cu_2O$。如图4-13(b)所示，当氯原子存在于石墨烯表面（海洋环境）时，扩散路径的$C$点能量为$-0.62$eV，表明当氯原子存在于缺陷石墨烯上时，氧原子在缺陷石墨烯上的扩散共分为两个阶段（$TS_1$和$TS_2$），氧原子是在$TS_1$阶段自发释放能量的过程，在这个过程中氧扩散至缺陷石墨烯空位处，表明，缺陷石墨烯空位处为结构能量最低点。随着扩散的进一步发生，能量持续升高，最终$TS_2$的扩散势垒为1.72eV。结果表明，虽然氧在有缺陷石墨烯空位处继续向下扩散形成$Cu_2O$（$TS_2$）阶段的扩散势垒明显升高，但仍显著低于图4-13(a)所示的氯原子未吸附在缺陷石墨烯上（大气环境下）的数值，也说明氯原子的存在明显增加了氧原子在缺陷石墨烯中的穿透效率，从而大大降低了石墨烯在海洋环境中的抗腐蚀和抗氧化能力。铜基底的存在也对氧穿透缺陷石墨烯的过程产生了明显影响。

### 4.2.3 含氯情况下铜表面缺陷石墨烯上吸附氧原子的电子结构

图4-14所示为差分电荷密度图。从图4-14(a)可以看出，氧原子、周围碳原子和下方铜原子之间发生了电荷转移，表明在缺陷石墨烯下，铜基底会影响石墨烯表面对氧的吸附。如图4-14(b)所示，随着氯原子的加入，氧原子向上凸起，同时电荷转移量减少，但下方铜原子向上凸起。石墨烯层、吸附原子与铜基底的电荷交换表明铜原子的确对缺陷石墨烯上的吸附原子产生了影响，铜基底的存在影响了缺陷石墨烯表面吸附原子的吸附结构与吸附能，最终影响了氧穿透石墨烯与基底铜形成$Cu_2O$的扩散势垒。具体原子键之间的杂化状态可以从图4-15的偏态密度图进一步分析。

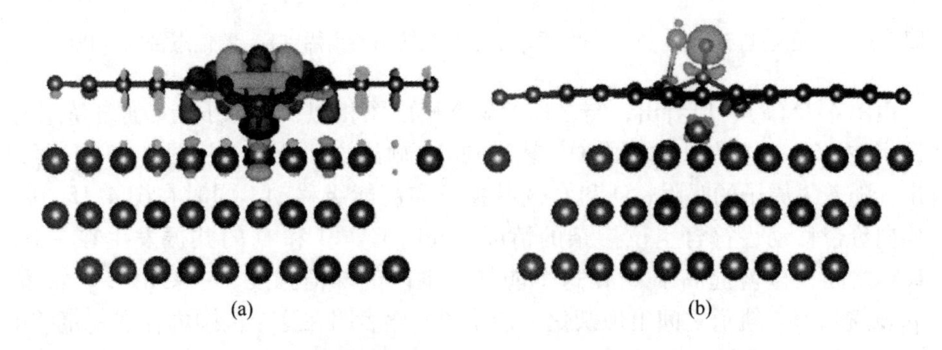


图4-14 氧在缺陷石墨烯（a）和海洋环境下氧在缺陷石墨烯（b）的差分电荷密度

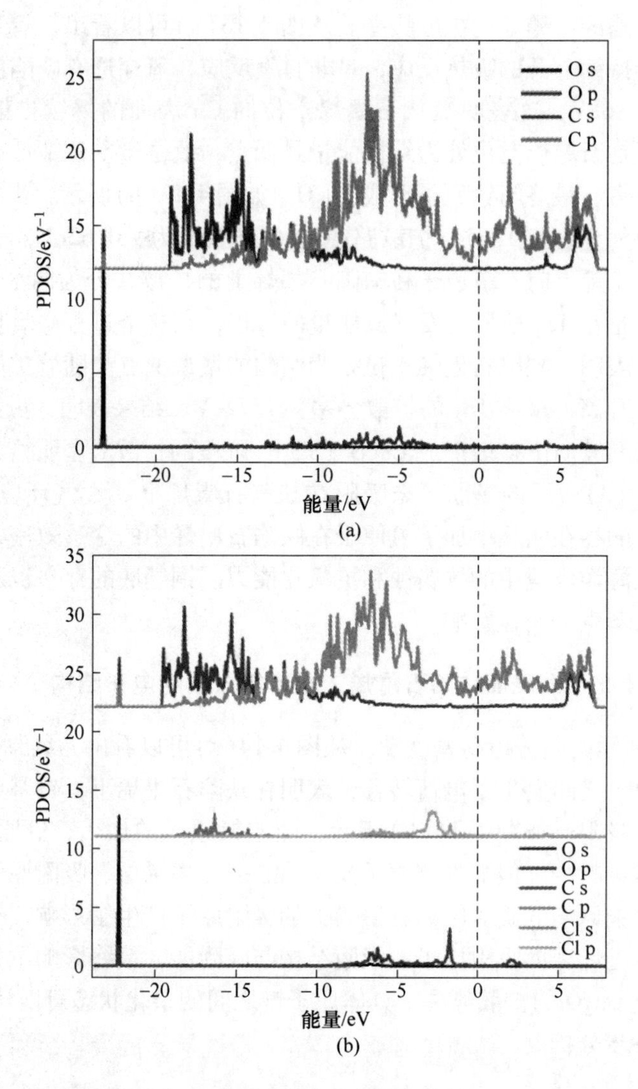


图 4-15　氧在缺陷石墨烯（a）和海洋环境下氧在缺陷石墨烯（b）的偏态密度（PDOS）

由图 4-15(a)可以看出，与之前的偏态密度图相似，氧原子与碳原子杂化主要发生在 -23eV 左右，主要由 O s 轨道和 C s 轨道之间杂化。从图 4-15(b)可以看出，随着氯原子的吸附，O 和 C 的共振峰向高能级移动，同时在图 4-15 中导带均向价带移动，符合空位掺杂的情况。同时 C、Cl 和 O 的共振发生在 -4 ~ -1eV 之间，显著提高了 O 在这个能量范围内的峰值强度，主要由 C p 轨道、Cl p 轨道和 O p 轨道之间出现杂化。杂化的发生表明在这个范围内存在一定的电荷转移，并且电荷转移量显著高于氯原子未吸附在缺陷掺杂石墨烯上的情况，电荷转移的增加，将直接影响吸附能，间接影响扩散势垒。

### 4.2.4 铜表面掺杂缺陷石墨烯上氧和氯原子的吸附结构

为提高石墨烯在海洋环境下的防腐蚀抗氧化能力，选用了 B、P、S 和 Si 四种非金属掺杂石墨烯进行抗氧化行为计算模拟。图 4-16 显示了不同非金属元素掺入缺陷石墨烯的吸附结构。为了确定氯原子在缺陷石墨烯上的吸附位点，对 B、P、S 和 Si 四种非金属掺杂石墨烯上不同吸附位点的结构进行了结构弛豫，最终选择了结构松弛后体系能量较低的结构作为氯在不同非金属掺杂的缺陷石墨烯上的吸附结构。

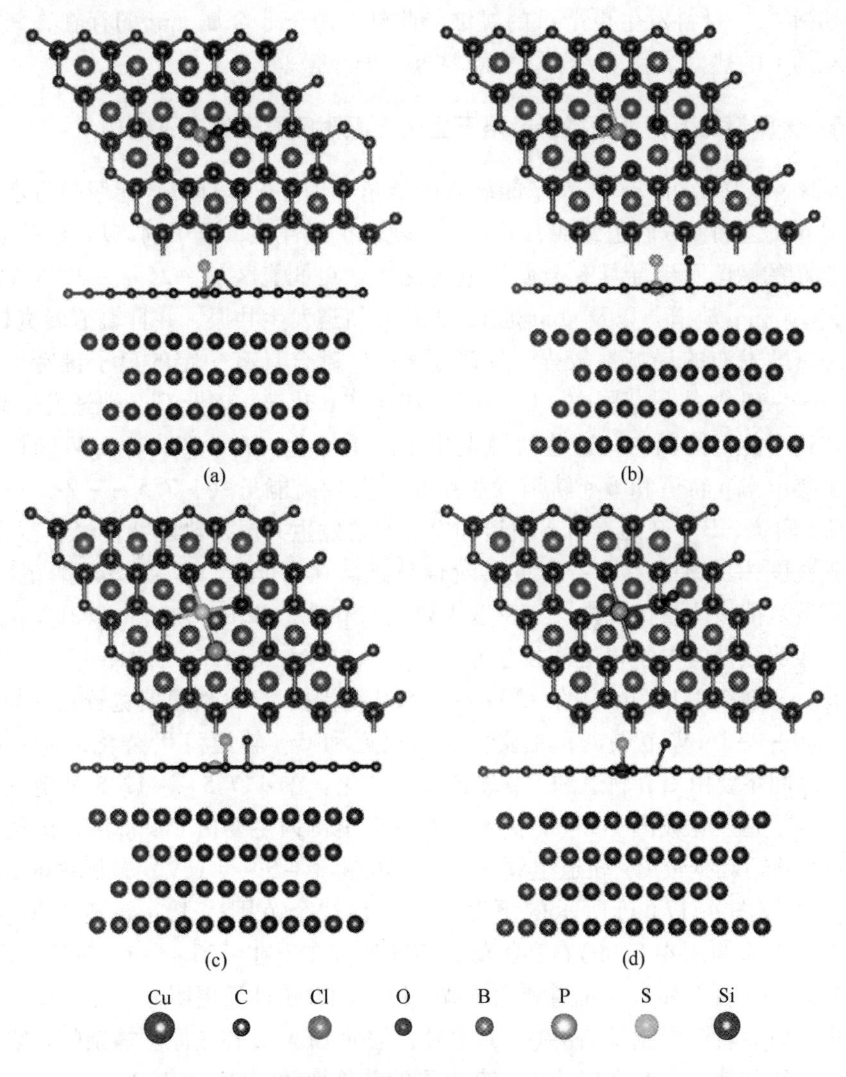


图 4-16 在氯吸附的情况下，氧在 B(a)、P(b)、S(c)和 Si(d)掺杂的缺陷石墨烯上的结构

计算吸附能有助于更好地反映原子间键的强度，体系的总能量越低，吸附能越高，吸附结构越稳定。在非金属元素的吸附结构中，氧原子的吸附能量都低于未掺杂石墨烯结构的吸附能量。此外，氧和氯原子在 B 元素掺杂的缺陷石墨烯结构中的吸附能量最低，即 B 元素显著降低了氧和氯在石墨烯上的吸附能，氧原子在 S 元素掺杂的缺陷石墨烯中的吸附能量最高，而氯原子在 Si 元素掺杂的缺陷石墨烯中的吸附能最高。上述结果表明，氧原子的高吸附能可能导致其渗透到石墨烯过程中的扩散势垒增加，但之前的报道表明，氧原子的稳定吸附-扩散行为和氯原子的吸附导致 C 原子杂化模式的改变，最终可能导致石墨烯结构像拉链一样被切断[13]，材料发生更严重的腐蚀。此外，由于非金属元素的存在，氧原子在石墨烯上的热力学和动力学行为需要进一步计算。

### 4.2.5　含氯情况下铜表面掺杂缺陷石墨烯上吸附氧原子的电子结构

从图 4-17(a)可以看出费米能级处的能量不为 0eV，且费米能级附近能带主要由 C p 轨道和 B p 轨道组成，并且 C p 轨道扩展性强，电子的离域性很强，说明 B 掺杂的缺陷石墨烯具有金属导电的性质。在低能区（−25 ~ −22.5eV）之间时，C s 和 p 轨道，以及 O s 轨道、少量 p 轨道发生共振，并且轨道展宽较窄，电子态密度发布的局域性较强，体现了 C—O 键合具有一定的离子键特征。在 −17.5 ~ −15eV 能量范围内，C s 轨道、B s 和 p 轨道，以及 Cl s 轨道发生共振，表明在这个能量范围内，这些轨道发生了轨道杂化。在 −12 ~ −6eV 能量范围内，主要由 C p 轨道和 B s 轨道发生杂化。在较高能量（−7.5 ~ −2eV）范围内，C p 轨道、B p 轨道、Cl p 轨道和 O p 轨道发生共振，轨道杂化峰展宽较宽，表明该范围内的键合具有一定的共价性特征。在高能量（0 ~ 7.5eV）范围内，即远离费米能级能量范围内，态密度主要由 C p 轨道和 B s 轨道贡献，并且走势相似，表明该处的电子轨道间发生杂化。图 4-17(b) ~ (d)与图 4-17(a)相似，不同在于，在图 4-17(b)中的 −20 ~ −7.5eV 范围内，P s 轨道展宽较宽。与此对应在 −20 ~ −16eV 范围内，主要由 P s 轨道和 C s 轨道发生杂化，在 −14 ~ −8eV 之间主要由 C p 轨道和 P p 轨道发生杂化。在 −17.5 ~ −12.5eV 范围之间时，Cl p 轨道展宽较图 4-17(a)更宽，在这个范围内主要由 C s 轨道、少量 p 轨道，Cl s 轨道和少量 P s 轨道组成。在较高能量（−5 ~ −1eV）范围内时，Cl p 轨道展宽较图 4-17(a)所示的更宽，并且在这个范围内 P p 轨道贡献较少。图 4-17(c) 又与图 4-17(b)存在类似，不同地方在于在 −20 ~ −12.5eV 范围内，C s 轨道、S s 轨道和 Cl s 轨道展宽更宽，键合的共价性质更明显。在 −7.5 ~ 0eV 范围内，Cl p 轨道展宽较图 4-17(b)更宽，表明 Cl 和 S 在 S 原子掺杂的缺陷石墨烯上具有比其他三类非金属元素掺杂更强的共价性质。图 4-17(d)与其他三图不同地方在于，低能量（< −22.5eV）范围内 Si s 和 p 轨道与 O s 轨道和 C s 和 p

轨道发生杂化。在 -5eV 到费米能级处 O p 轨道对态密度的贡献较其他三图更少。综上 S 原子掺杂的缺陷石墨烯在海洋环境下具有更高的共价性质。

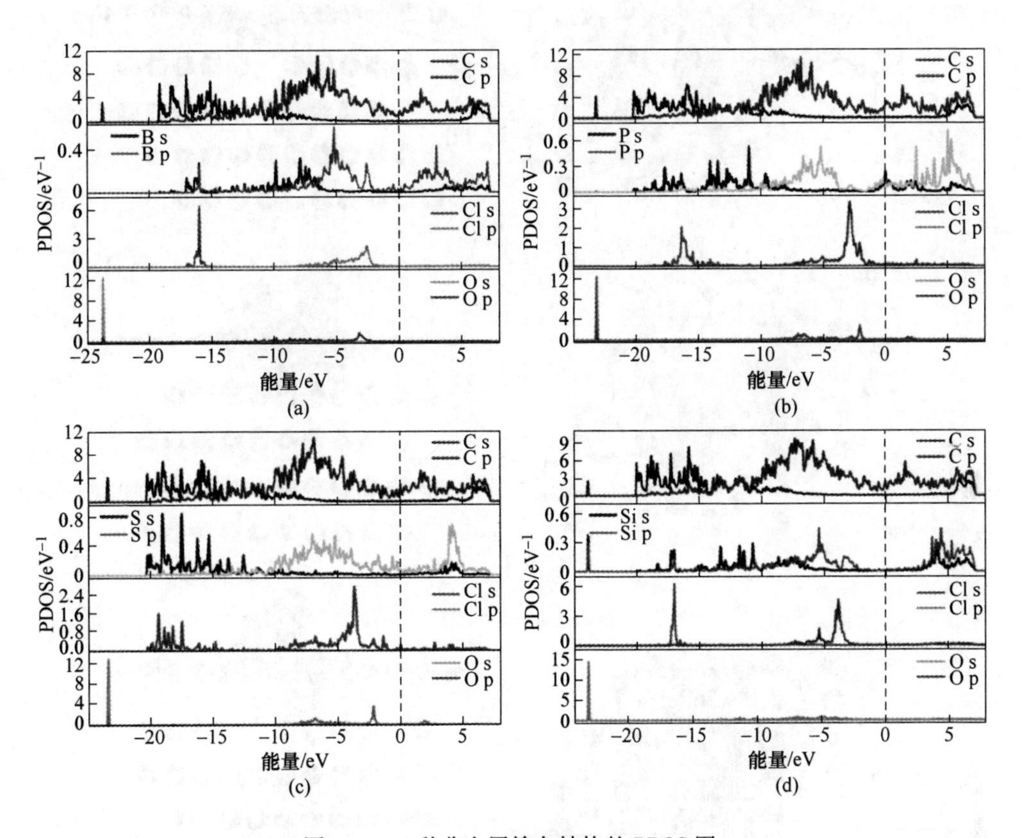


图 4-17　4 种非金属掺杂结构的 PDOS 图

(a) B 掺杂的 V-石墨烯；(b) P 掺杂的 V-石墨烯；(c) S 掺杂的 V-石墨烯；(d) Si 吸附的 P 掺杂 V-石墨烯

从图 4-18(a)可以看出，B 原子掺杂缺陷石墨烯与其他三种非金属元素相比，氧原子的初始吸附结构不与 B 原子和 Cl 原子形成杂化，并且石墨烯下的 Cu 原子向石墨烯空位处偏移量更高，这可能是 O 原子和 Cl 原子在 B 掺杂缺陷石墨烯上吸附能较低的可能原因。从图 4-18(b)可以看出，P 原子、Cl 原子和 O 原子与周围的原子发生了一定的电荷转移。从图 4-18(c)可以看出 S 原子掺杂的缺陷石墨烯具有更大范围的电荷交换，而且 Cl 原子对 O 的电荷交换多于 S 原子对 O 原子的电荷影响，这可能是其呈现更多非金属性的原因。从图 4-18(d)可以看出 Si 掺杂的缺陷石墨烯中的 Si 原子引起了比其他三种非金属元素更大的晶格畸变，同时拥有最短的 Si—O 键长 0.167nm，远低于 B—O 键长 0.437nm、P-O 键长 0.285nm 和 S—O 键长 0.319nm，这可能直接影响了图 4-17(d)中的偏态密度结构。

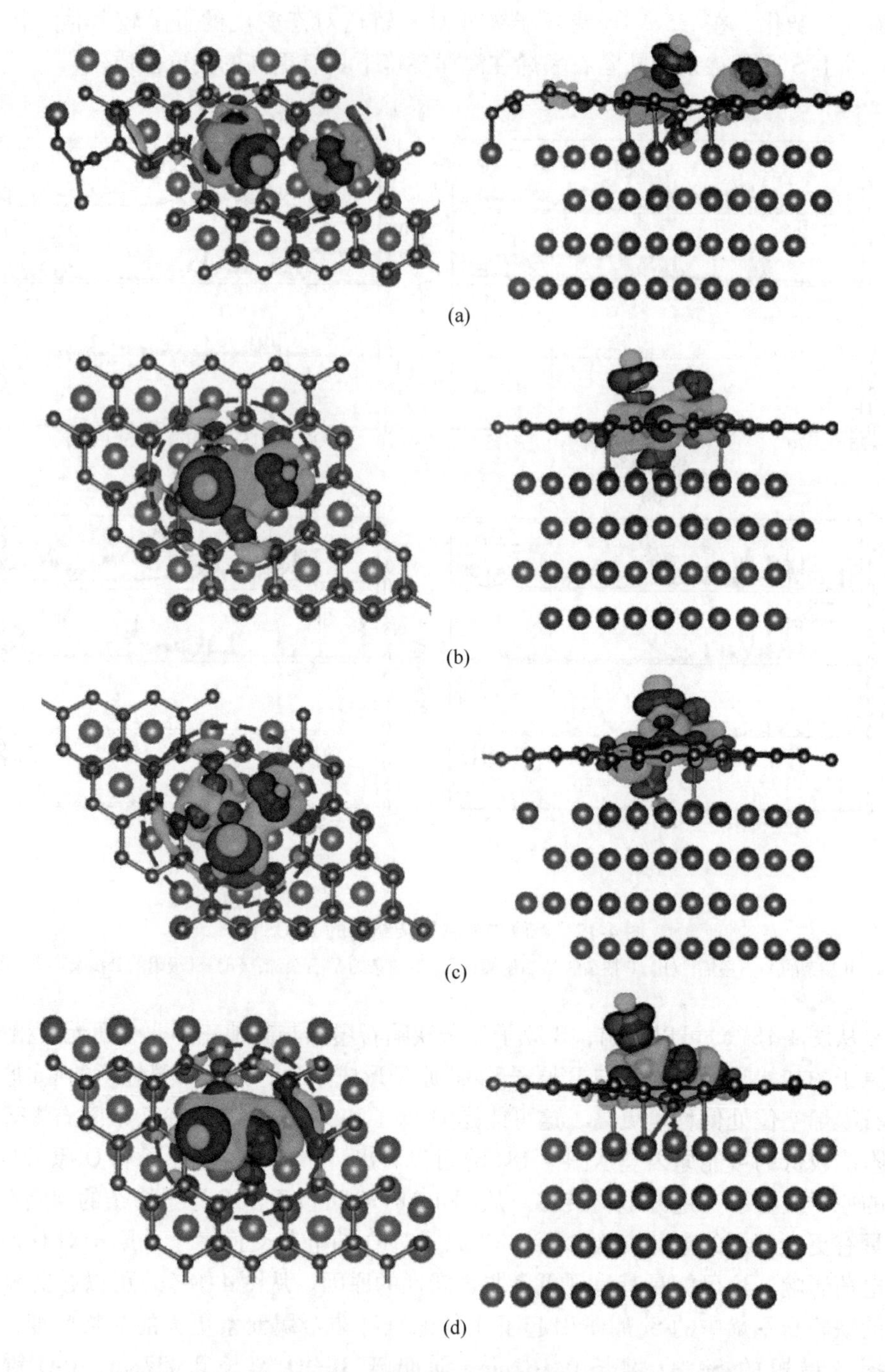


图 4-18　差分电荷密度（红色和绿色分别代表电子的积累和耗尽）
（a）B 掺杂的 V-石墨烯；（b）P 掺杂的 V-石墨烯；（c）S 掺杂的 V-石墨烯；
（d）Si 吸附的 P 掺杂 V-石墨烯

### 4.2.6 含氯情况下铜表面掺杂缺陷石墨烯上氧原子的扩散行为

图 4-19 ~ 图 4-22 所示为海洋环境下氧原子在掺杂非金属元素石墨烯的扩散势垒。由图 4-19 可以看出，O 原子在 B 掺杂的缺陷石墨烯上的整个扩散过程的扩散势垒是持续上升的，最终达到了 3.71eV，远高于 O 原子在未掺杂非金属元素下的扩散势垒（1.72eV）。并且，O 原子最终与 Cu 原子之间形成 $Cu_2O$ 时，靠近石墨烯缺陷位置的 Cu 原子会向空位处偏移（见图 4-19 中 *E* 点）。这种结果的表明海洋环境下 B 原子掺杂缺陷石墨烯具有较好的防腐蚀抗氧化性能。

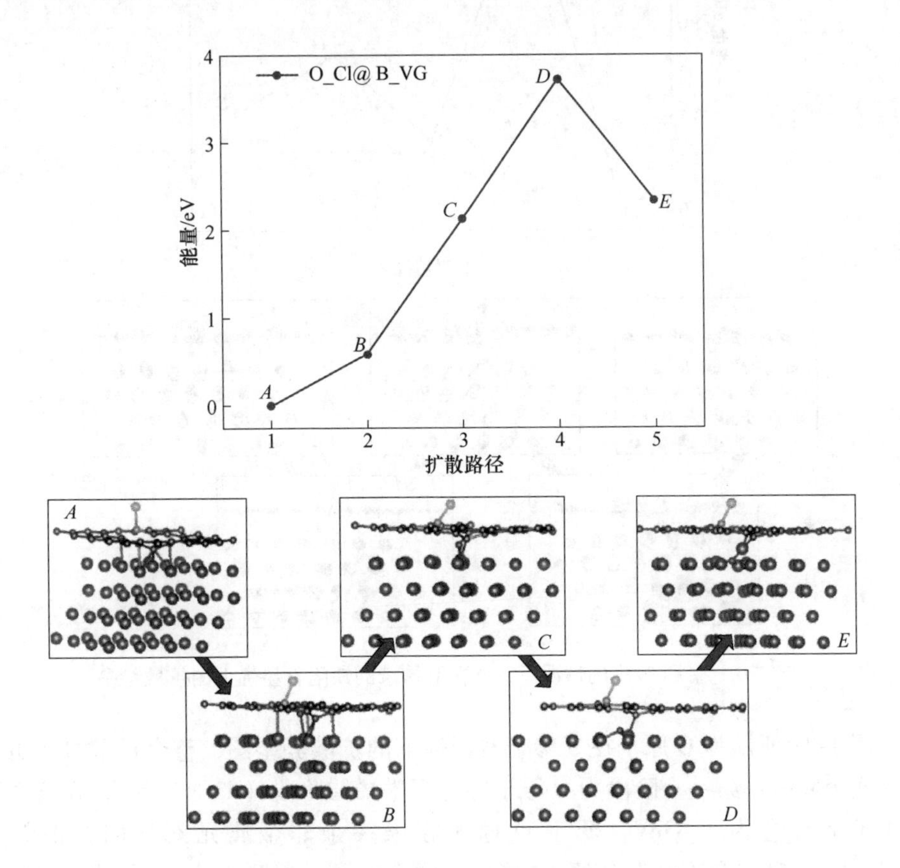


图 4-19 在 Cl 吸附的情况下，O 在 B 掺杂的缺陷石墨烯上的扩散势垒

图 4-20 可以看到，O 原子在 P 掺杂的缺陷石墨烯上的整个扩散过程均为正值，并且整个扩散过程可以分为两步：第一步是 *A* 到 *C* 点过程（$TS_1$）阶段，在这个过程中氧原子由石墨烯空位上方笔直向下穿透空位穿过石墨烯层，这个阶段的扩散势垒为 1.74eV，略高于 O 原子在未掺杂非金属元素缺陷石墨烯下的扩散势垒（1.72eV）。第二个阶段是 O 原子继续向下扩散至铜层表面的 *C* 到 *E* 点的过

程，这个阶段的扩散势垒为0.47eV。扩散结果表明，O在穿透P掺杂铜基底上石墨烯的整个扩散过程均为吸收能量非自发反应，因此P掺杂铜基底上缺陷石墨烯对其在海洋环境下的耐腐蚀行为有一定的提高。

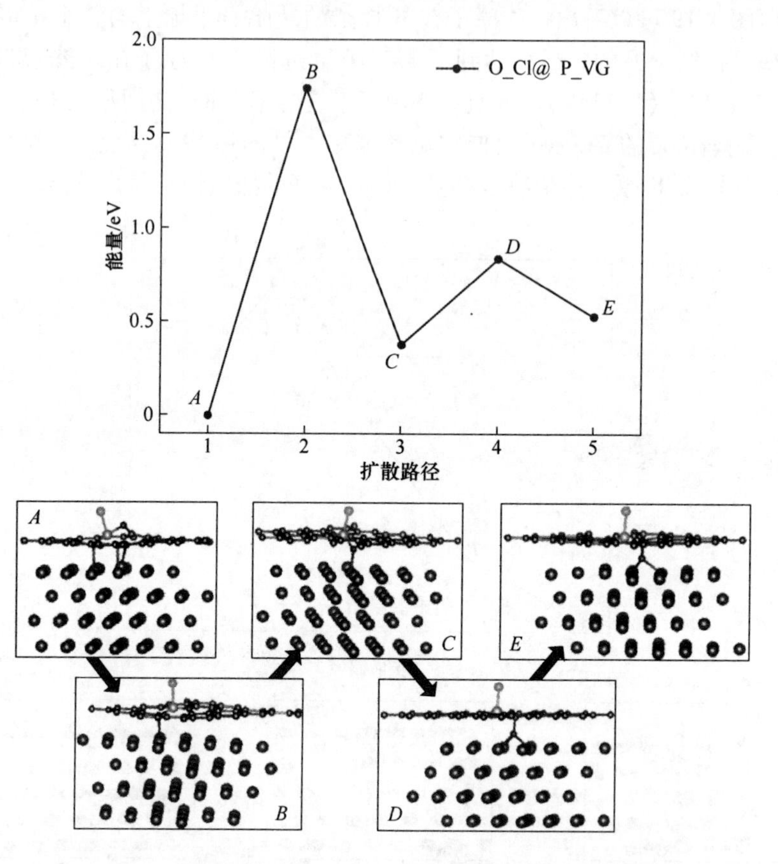


图4-20　在Cl吸附的情况下，O在P掺杂的缺陷石墨烯上的扩散势垒

图4-21所示为O原子在S掺杂石墨烯下的扩散势垒图，整个扩散过程也可分为两个阶段：第一个阶段为O原子穿透石墨烯层阶段（*A*到*C*点），在这个阶段中扩散势垒为1.63eV，低于O原子在未掺杂非金属元素下的扩散势垒(1.72eV)。第二个阶段为O原子向铜表面扩散阶段（*C*到*E*点），在这个过程中能量释放了3.61eV（*C*到*D*点），虽然最终形成$Cu_2O$是能量略有上升，但O原子在整个第二阶段共释放了3.01eV的能量，表明这是一个自发反应的过程，这种情况不利于材料的腐蚀防护。另外，在整个O原子扩散过程中，可以看出S原子倾向于与铜原子形成更加强力的键合状态（向铜原子偏移），而氯原子则引起了与至相邻的石墨烯上相邻C原子向上凸起，这两种相反方向的运动产生的剪切力，可能会导致石墨烯撕裂失去保护能力。

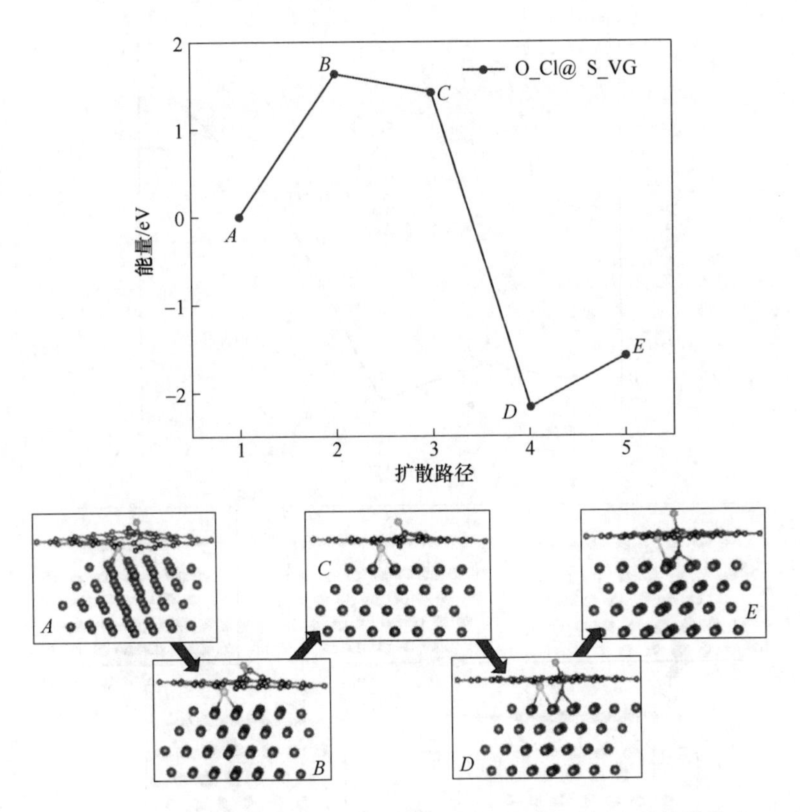


图 4-21 在氯吸附的情况下，O 在 S 掺杂的缺陷石墨烯上的扩散势垒

图 4-22 为 O 原子在硅掺杂缺陷石墨烯的扩散势垒，可以看出，O 原子穿透石墨烯是能量降低的过程，能量释放了约 0.1eV（*A*～*C* 点），这个数值接近于 0eV，不同于其他三种元素掺杂石墨烯，表明 O 原子在穿透石墨烯空位缺陷位置较容易，表明 Si 元素对于 O 原子穿透石墨烯空位处的过程具有促进作用，不利于基底铜的腐蚀防护。此外 O 原子穿透缺陷石墨烯最终与铜基底形成 $Cu_2O$ 的扩散过程的扩散势垒可以看出，O 在 Si 掺杂的石墨烯上的扩散势垒在整个扩散过程可以被看作是上升的。随着 O 原子向 Si 原子表面扩散 $TS_2$（*C*～*E* 点），扩散势垒最终提高至 1.05eV，但这个数值仍低于 O 原子在未掺杂非金属元素石墨烯上的扩散势垒（1.72eV）。另外，从扩散路径上的扩散结构表明，氧穿透 Si 掺杂石墨烯的扩散过程所引起的晶格畸变较小。因此 Si 掺杂铜基底上缺陷石墨烯在海洋环境下的防腐蚀抗氧化性能并不优异，甚至略差。

在非金属掺杂石墨烯的结构中（见图 4-23(a)），B 掺杂石墨烯与铜层的间距最小，结合最紧密，而 S 和 P 掺杂的间距较大，其中 S 掺杂石墨烯具有与铜层的最大间距（0.288nm）。结合掺杂原子和氧之间键长变化的分析（见

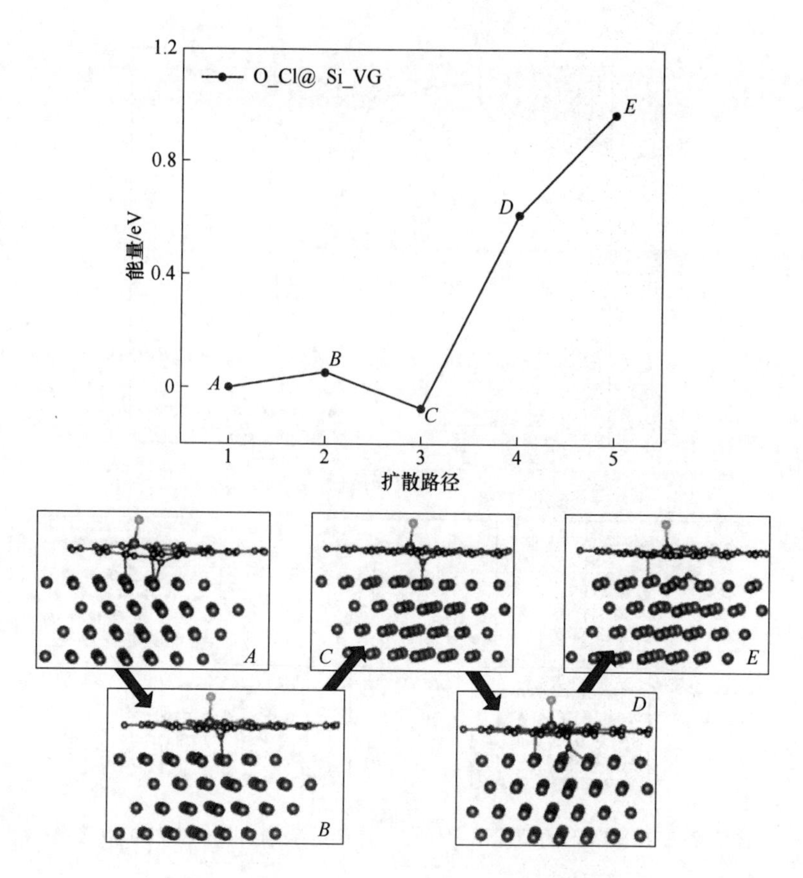


图 4-22　在氯吸附的情况下，O 在 Si 掺杂的缺陷石墨烯上的扩散势垒

图 4-23(b))，B—O 键长在整个扩散过程中变化最大，而 S—O 键长在整个扩散过程中变化最小，表明在整个扩散过程中，氧的能量变化主要是克服 S—O 键做功。从相应的 Cu—O 键长（见图 4-23(c)）来看，S 掺杂石墨烯上 Cu—O 键长变化最大，结合扩散势垒结果表明铜基底的存在促进了氧穿透 S 掺杂石墨烯上的缺陷渗入铜基板的扩散效率。

综上所述，B 原子掺杂缺陷石墨烯具有最高的扩散势垒，阻止了氧原子在海洋环境下的扩散效率。而 S 原子和 Si 原子掺杂缺陷石墨烯具有较低的扩散能垒，可能会导致铜基石墨烯材料在海洋环境下遭受更严重腐蚀破坏。

### 4.2.7　本节小结

本节研究建立在理论计算的基础上，在缺陷石墨烯涂层下加入铜衬底更真实地模拟了氧气在海洋环境中缺陷石墨烯上的空位扩散机制。计算结果表明：

(1) 铜基底的存在显著提高了氧在缺陷石墨烯上的吸附稳定性。氧在缺陷

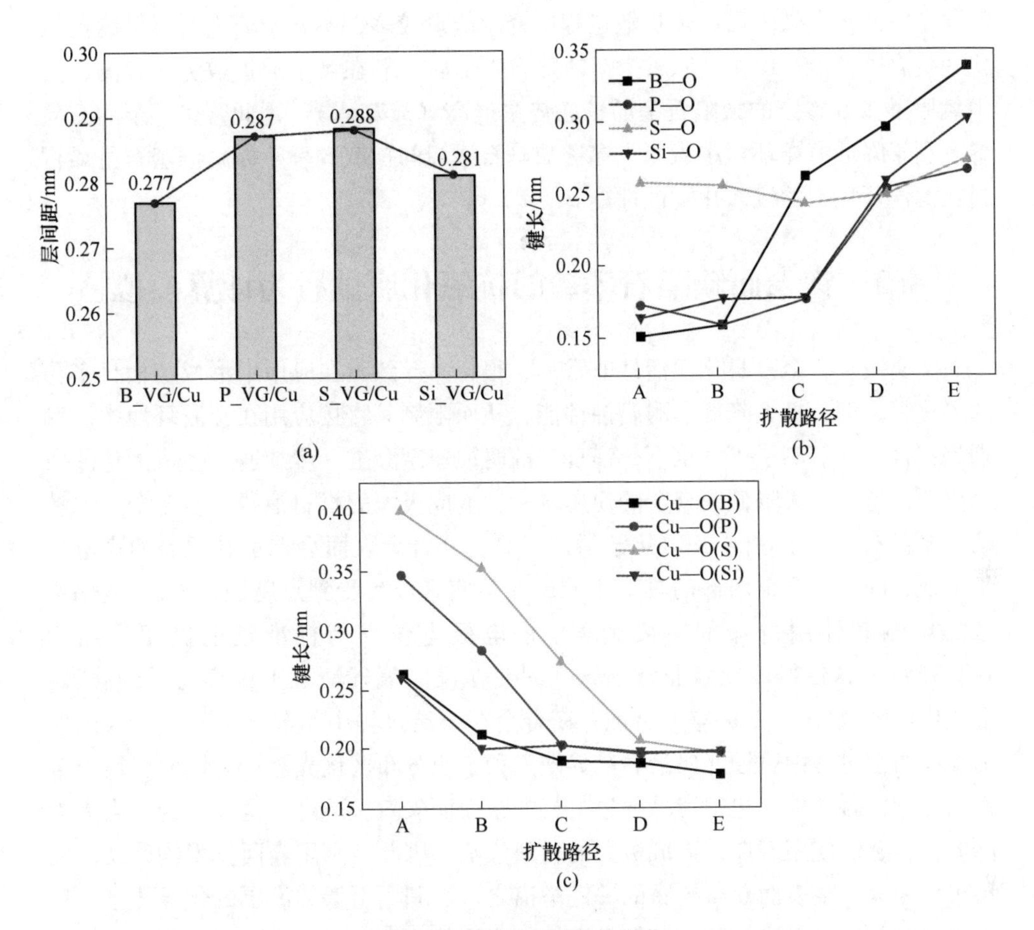


图 4-23 层间距和键长变化

(a) 4 种掺杂结构中石墨烯层和铜层之间的间距；(b) 扩散过程中氧和掺杂原子之间的键长变化；(c) 扩散过程中氧和最终键合的铜原子之间的键长变化

石墨烯上的吸附比在无缺陷石墨烯更稳定，并且其吸附能远远大于其在无缺陷石墨烯。氧在海洋环境中缺陷石墨烯上的扩散势垒（1.72eV）显著低于其在大气环境中的扩散势垒（3.86eV），表明氯原子能显著提高氧在铜基石墨烯的渗透扩散能力。因此氧原子在海洋环境中更容易穿过石墨烯层扩散到铜基材上，导致铜及其合金遭受更加严重的腐蚀破坏。

（2）通过掺入非金属元素可以有效提高缺陷石墨烯在海洋环境中的抗氧化和抗腐蚀能力，因此选择 B、P、S 和 Si 作为缺陷石墨烯的非金属掺入元素。结果显示，S 掺杂缺陷石墨烯具有更高的共价性能。B 元素掺杂缺陷石墨烯后，氧原子和氯原子的吸附能最低。

（3）S 和 Si 元素掺杂缺陷石墨烯后，氧原子在其上的扩散势垒较低，并且氧原子在S掺杂缺陷石墨烯扩散过程中释放能量较多，不利于缺陷石墨烯的抗氧化和抗腐蚀性能。B和P原子掺杂缺陷石墨烯后，氧在其上的扩散势垒较高，其中氧原子在B掺杂的缺陷石墨烯扩散势垒最高（3.71eV）。因此，B掺杂的石墨烯有利于降低海洋环境中氧原子穿透缺陷石墨烯的扩散效率，提高铜基石墨烯材料在海洋环境下的抗氧化腐蚀性能。

## 4.3　镁表面缺陷石墨烯的抗氧化腐蚀行为计算模拟

金属镁及合金自身化学活性非常高，很容易导致其在应用中形成疏松且多孔的氧化膜表面，极大降低了耐腐蚀性能，从而限制其直接应用在裸露环境中。特别是在含水、氯离子等气氛下，镁合金的腐蚀速度会进一步加速，生成大量的白色沉淀，这会大大降低镁合金的使用寿命，造成极大的材料浪费。镁合金腐蚀特征主要包括：（1）由于其电化学活性极高，镁合金表面会继承其原有的高电化学特征，同时镁合金内部的具有不同的相，使其极易受到点腐蚀；（2）电偶腐蚀是影响其使用寿命的主要因素，镁电极电位（与标准氢电极相比约为-2.37V），这使得该元素非常活跃，即使在没有氧气情况下也容易受到腐蚀，形成原电池效应；（3）应力腐蚀，镁合金在铸造过程中相分布不均匀造成内应力，在腐蚀过程中腐蚀介质沿着晶界缺陷和杂质分布区优先渗透。同时，镁合金作为运动接触部件，也很容易导致材料的磨损而失效。总之，这些行为都会大大降低镁合金的使用寿命，造成极大的材料浪费。因此，利用表面技术构筑功能涂层可作为镁合金表面获得抗腐的关键举措之一。利用石墨烯涂层的优异体系，这些对于提升镁合金表面防护性能具有极大应用价值。

本节采用密度泛函理论（DFT）进行计算，计算过程由VASP软件实现[15]。使用PBE参数[16]进行广义梯度近似（GGA），并将截断能设置为550eV。在结构优化过程中，没有施加对称性约束。循环迭代至系统总能量差小于$1\times10^{-5}$eV、原子力小于0.1eV/nm，通过共轭梯度法优化原子位置和晶格常数。采用PBE + vdW计算方法[17]明确范德瓦尔斯键对材料的影响。为了使吸附原子之间的耦合最小化，构建模型时使用$4\times4$的超胞计算结合能和反应路径。涂层表面设定为$5\times5\times1$ $K$点网格。石墨烯在Mg(0001)表面的堆叠结构是通过将六边形石墨烯超胞放在三层Mg(0001)表面上来建模的，如图4-24所示，其中缺陷石墨烯上O吸附的计算模型（见图4-24(a)）和含Cl缺陷石墨烯上的计算模型（见图4-24(b)）。为了避免石墨烯不同晶格间的相互影响，在垂直单层石墨烯方向向上设置1.5nm真空层，所有原子层结构松弛。采用爬升图像弹性带（CINEB）方法[18]确定最小反应垒和过渡态。

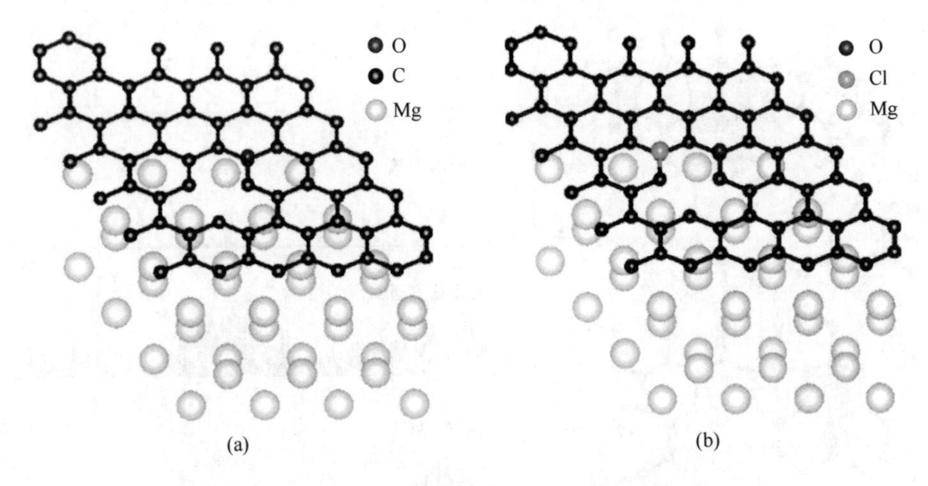


图 4-24 O 吸附原子缺陷石墨烯上的计算模型
(a) 不含 Cl；(b) 含 Cl

### 4.3.1 镁表面缺陷石墨烯上氧和氯原子的吸附和扩散

理解 O 原子在缺陷石墨烯和含 Cl 缺陷石墨烯上的吸附和扩散过程，对于研究其在大气或海洋环境下对易氧化镁及其合金表面的有效防腐措施至关重要。这里将三层 Mg(0001)表面作为易氧化金属表面，其中单层缺陷石墨烯堆叠在表面上。一般来说，吸附能越高，越有利于反映原子间效应的强弱，吸附能越高吸附结构越稳定。计算得出，O 原子在缺陷石墨烯和含 Cl 缺陷石墨烯上的吸附能分别为 8.01eV 和 5.85eV。吸附能明显降低，说明存在 Cl 的情况下，缺陷石墨烯上 O 吸附原子的吸附能力会减弱。另外，由图 4-25(a)和(b)所示的吸附原子的差分电荷密度显示，由于两个 O—C 键引起的轨道再杂化，O 吸附原子周围的电子云重新排布。可以看出，缺陷石墨烯上 O 吸附原子的负电荷远多于含 Cl 缺陷石墨烯上的负电荷。此外，含 Cl 缺陷石墨烯的 PDOS 如图 4-25(c)所示，证明了 O 和 Cl 吸附原子的 p 轨道与 C p 轨道在较宽的能量范围内相互之间混合形成显而易见存在的键[25]。这些吸附特性在不含 Cl 的缺陷石墨烯上会影响 O 通过缺陷石墨烯层进入镁层。

如果氧扩散渗透到缺陷石墨烯下方的镁板附近，由于其电负性大，很容易与镁反应形成金属氧化物。因此，O 原子沿扩散路径形成的扩散势垒起着关键作用，可以作为 O 原子自上而下转换的限速台阶。一旦活跃的 O 原子扩散，然后克服能量壁垒，穿透到 Mg 金属表面并将 Mg 金属氧化[26]。图 4-26 显示了 O 原子沿扩散路径运动时的势垒变化，给出了它们对应的扩散初态（A）和终态（E）结构。从图中可以看出，O 沿扩散路径在缺陷石墨烯上的扩散势垒最大可以达到 1.60eV，因此该势垒比较高，这对石墨烯防氧化保护是非常有效的。如

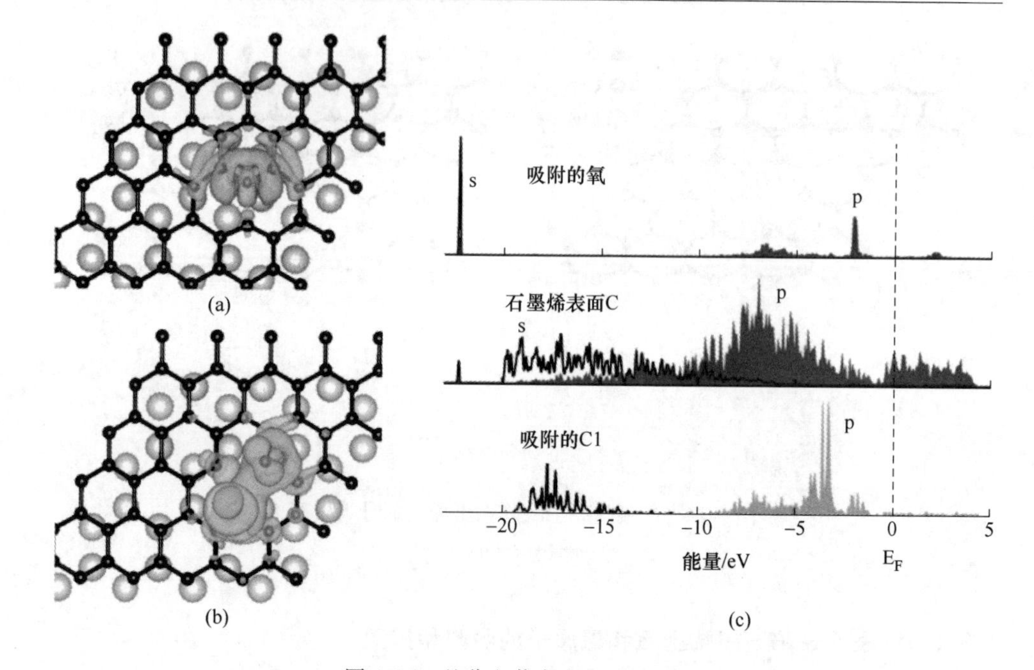


图 4-25　差分电荷密度和 PDOS 图

（a）缺陷石墨烯上 O 吸收的差分电荷密度；（b）含 Cl 缺陷石墨烯上 O 吸附的差分电荷密度；（c）含 Cl 缺陷石墨烯的 PDOS

图 4-26(b)所示，当 Cl 存在于缺陷石墨烯表面时，扩散路径 B 处的扩散势垒仅为 -0.28eV。此外，含 Cl 缺陷石墨烯自发放热释放 2.80eV 的能量，远高于不含 Cl 缺陷石墨烯。这证实了氯化物的存在会使氧对缺陷石墨烯的穿透扩散更容易，从而在含 Cl 的条件下，如海洋中，缺陷石墨烯对镁表面的保护能力明显下降。因此，石墨烯对 Mg 表面的抗氧化还有待进一步研究，优化元素掺杂改性石墨烯是解决这一问题的可行途径。

### 4.3.2　含氯情况下镁表面掺杂缺陷石墨烯上氧的吸附结构

为了实现在海洋环境中对易氧化 Mg 表面的有效保护，采用 6 种典型元素掺杂改性，进一步改善缺陷石墨烯在氯化物存在情况下的吸附和穿透扩散性能。吸附稳定性和电子结构是了解 O 吸附原子、掺杂原子与石墨烯相互作用的关键参数，系统地计算了含氯条件下 F、N、B、Si、P、S 掺杂缺陷石墨烯的吸附能、差分电荷密度和偏态密度（PDOS）。在此，为了确定 Cl 元素掺杂在石墨烯上的吸附位点，我们对其进行了相应的结构弛豫，最后选择体系能最低的结构进行计算。从吸附能的计算结果可以看出，除掺杂 P 的缺陷石墨烯（4.66eV）外，其他掺杂元素增加了 O 原子在含 Cl 缺陷石墨烯（非掺杂时为 5.85eV）上的吸附能（大于 5.85eV），说明在 Cl 存在的情况下，掺杂这些元素的缺陷石墨烯上 O 吸附

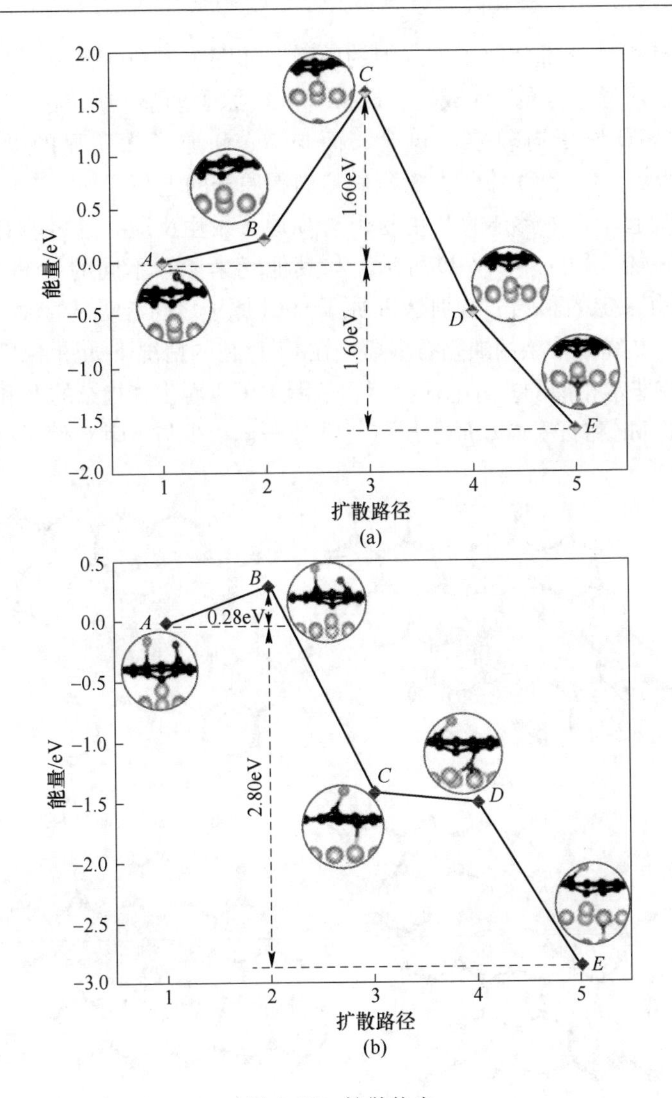


图 4-26 扩散势垒

(a) O 在缺陷石墨烯上的扩散势垒；(b) O 在含 Cl 缺陷石墨烯上的扩散势垒

原子的结合能会增强，O 原子的高吸附能会导致其从石墨烯向下方 Mg 表面穿透的概率降低，但缺陷石墨烯上 O 吸附原子 $E_{ads}$ 的增强也会导致断裂风险[27]。因此，为了获得石墨烯的最佳保护效果，吸附能应处于中值平衡状态。

基于以上计算结果，我们进一步分析了含氯情况下 F、N、B、Si、P、S 掺杂缺陷石墨烯上 O 吸附原子的差分电荷密度如图 4-27(a)所示，掺杂 F 元素的缺陷石墨烯更倾向于与下层的 Mg 成键，F 与 O 原子之间几乎没有形成键。此外，Cl 原子和 O 原子都积累了大量从周围原子转移来的电荷，特别是 O 原子与 C 原子在石墨烯空位附近形成了更大的键合。这可能是掺 F 缺陷石墨烯在含 Cl 缺陷石墨烯上具有相对较高 O 原子吸附能的原因。如图 4-27(b)所示，掺杂的 N 也倾向于与缺陷石墨烯下方的 Mg 成键，F 原子和 O 原子明显与周围原子发生电荷转移。Cl 原子与 C 原子有较强的键合，而与 N、O 原子无明显的键合作用。如图 4-27(c)所示，O 和 Cl 原子大量积累与周围原子的电荷交换，它们都在缺陷石墨烯上向上凸起。其中掺杂的 B 更易于与 O 原子发生反应，这可能有助于阻碍 O 穿透缺陷石墨烯。如图 4-27(d)所示，与其他元素掺杂不同的是 Si 的掺杂对 Cl 和 O 原子都有一定的影响。特别是 Si 原子与 Cl 原子之间有明显的键，电荷交换非常频繁。对于 P 和 S 掺杂的缺陷石墨烯，在 Cl 存在的情况下如图 4-27(e)和(f)所示，两者存在非常相似的差分电荷密度。从图中可以看出，掺杂的 P 和 S 原子更倾向于与下面的 Mg 和石墨烯 C 原子反应，Cl 原子也很少与吸附 O 原子反应。这会导

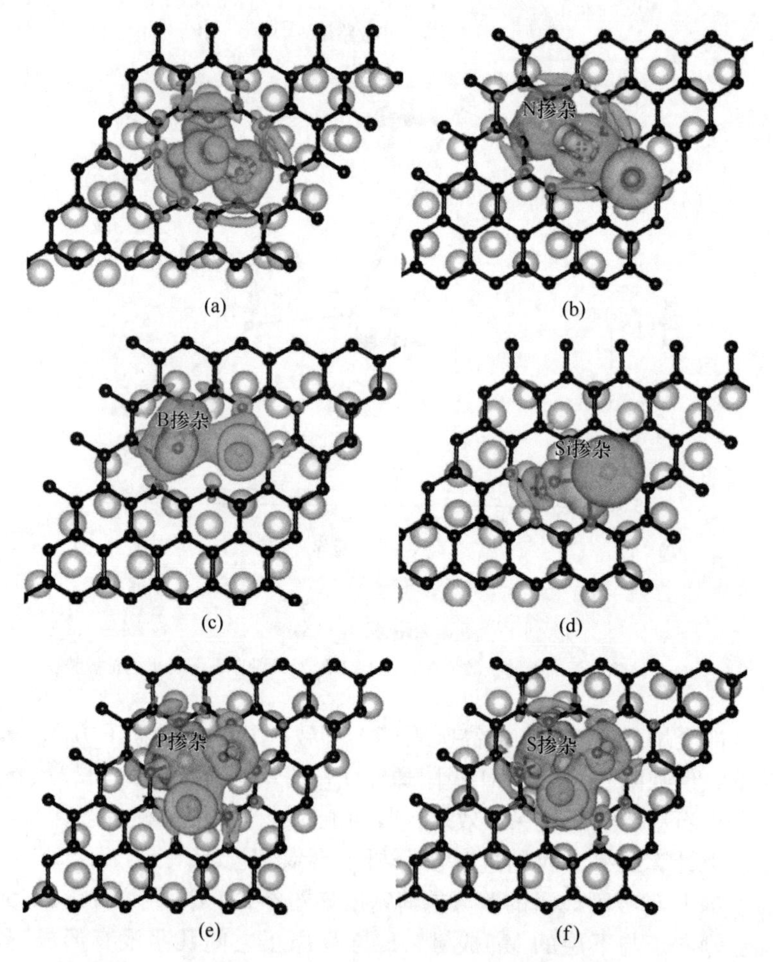


图 4-27　含 Cl 情况下不同元素掺杂缺陷石墨烯的差分电荷密度

(a) F; (b) N; (c) B; (d) Si; (e) P; (f) S

致吸附 O 原子很容易穿透缺陷石墨烯到达下面的 Mg 表面层不利于金属防腐。

此外，系统分析了含 Cl 情况下 F、N、B、Si、P、S 掺杂缺陷石墨烯的偏态密度（PDOS）如图 4-28 所示。从图中可以看出，6 种元素掺杂缺陷石墨烯的

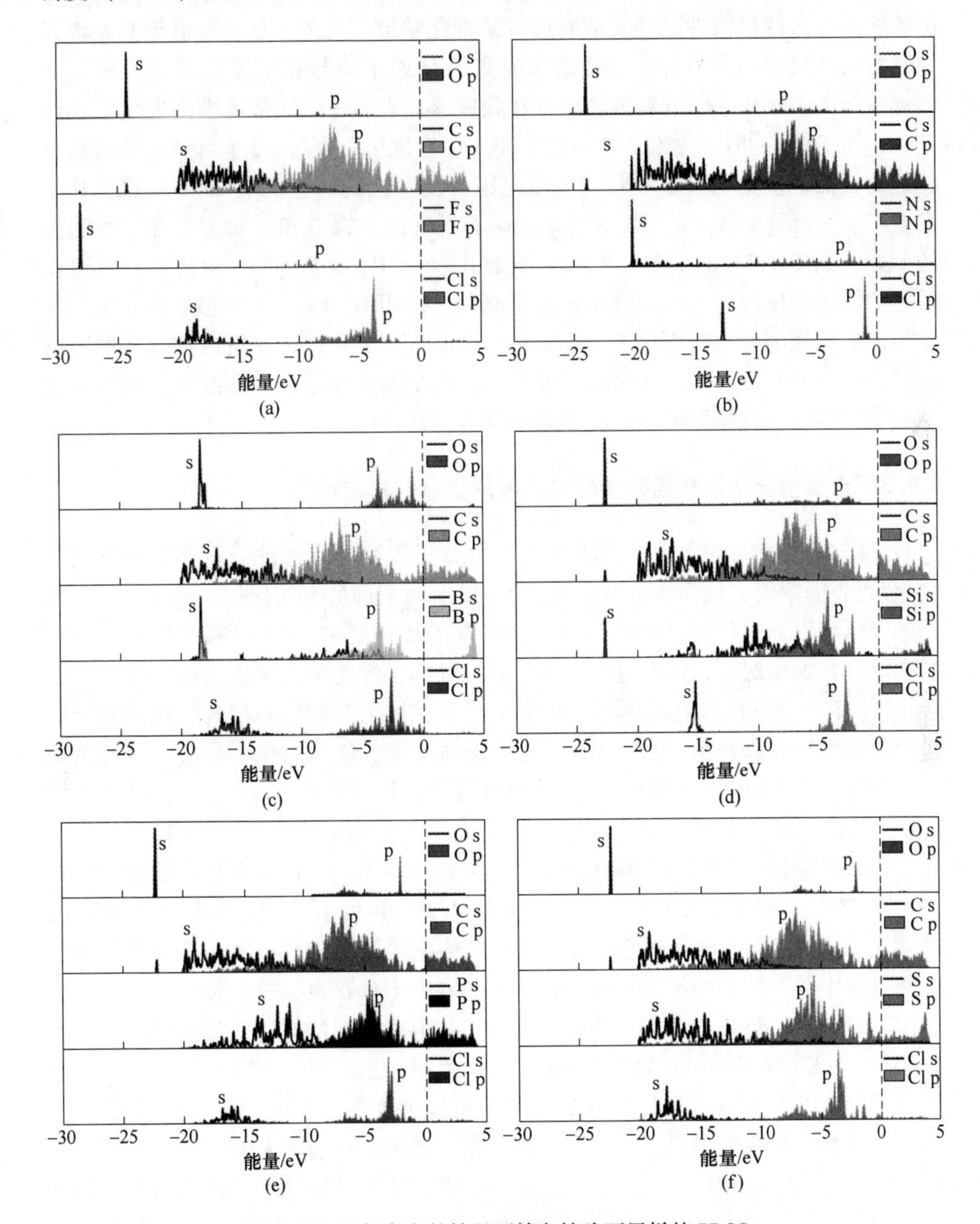


图 4-28 在氯存在的情况下掺杂缺陷石墨烯的 PDOS

(a) F 掺杂；(b) N 掺杂；(c) B 掺杂；(d) Si 掺杂；(e) P 掺杂；(f) S 掺杂

PDOS 具有一些相似的特征，且费米能级附近的能量主要由 C p 轨道组成。掺杂缺陷石墨烯的 C p 轨道被大大延伸，表明它们电子的离域性较强。有一个明显的共振峰，该共振峰来自 O s 和 C s 轨道。而且它们的轨道延伸都非常尖锐和狭窄，电荷密度分布的局域性更强，从而形成某种化学键。此外，O p 轨道与 C p 轨道在较宽的能量范围内混合。这些结果证实了 O 原子能与石墨烯 C 原子形成明显的键合。C p 轨道与 Cl p 轨道之间存在共振峰，表明在该能量范围内发生了轨道杂化。对于图 4-28(a)和(b)所示的 F 和 N 掺杂缺陷石墨烯，F p 和 N p 轨道具有相似的特征，仅呈现出非常弱的能量范围强度，这说明它们对 O 和 C 原子几乎没有影响。然而，B、Si、P、S 掺杂缺陷石墨烯的 s 轨道和 p 轨道存在一些明显的差异，如图 4-28(c) ~ (f) 所示，掺杂 B、Si、P、S 原子的 s 轨道和 p 轨道在较宽的能量范围内与 C s 轨道和 p 轨道混合。说明 B、Si、P、S 掺杂原子能与 C 原子形成较强的键。特别是 B s 轨道和 p 轨道与 O s 轨道和 p 轨道在较宽的范围内具有更强的共振，如图 4-28(c)所示。因此在氯化物存在的情况下，吸附稳定性和电子结构能直接影响缺陷石墨烯的穿透扩散性能。

### 4.3.3　含氯情况下镁表面掺杂缺陷石墨烯上氧的扩散行为

在海洋中含 Cl 的条件下，活性 O 吸附原子很容易穿透缺陷石墨烯到下面的 Mg 金属表面附近，从而失去对易氧化的 Mg 金属表面的有效保护。然而，这一棘手的问题可以通过优化元素掺杂改性缺陷石墨烯得到进一步改善。图 4-29 展示了在氯存在的情况下，O 通过掺杂缺陷石墨烯的扩散能量和穿透结构的演变（路径点 $A \sim E$）。如图 4-29(a)所示，O 吸附原子在掺杂 F 缺陷石墨烯上的完整扩散过程分为两个步骤，第一步（$TS_1$）是从 $A$ 到 $B$ 点，O 吸附原子直接向下穿过缺陷石墨烯，该 $TS_1$ 阶段 O 附原子扩散势垒约为 1.14eV。第二步（$TS_2$）是从 $B$ 到 $E$ 点，从图中可以看出这是一个明显的自发放热过程，释放能量约 1.72eV。因此，掺杂 F 缺陷石墨烯与未掺杂缺陷石墨烯相比具有一定的抗穿透扩散能力（最大为 0.28eV，放热能量为 -2.8eV）。从图 4-29(b)可以看到，掺杂 N 的缺陷石墨烯在 $TS_1$ 状态下，O 吸附原子穿透的扩散势垒增加到 2.65eV，说明在吸附原子穿透过程中存在较高的扩散势垒，但体系内基本上都存在自发放热过程，使能量直接下降到 -3.85eV。如图 4-29(c)所示，对于掺杂 B 的缺陷石墨烯体系，O 沿路径点 $A \sim E$ 的扩散势垒演化有明显不同。值得注意的是，在 $TS_1$ 状态下，O 吸附原子穿透 B 掺杂缺陷石墨烯的势垒最大可以增加到 2.87eV，这是一个能量非常高的势垒，较好地阻碍了 O 穿透石墨烯层。虽然体系存在放热过程，但路径点 E 的最终能量仅为 -0.72eV。这些结果进一步证实了掺杂 B 改性缺陷石墨烯对易氧化的 Mg 金属表面具有优异的保护能力。对于掺杂 Si 的缺陷石墨烯，在有氯离子存在的情况下，O 沿路径点 $A \sim E$ 穿透的势垒也有类似的趋势，包括在路径点

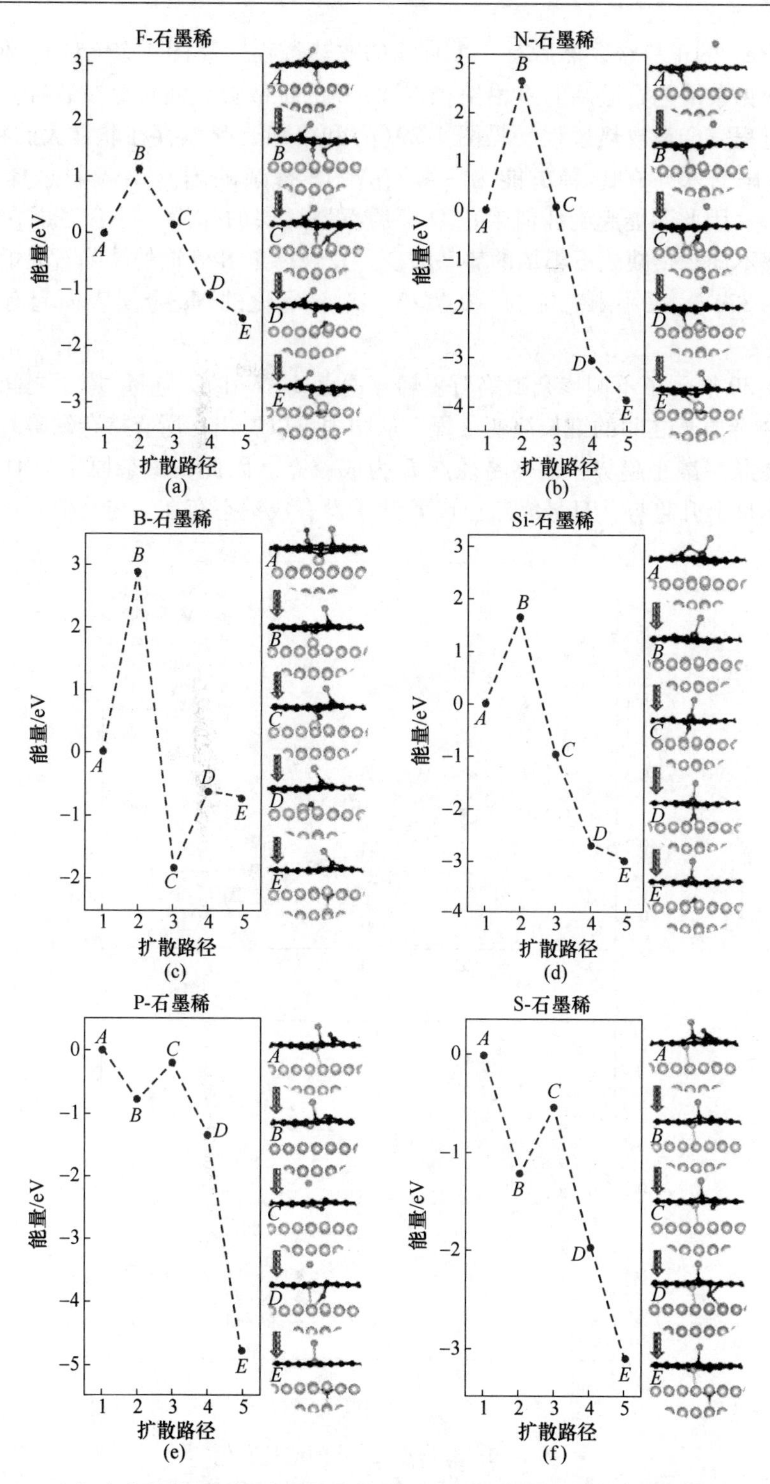


图 4-29 在氯存在的情况下氧穿透掺杂缺陷石墨烯的能量和穿透结构的演变（$A \sim E$）

*B* 有 1.63eV 的正势垒，然后有一个直线的放热过程（见图 4-29(d)）。但是，P 掺杂和 S 掺杂缺陷石墨烯的 O 沿路径点 *A* ~ *E* 的扩散势垒演化存在装置差异，整个扩散过程完全是放热过程（见图 4-29(e)和(f)），显然存在非常大的释放能，P 掺杂缺陷石墨烯的总释放能为 -4.77eV，S 掺杂缺陷石墨烯的总释放能为 -3.21eV，因此不能起到任何阻止 O 穿透石墨烯层的作用。综合考虑含氯情况下氧穿透不同掺杂缺陷石墨烯的势垒演变，发现掺杂 B 修饰的缺陷石墨烯最大势垒接近 2.87eV，最小末态能为 -0.72eV，对易氧化的 Mg 金属表面起有效保护作用。

图 4-30 展示了不同掺杂缺陷石墨烯穿透点 *A* ~ *E* 中 O 与 Mg 原子之间的键长及 O 与掺杂原子之间的键长演变过程。从图中可以看出，所有掺杂缺陷石墨烯的 Mg—O 键长呈减小趋势，最终路径点 *E* 为成键态。因此，掺杂原子与 O 之间的键长总体呈上升趋势，且最终路径点 *E* 几乎没有成键态存在。与其他元素掺杂缺

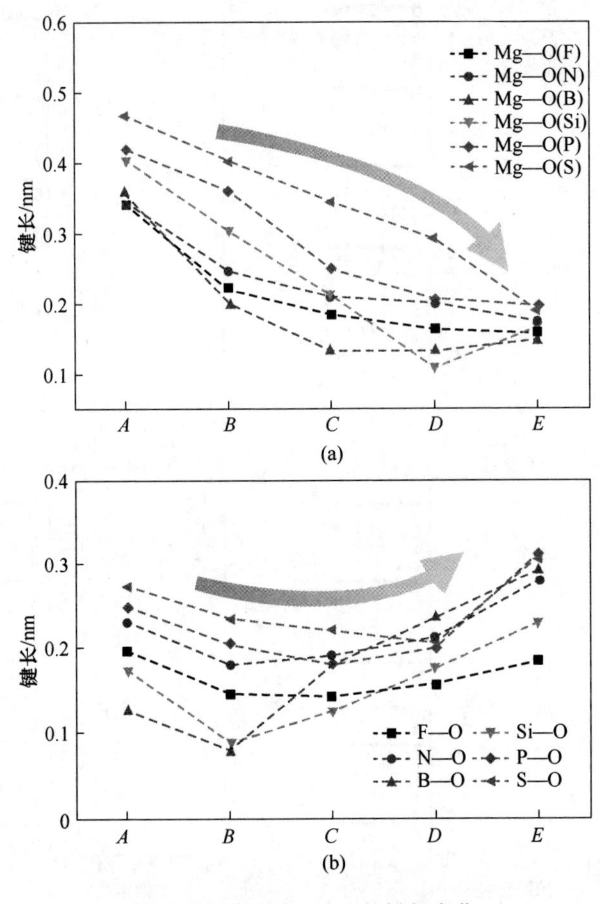


图 4-30　穿透点 *A* ~ *E* 的键长变化

(a) O 与 Mg 原子键长变化；(b) O 与掺杂原子键长的变化

陷石墨烯相比，B 掺杂缺陷石墨烯的键长变化幅度要大得多。因此，O 穿透掺杂 B 缺陷石墨烯可能需要做更大的功来克服 B—O 键，使 O 穿透掺杂 B 缺陷石墨烯的势垒相对较高。综合以上对含 Cl 情况下不同元素掺杂缺陷石墨烯上 O 穿透扩散的势垒和结构的分析，可以发现掺杂 B 缺陷石墨烯对易氧化的 Mg 金属表面具有有效的保护能力，因此在含 Cl 条件下，如在海洋中，具有优异的抗氧化和抗腐蚀性能。

### 4.3.4 本节小结

综上所述，本节的理论模拟旨在证实石墨烯是一种有效的保护镁及其合金在恶劣海洋环境下易氧化表面的防腐蚀剂。通过研究扩散和穿透机制，我们发现氯化物的存在会使氧更容易通过缺陷石墨烯穿透扩散，导致其对镁表面的保护能力明显下降，在穿透路径 B 处的势垒低至 -0.28eV。因此，采用 6 种典型元素 F、N、B、Si、P、S 进行掺杂改性，进一步改善缺陷石墨烯的吸附和穿透扩散性能。证实了氯化物存在的情况下，元素掺杂改性对缺陷石墨烯的穿透扩散性能有直接影响。特别是，最佳 B 掺杂剂更容易与 O 原子反应，这可能有效阻止 O 穿透缺陷石墨烯。此外，最佳的 B 掺杂缺陷石墨烯具有最高的扩散势垒（最大 2.87eV），能够对易氧化的 Mg 表面提供有效的保护。进一步证实了在含 $Cl^-$ 的条件下，如在海洋中，具有优异的抗氧化和耐腐蚀性能。本节的理论模拟有助于更清楚地了解石墨烯的防腐机理，以提高其作为镁及其合金在恶劣海洋环境中的长效防腐性能。

## 参 考 文 献


[1] XIA D H, QIN Z, SONG S, et al. Combating marine corrosion on engineered oxide surface by repelling, blocking and capturing $Cl^-$: A mini review [J]. Corrosion Communications, 2021, 2: 1-7.

[2] YADAV A P, NISHIKATA A, TSURU T. Electrochemical impedance study on galvanized steel corrosion under cyclic wet-dry conditions-influence of time of wetness [J]. Corrosion Science, 2004, 46 (1): 169-181.

[3] DE LA FUENTE D, DÍAZ I, ALCÁNTARA J, et al. Corrosion mechanisms of mild steel in chloride-rich atmospheres [J]. Materials and Corrosion, 2016, 67 (3): 227-238.

[4] STANNERS J F. Protection against atmospheric corrosion: Theories and methods [J]. British Corrosion Journal, 2013, 11 (3): 121.

[5] HAN W, PAN C, WANG Z, et al. A study on the initial corrosion behavior of carbon steel exposed to outdoor wet-dry cyclic condition [J]. Corrosion Science, 2014, 88: 89-100.

[6] 何德孚，王晶滢．海洋腐蚀环境及船用不锈钢管选材备考（上）[J]．焊管，2016，39 (5): 9.

[7] 张超智，蒋威，李世娟，等．海洋防腐涂料的最新研究进展 [J]．腐蚀科学与防护技术，

2016, 28 (3): 7.

[8] 文玉良，刘重强，卢志敏，等. 海洋防腐涂料的研究现状及发展方向 [J]. 山东化工，2018, 47 (12): 3.

[9] WANG P, ZHANG D, LU Z. Advantage of super-hydrophobic surface as a barrier against atmospheric corrosion induced by salt deliquescence [J]. Corrosion Science, 2015, 90: 23-32.

[10] LU Z, WANG P, ZHANG D. Super-hydrophobic film fabricated on aluminium surface as a barrier to atmospheric corrosion in a marine environment [J]. Corrosion Science, 2015, 91: 287-296.

[11] RIAZI H R, DANAEE I, Peykari M. Influence of ultraviolet light irradiation on the corrosion behavior of carbon steel AISI 1015 [J]. Metals and Materials International, 2013, 19 (2): 217-224.

[12] LI B, ZHOU L, WU D, et al. Photochemical chlorination of graphene [J]. ACS nano, 2011, 5 (7): 5957-5961.

[13] ŞAHIN H, CIRACI S. Chlorine adsorption on graphene: Chlorographene [J]. The Journal of Physical Chemistry C, 2012 (116): 24075-24083.

[14] YAO W, ZHOU S, WANG Z, et al. Antioxidant behaviors of graphene in marine environment: A first-principles simulation [J]. Applied Surface Science, 2020, 499: 143962.

[15] KRESSE G G, FURTHMÜLLER J J. Efficient iterative schemes for ab initio total-energy calculations using a plane-wave basis set [J]. Physical review. B, Condensed matter, 1996 (54): 11169-11186.

[16] PERDEW J P, BURKE K, ERNZERHOF M. Generalized gradient approximation made simple [J]. Physical Review Letters, 1996, 77 (18): 3865-3868.

[17] GRIMME S. Semiempirical GGA-type density functional constructed with a long-range dispersion correction [J]. Journal of Computational Chemistry, 2006 (27): 1787-1799.

[18] HENKELMAN G, JÓNSSON H. Improved tangent estimate in the nudged elastic band method for finding minimum energy paths and saddle points [J]. The Journal of Chemical Physics, 2000, 113 (22): 9978-9985.

[19] BANHART F, KOTAKOSKI J, KRASHENINNIKOV A V. Structural defects in graphene [J]. ACS nano, 2011, 5 (1): 26-41.

[20] PYUN K R, KO S H. Graphene as a material for energy generation and control: Recent progress in the control of graphene thermal conductivity by graphene defect engineering [J]. Materials Today Energy, 2019, 12: 431-442.

[21] WANG C, LAN L, LIU Y, et al. Defect-guided wrinkling in graphene [J]. Computational Materials Science, 2013, 77: 250-253.

[22] CHISHOLM M F, DUSCHER G, WINDL W. Oxidation resistance of reactive atoms in graphene [J]. Nano Letters, 2012, 12 (9): 4651-4655.

[23] WU Y, ZHU X, ZHAO W, et al. Corrosion mechanism of graphene coating with different defect levels [J]. Journal of Alloys and Compounds, 2019, 777: 135-144.

[24] ZHOU S, YAO W, WANG Z, et al. The first-principles calculations to explore the mechanism of oxygen diffusion on vacancy defective graphene in marine environment [J]. Applied Surface Science, 2020, 525: 146585.

[25] TOPSAKAL M, ŞAHIN H, CIRACI S. Graphene coatings: An efficient protection from oxidation [J]. Physical Review B, 2012, 85: 155445.

[26] XU B, SUN J, HAN J, et al. Effect of hierarchical precipitates on corrosion behavior of fine-grain magnesium-gadolinium-silver alloy [J]. Corrosion Science, 2022 (194): 109924.

[27] SUN T, FABRIS S. Mechanisms for oxidative unzipping and cutting of graphene [J]. Nano Letters, 2012 (12): 17-21.

# 5 电沉积石墨烯复合镍基涂层及其腐蚀摩擦性能

镁合金由于具有低密度、高比强度、良好的铸造性能和焊接性能及合理的成本的优势广泛应用于汽车、航天、电子器件等领域。然而，镁合金的耐蚀性差是限制镁合金在复杂潮湿环境中应用的主要因素。镁的耐腐蚀性低有两个原因：(1) 它具有较高的电极电位（大约 -2.37V 对标准氢电极[1]），因此该元素非常活跃，即使在没有氧气的情况下也容易受到腐蚀。(2) 在腐蚀性介质中，被腐蚀的镁表面上形成的薄膜（例如氧化物和氢氧化物）通常很脆弱，这层膜结构疏松多孔，极易形成腐蚀原电池微区，尤其是表面薄膜可溶于大多数水溶液[2]。这些因素导致镁表面生成的膜层无法对其提供有效保护作用。镁合金作为多相产物，其腐蚀特征与镁相似。常见的 AZ91D 镁合金是典型的镁铝合金，当镁合金暴露在外界环境时，极易形成腐蚀原电池从而带来电化学腐蚀特征。此外在含氯离子的海洋环境或者盐雾环境中，镁合金的腐蚀速度会急剧加快。这是因为氯离子会加速镁合金表面多孔膜的溶解速度，促使腐蚀介质进一步侵蚀镁合金基底，并且会形成更大的电化学电池微区，从而导致镁合金的服役失效。因此对镁合金进行表面改性，获得具有耐腐蚀耐磨损的涂层显得尤为重要。常见的镁合金保护有化学浸镀、阳极转化膜、微弧氧化、有机涂覆和电镀等。相对于其他改性手段，电镀制备保护涂层具有快速、高效及能够满足冶金结合的功能，备受研究者们青睐[3]。

相对于电镀铜、铬等金属，镁合金表面电镀镍更受研究者们的关注。镀镍层具有显微硬度高、耐摩擦性能好、镀镍液的可选性多等特点。最主要的是镍与锌的结合强度相对较高。此外，镍的电镀液无毒，是代替有毒铬镀液的最佳选择。镍相关的镍基高性能复合涂层开发也是当前电沉积领域的热门领域。这主要是镍与大部分纳米粒子共沉积时具有优异的协同效应。Guo 等人[4]在镁合金表面沉积出性能优异的纳米镍金属涂层，热冲击试验表明，纳米晶镍镀层具有均匀、光滑、致密、与基体结合良好的特点，并且该涂层极大地提升了镁合金的长效耐腐蚀性能。相较于其他制备工艺，电镀制备的镁合金涂层拥有极佳的冶金结合效果，可以作为防护涂层和中间镀层使用。但目前的镁合金电镀工作和相关机理还是存在一些不足，特别是对于海洋环境和大气环境下纯镍涂层的耐磨损性能探究很少，以及石墨烯纳米片掺杂制备镍基复合涂层的提升效果及其相应的保护机理也鲜有文献报道。相比于单一电镀涂层，多层结构设计制备出的复合涂层具有逐层防破坏机制，可以有效地降低腐蚀介质的直接侵入效应，带来长效的耐腐蚀性能。本章通过结构设计和工艺参数调控，系统研究了该镍基涂层的各项表面性能，从而探究电镀镍基涂层设计对于镁合表面性能的影响。同时针对涂层表面的吸附特征进行理论计算，从而认识石墨烯的屏障效果和沉积过程中的作用机理。

## 5.1　电流密度对纯镍涂层的微结构和性能影响

通过改变电镀过程中的电流密度这一工艺参数，成功在 AZ91D 镁合金表面沉积出一系列纯镍电镀涂层，并系统地研究了电流密度对电镀纯镍涂层表面结构、晶相形态、表面润湿性能、力学性能、不同环境下的磨损性能，以及耐腐蚀性能的影响。从而获得制备纯镍涂层的最佳电流密度，这为制备石墨烯/镍复合涂层提供了良好的过渡层和提供最佳的电镀工艺参数。

### 5.1.1　纯镍涂层的微结构和物相分析

图 5-1 所示为不同电流密度制备的纯镍镀层表面的 SEM 图。从 SEM 低倍图可以明显发现纯镍涂层表面呈现沟壑状。这是因为预处理过程中，预处理液对表面的溶解作用，这个溶解效果对于镁合金整体的质量损失可以忽略[5-6]，AZ91D 镁合金中各相镁含量差异引起溶解速率不同，从而带来这种沟壑状分布。考察纯镍涂层高倍 SEM 图可以发现，在电流密度低于 4.0A/dm$^2$ 时，涂层的表面随着电

图 5-1　不同电流密度制备的纯镍涂层表面的 SEM 图

(a) 3.0A/dm$^2$；(b) 3.5A/dm$^2$；(c) 4.0A/dm$^2$；(d) 4.5A/dm$^2$；(e) 5.0A/dm$^2$

流密度的增高变得越加光滑，这可以理解为随着电流密度增加，涂层表面的晶粒生长速度与形核速度相当，更容易形成附着力好的纯镍涂层。当电流密度进一步增加到5.0A/dm$^2$ 时，涂层中晶粒出现异常生长，并且开始呈现一定的聚集特征。在图5-1(d)和(e)中，纯镍涂层展现出大量的黑色点状物，这是镍晶粒在此生长形核的直接证据。在电镀过程中，电流密度越大，晶粒生长速度越快，引起晶粒形变，从而造成表面相对粗糙。

为了进一步证明SEM结果，采用原子力显微镜表征涂层的三维形貌变化情况，如图5-2所示。不同电流密度制备的纯镍涂层 *Ra*（表面平均粗糙度）测试结果分别是99.8nm、96.2nm、88.7nm、94.5nm、98.7nm。从测试结果可以看出随着电流密度的增加，纯镍涂层的表面粗糙度先降低后增加。这与SEM形貌表现相一致。结合SEM图与AFM图分析结果可以发现，当电流密度为4.0A/dm$^2$ 时，纯镍涂层展现出最低粗糙度，涂层界面光滑，晶胞形态均匀，无聚集特征。该电流密度下，纯镍涂层表现出优异的界面特征。

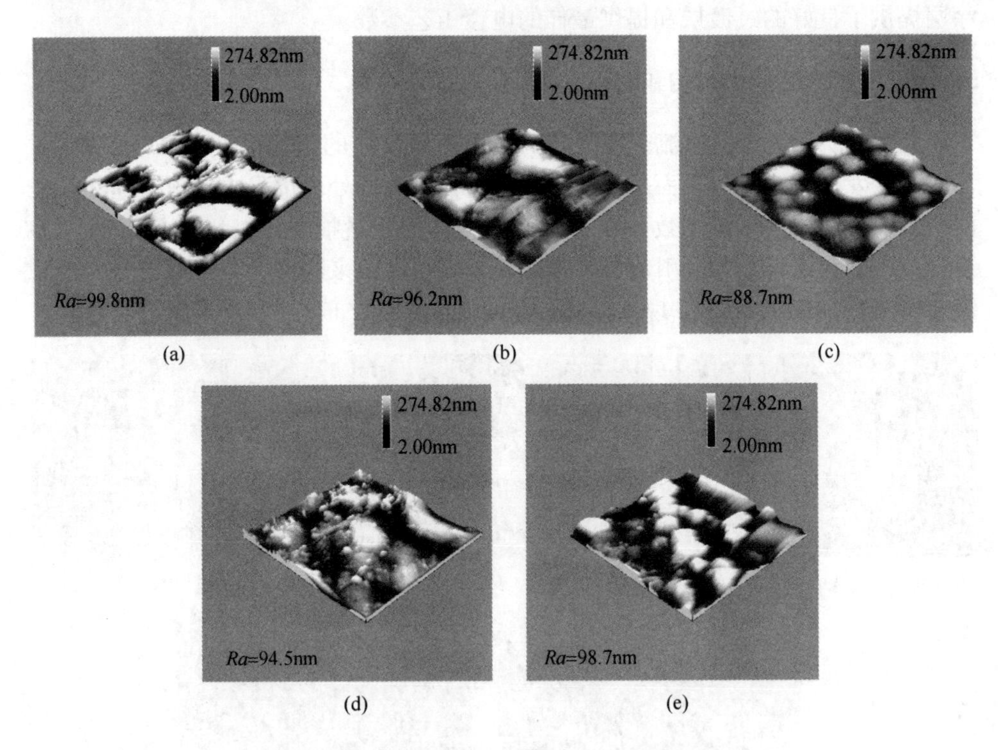


图5-2　不同电流密度下纯镍涂层表面的AFM图

(a) 3.0A/dm$^2$；(b) 3.5A/dm$^2$；(c) 4.0A/dm$^2$；(d) 4.5A/dm$^2$；(e) 5.0A/dm$^2$

不同电流密度制备纯镍涂层的XRD图谱如图5-3所示。XRD衍射峰在 $2\theta$ 分别为44°、52°、76°，这三个峰分别对应于面心立方镍的（111）、（200）、（220）

晶面。纯镍涂层的（111）晶面表现出高衍射峰与大的峰展宽[7]，对于该电镀工艺下纯镍涂层的生长主方向以（111）为主。（111）晶面对应着镍的高硬度特征，表明纯镍涂层拥有较高的硬度。借助谢乐公式（5-1）对涂层的晶粒尺寸进行分析。

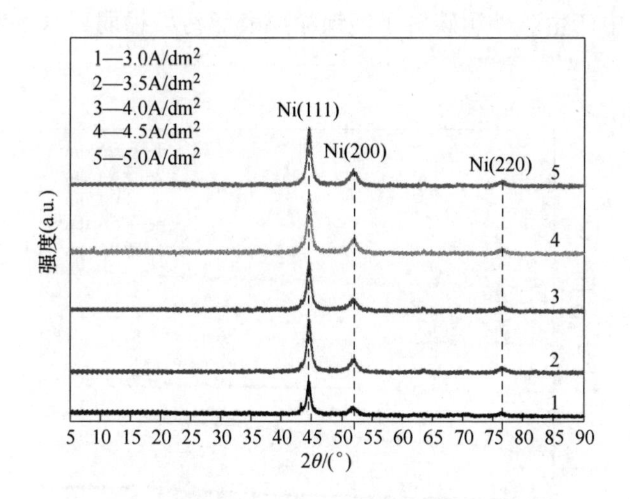


图 5-3 不同电流密度制备纯镍涂层的 XRD 图

$$D = K\lambda/(\mathrm{FWHM} \times \cos\theta) \tag{5-1}$$

式中，$D$ 为平均晶粒尺寸；$K$ 为 Scherrer 常数，取 0.89；FWHM 为峰值 $2\theta$ 处的半峰宽半极大值；$\lambda$ 为波长，取 0.154nm。

3.0A/dm$^2$、3.5A/dm$^2$、4.0A/dm$^2$、4.5A/dm$^2$、5.0A/dm$^2$ 纯镍涂层的晶粒尺寸大小分别为 164nm、128.3nm、100.7nm、124.4nm、167.6nm。电流密度低于 4A/dm$^2$ 时，晶粒尺寸随着电流密度的增加而减小。这可以用电解第一定律来解释：

$$m = kIt \tag{5-2}$$

式中，$m$ 为电极上析出物的质量；$k$ 为电化当量；$I$ 为电流密度；$t$ 为通电时长。

随着电流密度的增加，产生的晶粒尺寸更加致密。在 4.0A/dm$^2$ 电流密度时，晶粒结晶速度与生长速度最佳，获得的晶粒更加致密，因此得到最小的晶粒尺寸。而随着电流密度进一步增加，高电流密度会加速镀液的温度增加，同时镍阳极的钝化效应增加，这会影响镍的沉积速率，导致晶粒生长速率增加，出现晶粒尺寸异常增大的现象。XRD 图谱及相关的计算结果表明 4.0A/dm$^2$ 电流密度制备的纯镍涂层拥有最小的晶粒尺寸。

图 5-4 展示了纯镍涂层的表面拉曼光谱图。所有涂层均没有表现出碳相关的强峰，这表明在纯镍涂层制备过程中，受到的外源碳污染情况很弱。这有利于涂层均匀生长形核，避免出现过大的晶粒晶界区。外源碳污染具备随机分布

特征，在基底表面分布极度不均匀。外源碳的导电性能优于基底层，形成细小的微纳米电极区，提高该区域的形核速度，导致涂层的内部形核速度不均衡。这会造成涂层表面的孔隙率增加，涂层耐腐蚀性能降低。拉曼测试在 $2300cm^{-1}$处出现的峰是 $CO_2$ 的特征峰，这主要来自测试过程中的大气影响，并非制备过程中产生。外源碳对于纯镍涂层表面污染很弱，这有利于该工艺在工业化的应用。

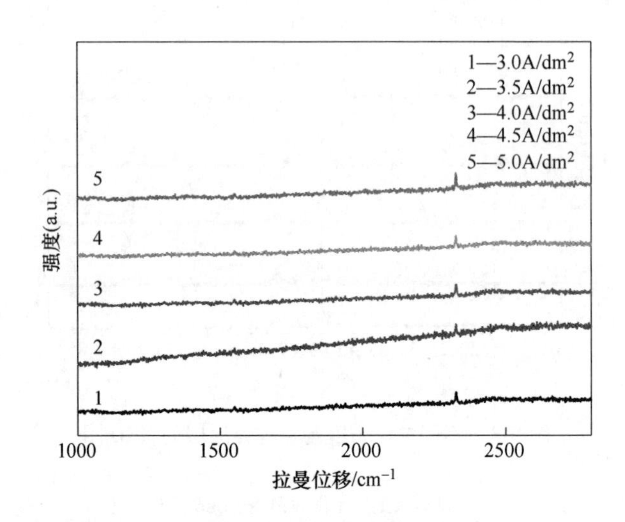


图 5-4　不同电流密度制备纯镍涂层的拉曼光谱

静态水接触角也可以直观地反映涂层润湿性能。当接触角低于 90°时，涂层为亲水性界面，高于 90°则为疏水性界面，超过 150°则认为涂层具备超疏水界面。如图 5-5 所示，纯镍涂层的水接触角随着电流密度的增加先增高后减小。涂层的接触角均低于 90°，最高角度为 86. 1°。通常情况下，影响材料润湿性能的主要因素是材料的表面能和表面粗擦度。在材质不变的情况下，材料的表面粗糙度是影响材料表面润湿性最主要的因素，对于疏水性表面，增加粗糙度会促使液滴在表面收缩为球状聚集，从而提高固体表面的疏水性；对于亲水性表面，增加粗糙度导致液滴的吸附效果增加，表现为固体表面的亲水性增加。从纯镍涂层的接触角测试可以判定其为亲水涂层，借助之前的 AFM 测试结果可以很好地解释涂层表面接触角变化规律。随着电流密度的增加，涂层表面粗糙度呈现先减小后增加的趋势。在涂层材料不变的情况下，粗糙度是改变接触角的主要因素。从 Wenzel 模型来看，粗糙度对于亲水性接触角呈正相关变化，粗糙度越大，涂层的接触角越小。因此，4. 0A/dm² 电流密度制备的纯镍涂层具有最低的粗糙度，从而其接触角表现出最大值倾向。高接触角有利于抗腐蚀介质侵入，从而获得优异的耐腐蚀性能。这为之后的腐蚀测试提供了证据。

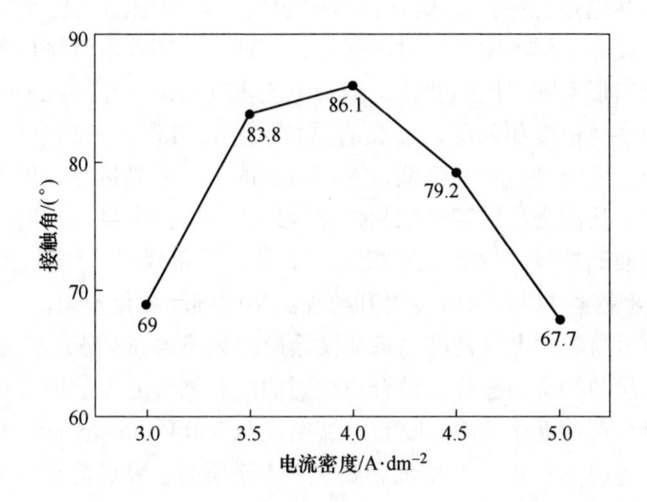


图 5-5 不同电流密度下制备纯镍涂层的水接触角

### 5.1.2 纯镍涂层的力学性能

纯镍涂层的硬度变化如图 5-6 所示，涂层的硬度随着电流密度增加先增加后减小。电流密度 4.0A/dm$^2$ 制备的纯镍涂层表面硬度 HV 最高为 551，高于常见 AZ91D 镁合金的硬度。纯镍涂层的硬度变化可以用晶粒尺寸变化情况来解释。此

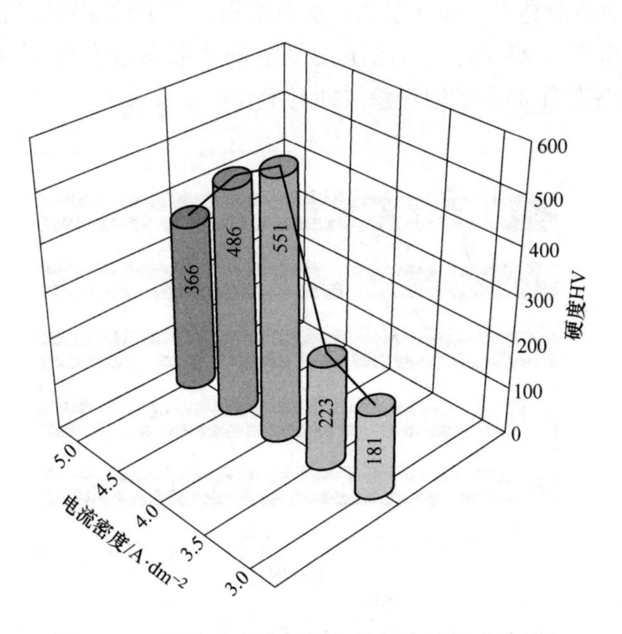


图 5-6 不同电流密度下制备纯镍涂层的显微硬度

外，可以通过其他强化手段来提升材料的硬度，其中细晶强化是最佳的强化手段，细晶强化提高涂层硬度的同时还能提升其韧性。随着电流密度的增加，涂层的晶粒尺寸会出现不同程度的变化。随着电流密度增加，涂层沉积速度增加，形核速度逐渐与生长速度相匹配，形成的晶粒尺寸相对致密，晶粒尺寸逐渐降低。此时涂层的硬度随着晶粒尺寸降低，涂层表面的小尺寸晶粒可以极大地扩大涂层内部位错密度，从而为涂层带来细晶强化效果。当电流密度过高时，涂层的生长速度过快，促使晶粒尺寸增加，变相削弱了晶粒强化效果。硬度测试结果表明，4.0A/dm$^2$ 电流密度可以最大限度提升纯镍涂层的细晶强化效果。

图 5-7 所示为不同电流密度制备纯镍涂层的划痕测试情况。一般而言，临界载荷越高，涂层的结合力越好。结合声放射曲线和划痕的光学照片可以发现，纯镍涂层的临界载荷均低于 10N。随着电流密度从 3.0A/dm$^2$ 增加到 4.0A/dm$^2$ 时，纯镍涂层的临界载荷从 4.72N 增加到 8.97N。涂层的临界载荷平均增长幅度大约为 37.5%。然而，随着电流密度进一步增加，4.5A/dm$^2$ 和 5.0A/dm$^2$ 电流密度制备的纯镍涂层，其临界载荷逐渐降低到 5.31N。进一步研究 4.0A/dm$^2$ 纯镍涂层的划痕光学照片可以发现，涂层在 8.97N 附近出现强烈的弯曲变形破坏，越往后涂层的变形情况越明显。但是涂层的剥落情况相比于其他纯镍涂层要轻微，并未出现大面积脱落情况。这表明该电流密度有利于提高涂层的结合性能。结合涂层的硬度指标可以解释这一现象，涂层的结合力一定程度上与涂层的硬度相关，理论上硬度越高，涂层的结合力越好。因为硬度越高，涂层抗塑性变形能力越好，划痕所需的载荷越大。而涂层的硬度测试指标显示出随着电流密度增加，先升高后降低的趋势。这一变化与涂层的划痕临界载荷变化情况相一致。因此，4.0A/dm$^2$ 电流密度下制备的纯镍涂层拥有最佳的结合力。

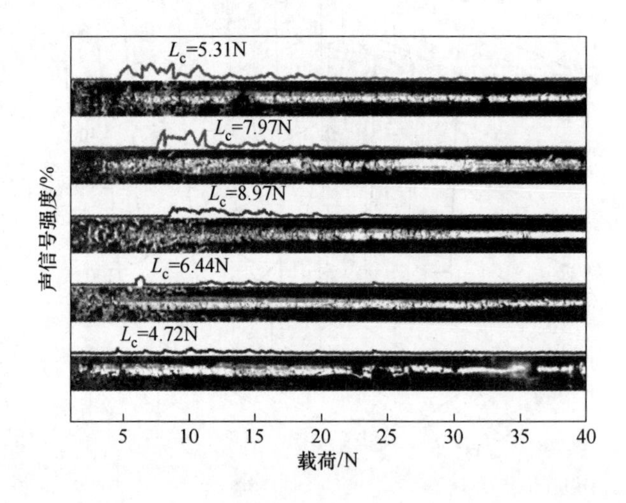


图 5-7　纯镍涂层的划痕轨迹光学形貌图及相应的声放射曲线

### 5.1.3 纯镍镀层的摩擦磨损行为

图5-8展示了不同电流密度制备的纯镍涂层在大气环境下的摩擦系数演变情况。随着电流密度增加，涂层的摩擦系数先降低后升高。所有涂层的摩擦系数会有一个连续上升然后趋于稳定的过程。这主要是在初始状态下涂层表面的粗糙峰谷会先接触摩擦球副，从而逐渐到相对稳定的过渡表面，最终形成稳定的摩擦曲线。有趣的是，4.0A/dm$^2$ 电流密度下制备出的纯镍涂层摩擦系数为0.4，呈现出最低的磨损状态。在磨损过程中，镍在高温下会与摩擦副发生一定的机械咬合，这会加剧磨损，从而提高磨损率。低的表面粗糙度会降低涂层中的镍颗粒散落，从而降低其磨损情况。另外，磨损情况与涂层的硬度呈正相关，硬度越高，涂层抗磨损变形能力越强。因此，4.0A/dm$^2$ 电流密度下制备出的纯镍涂层具有最低的摩擦系数。

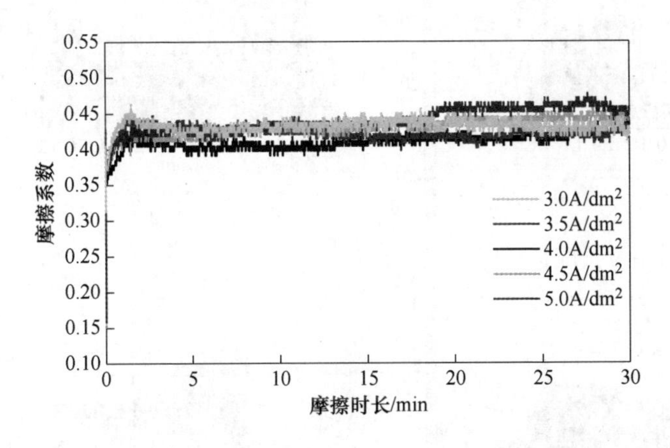


图5-8 纯镍涂层在大气环境下的摩擦系数

为了进一步表征涂层的摩擦性能，涂层的摩擦形貌和磨损率展示在图5-9中。从涂层磨痕的三维形貌特征可以得出，随着电流密度的升高，磨痕深度逐渐变浅，宽度变窄。在4.0A/dm$^2$ 电流密度下，纯镍涂层的磨痕深度最浅，宽度最窄，这与之前的摩擦系数变化规律相一致。这是因为在合适的沉积电流下，涂层的晶粒细化效果增强，获得的晶粒更加均匀致密，有利于降低表面粗糙度，降低磨损带来的磨粒磨损破坏和黏着磨损。

然而，随着电流密度增加，磨痕深度逐渐加深，宽度增加。这表明高电流密度下，磨损会加剧涂层破坏。高电流密度会提高涂层的表面粗糙度，摩擦过程产生的高温会削弱纯镍的保护效果，呈现机械咬合特点，并带来高磨损特征。从磨损率变化情况更加验证涂层的磨损变化特征，随着沉积电流的增加，纯镍涂层的磨损率先降低后升高。三维磨痕表征结果说明4.0A/dm$^2$ 沉积电流可以制备出最

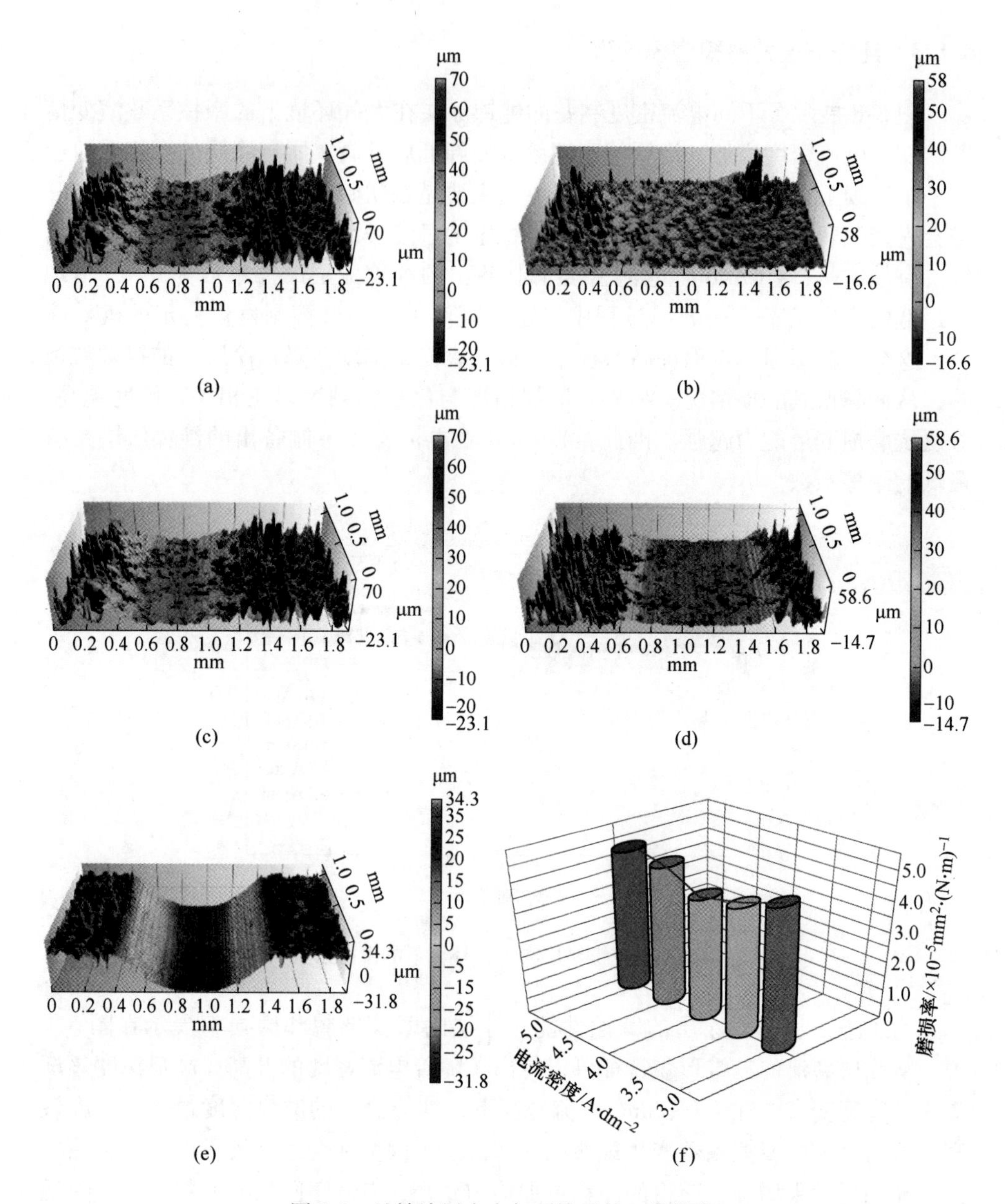


图 5-9　纯镍涂层在大气环境下的三维轮廓

(a) 3.0A/dm$^2$; (b) 3.5A/dm$^2$; (c) 4.0A/dm$^2$; (d) 4.5A/dm$^2$;
(e) 5.0A/dm$^2$; (f) 磨损率

佳耐磨损破坏的纯镍涂层，这可以为镁合金提供良好的保护层或者作为后续工艺的过渡层。图 5-10 所示为纯镍涂层的磨痕 SEM 照片，随着电流密度的增加，磨痕宽度先变窄后变宽。在 3.0A/dm$^2$ 的涂层磨痕中残存大量白色金属点，这表明涂层的磨损主要为磨粒磨损。随着电流密度增加到4.0A/dm$^2$，涂层中的金属颗粒逐渐减小，说明涂层的磨损情况得到改善，涂层的耐磨损性能有一定的增加。然而，随着电流密度进一步增加，涂层的磨痕宽度增加，并且出现小的金属斑点，这表明对于纯镍涂层而言，高的表面粗糙度不利于其耐磨损。这主要是磨损产生的金属屑无法充当润滑相，反而会与摩擦副产生机械咬合效果，降低了涂层的耐摩擦性能。因此，4.0A/dm$^2$ 沉积电流是在 AZ91D 镁合金上制备纯镍涂层的最佳电流密度，为后续的复合层制备提供了良好的过渡基底层。

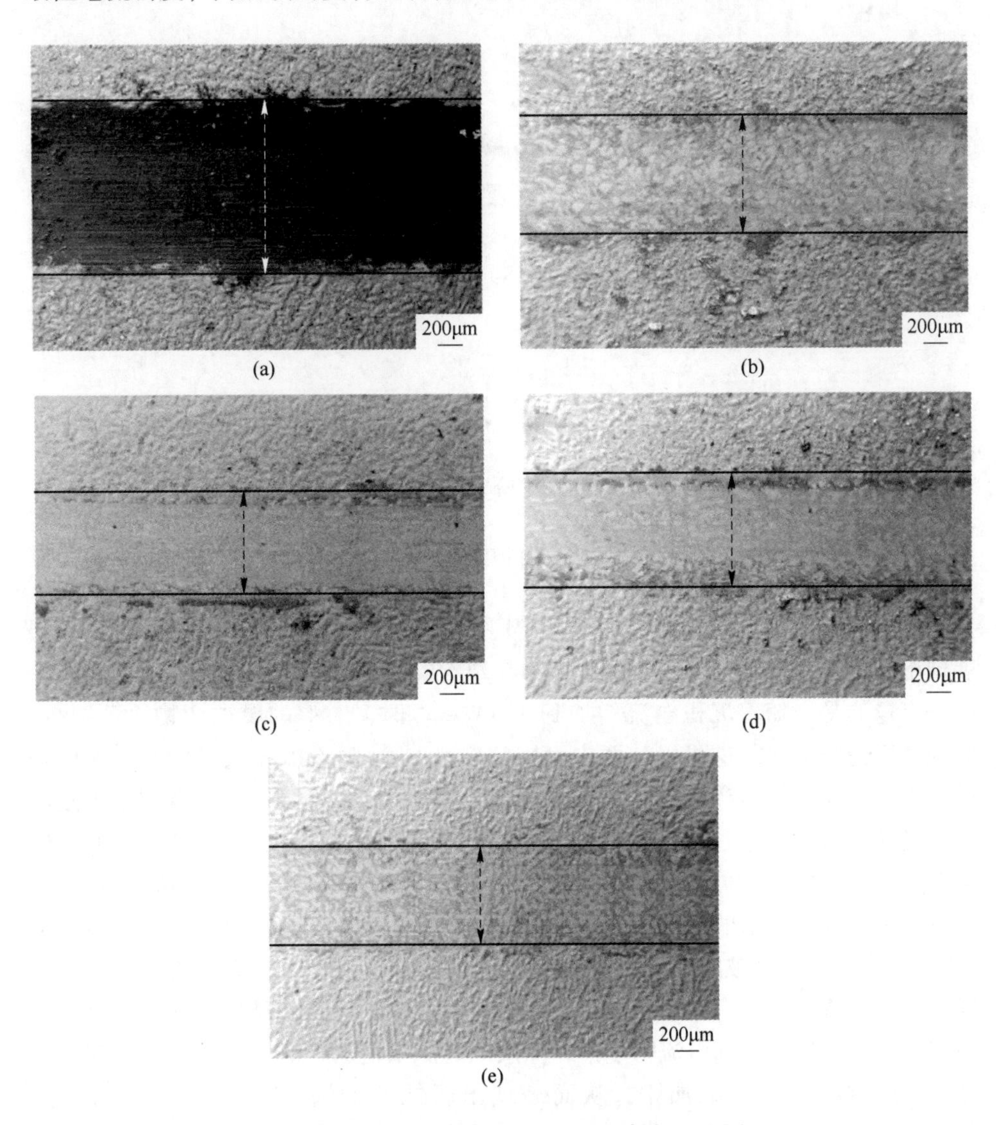


图5-10 纯镍涂层在大气环境下的磨痕SEM图

(a) 3.0A/dm$^2$；(b) 3.5A/dm$^2$；(c) 4.0A/dm$^2$；(d) 4.5A/dm$^2$；(e) 5.0A/dm$^2$

海水中富含的$Cl^-$对于镁合金的破坏是不可逆的，为了了解纯镍涂层对于海水环境下的耐磨损性能。图5-11所示为涂层在海水环境下摩擦30min后摩擦系数变化图，可以发现所有涂层的摩擦系数均低于大气环境下的摩擦系数。这主要是因为海水在涂层与摩擦副之间充当润滑剂，从而降低了摩擦阻力。随着沉积电流的增加，涂层摩擦系数呈现先降低后增加，这与大气环境情况下一致。摩擦测试结果表明4.0A/$dm^2$电流密度下制备的纯镍涂层在海水环境下的抗磨损性能优于其他电流密度。

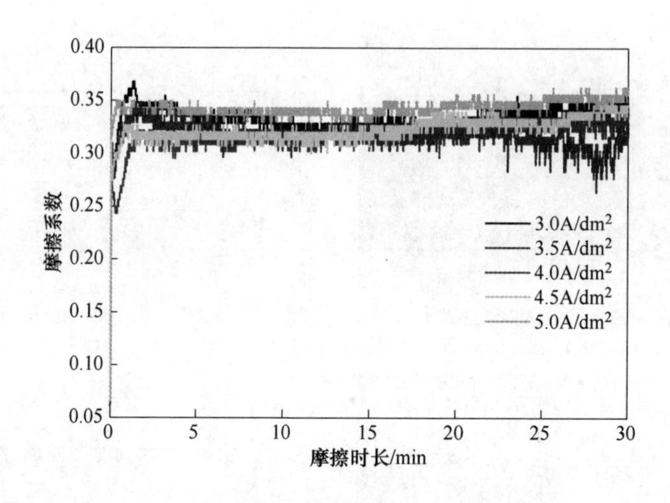


图5-11　纯镍涂层在海洋环境下的摩擦系数

图5-12所示为所有涂层的磨痕SEM图，可以发现在海水环境下，纯镍涂层展现出明显的腐蚀磨损特征。腐蚀产物在犁沟中心位置最为密集，然后向四周扩散。有趣的是，随着沉积电流增加到4.0A/$dm^2$时，磨痕的腐蚀产物逐渐减少，腐蚀磨损情况减弱。这可以从两方面来解释：（1）随着电流密度增加，涂层的晶粒生长更加均匀，产生细晶强化的同时，涂层的孔隙率降低，这有利于阻止海水等腐蚀介质在摩擦过程中的侵入效果，延缓腐蚀磨损的发生；（2）由前面的粗糙度和接触角测试可以发现，4.0A/$dm^2$沉积电流制备的纯镍涂层接触角最高，这有利于其延缓海水的直接润湿，从而提高其腐蚀抗性。当电流密度进一步增加5.0A/$dm^2$时，磨痕被腐蚀产物完全覆盖，并且有进一步侵入基底的趋势。这是因为在高电流密度下，涂层的晶核生长加快，涂层内部的大晶界增加，这会加剧涂层的腐蚀。特别是高电流密度下，涂层的孔隙率增加，海水侵蚀效果增强，导致涂层的腐蚀磨损缺陷加剧，从而表现出腐蚀产物增加的效果。综上所述，4.0A/$dm^2$电流制备的纯镍涂层可以最大限度地降低腐蚀磨损和磨粒磨损缺陷，是镁合金表面制备纯镍涂层的最佳电流密度。

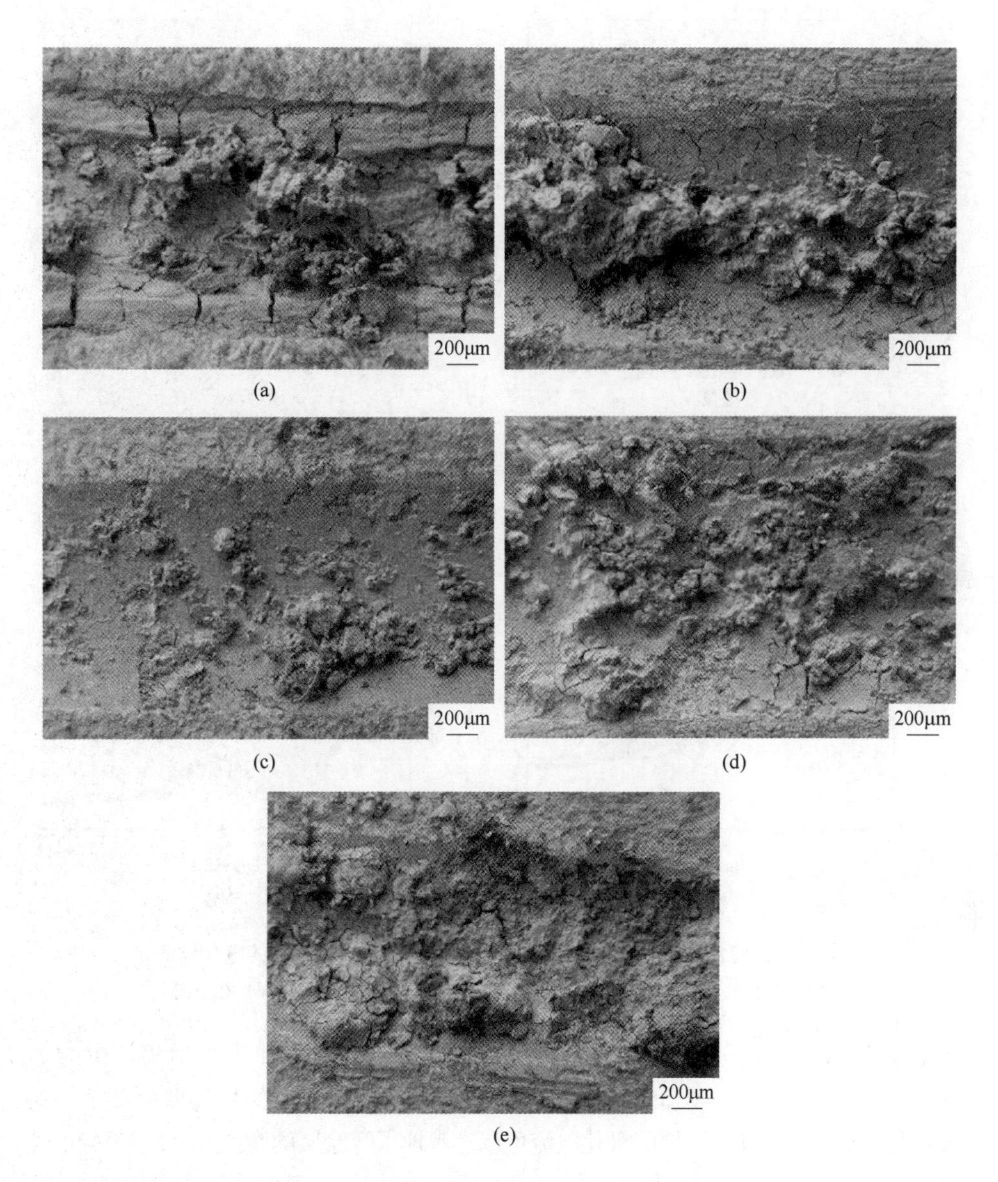


图 5-12 纯镍涂层在海洋环境下的磨痕 SEM 图
(a) 3.0A/dm$^2$;(b) 3.5A/dm$^2$;(c) 4.0A/dm$^2$;(d) 4.5A/dm$^2$;(e) 5.0A/dm$^2$

### 5.1.4 纯镍镀层的腐蚀性能

一般情况下,涂层极化电位越正,其抗腐蚀的能力越强。同时,涂层的极化电流越低,其腐蚀速率越低。图 5-13(a)所示为纯镍涂层浸入在 3.5% NaCl 溶液(质量分数)中 30min 后的塔菲尔曲线。3.0A/dm$^2$、3.5A/dm$^2$、4.0A/dm$^2$、

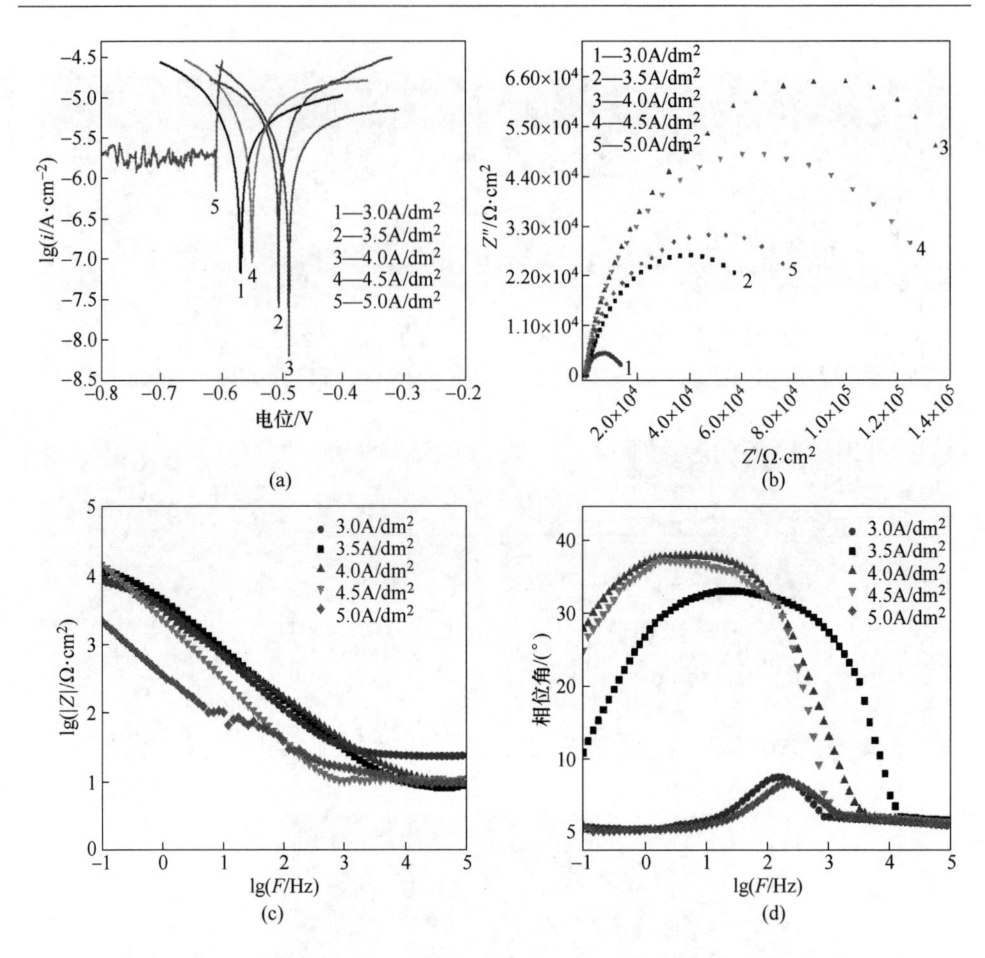


图 5-13　纯镍涂层 3.5% NaCl 溶液（质量分数）中 0.5h 后的电化学测试

（a）极化曲线；（b）电化学阻抗谱（EIS）；（c）阻抗模量；（d）相位角

4.5A/dm²、5.0A/dm² 电流密度制备下的纯镍涂层的极化电位分别为 -0.57V、-0.51V、-0.49V、-0.55V、-0.6V，这表明涂层的腐蚀倾向随着电流的增加先降低后升高。另外，涂层的极化电流可以直观地了解涂层的腐蚀速率。3.0A/dm²、3.5A/dm²、4.0A/dm²、4.5A/dm²、5.0A/dm² 电流密度制备下的纯镍涂层的极化电流分别为 $5.58\times10^{-5}$ A/cm²、$4.25\times10^{-5}$ A/cm²、$1.2\times10^{-5}$ A/cm²、$2.6\times10^{-5}$ A/cm²、$7.44\times10^{-5}$ A/cm²。随着沉积电流的增加，涂层的腐蚀速率先降低后增加。极化曲线变化规律显示 4A/dm² 电流密度下制备的纯镍涂层具有最佳的耐腐蚀性能。这可以从以下几个方面来解释：（1）该电流密度下制备的涂层内部晶粒尺寸最小，其产生晶格畸变的程度大幅降低，从而降低了晶界缺陷，有利于降低腐蚀介质侵入引起的晶间腐蚀；（2）低的表面粗糙度会降低纯镍涂层的亲水性能，延缓腐蚀溶液的浸入时长，表现出高的界面电阻效应；（3）晶粒的生长速度与形核速度相匹配，可以极大地降低涂层的孔隙率，有利于屏蔽腐蚀溶液的渗透。

为了进一步表征涂层的抗腐蚀性能，借助电化学阻抗谱（EIS）来研究涂层的耐腐蚀性能。将所有涂层均放置在 3.5% NaCl 溶液（质量分数）中 0.5h 后测试涂层的电化学阻抗谱如图 5-13 所示。理论上来说，涂层的电容环直径越大，所表现出的耐腐蚀能力越强。随着沉积电流的增加，涂层的电容环直径先增加后降低，表明随着沉积电流增加涂层的耐腐蚀性能先增加后降低。有意思的是，3.0A/$dm^2$ 的耐腐蚀性能要弱于 5.0A/$dm^2$，这主要是因为随着腐蚀过程的发生，涂层中生成的腐蚀产物会堵住孔隙与缺陷，从而引起钝化膜效应。但是在低沉积电流下，涂层的高粗糙度会促使溶液更容易侵入，从而加剧腐蚀产物的溶解，导致钝化膜机理失效。阻抗模量越大意味着涂层的耐腐蚀性能越好[8]。测试结果表明随着沉积电流增加，涂层的阻抗模量先增加后减小，这与 EIS 阻抗谱结果一致，表明在 4A/$dm^2$ 电流密度下制备的纯镍涂层具有最佳的耐腐蚀性能。此外，涂层的相位角越大，其对应的耐腐蚀性能越好。综合电化学测试结果表明 4A/$dm^2$ 电流密度是制备耐腐蚀纯镍涂层的最佳电流密度，这对于后续制备特种涂层提供了良好的保护功能，可以避免涂层因为杂质腐蚀而带来的制备缺陷。

### 5.1.5　本节小结

本节主要是采用电化学沉积技术在 AZ91D 镁合金基底上采用不同电流密度沉积制备出纯镍涂层，系统性地研究了电流密度对于纯镍涂层表面微观结构、润湿性能、力学性能、耐磨损和耐腐蚀性能的影响。主要结论如下：（1）随着沉积电流的增加，纯镍涂层的表面粗糙度先降低后升高，同时涂层内部的晶粒尺寸表现出先减小后增加的变化规律；（2）4.0A/$dm^2$ 沉积电流制备出的纯镍涂层具有最高的水接触角、优异的结合性能，以及最高的硬度 HV（551），其硬度大约是 AZ91D 镁合金的 8 倍；（3）摩擦磨损测试表明 4.0A/$dm^2$ 沉积电流制备出的纯镍涂层展示出最佳的耐磨损性能；（4）由于低的孔隙率和低粗糙结构，4.0A/$dm^2$ 沉积电流制备出的纯镍涂层显示出最佳的耐腐蚀特征。同时低孔隙率可以延缓钝化膜的溶解，有利于提升涂层的耐腐蚀性能。总而言之，4.0A/$dm^2$ 沉积电流制备出的纯镍涂层具有优异的力学、耐摩擦和耐腐蚀性能，为后续制备多功能涂层提供了良好的过渡界。

## 5.2　石墨烯掺杂量对 Ni 基复合涂层的微结构和性能影响

众所周知，AZ91D 镁合金具有密度低、导热性好、抗电磁干扰强、易铸造、回收方便等特点[9-11]。因此，AZ91D 镁合金广泛应用于便携式微电子、汽车工业、生物降解材料、航空等领域。但 AZ91D 镁合金存在化学活性高、磨损率高等固有缺陷，限制了其在现代工业中的应用。特别是在一些恶劣的环境中，如含 $Cl^-$ 溶液、海洋等，镁合金表面会呈现出蜂窝状和大量白色絮状氢氧化物。同时，在外应力状态下，镁合金表面松散氧化物的形成速度加快，导致高磨损缺陷。因此，对镁合金表面进行涂层保护以解决其高腐蚀、高磨损缺陷显得尤为重要。这些改性方案包括磁控溅射、阳极氧化、微弧氧化、表面化学转化膜、电沉积和有机涂层[12-14]。然而，电镀涂层可以通过冶金结合沉积在其他金属表面。因此，电镀是在镁基材上引入金属涂层的最有效工艺。金属涂层可以最大限度地保留镁合金的低电阻和优异的电磁屏蔽性能。AZ91D 上常见的金属镀层有铜、锌和镍镀层，镍镀层是镁合金保护层或预镀层的常见选择。这是因为它与镁合金基体的电位差低，结合力强且无毒。

但是，纯镍涂层的高亲水性使其容易受到腐蚀性介质的腐蚀，从而降低了它们的保护效果。掺杂到镍基体中的纳米颗粒可以提高涂层的硬度、抗磨损性能、耐腐蚀性和润滑性[14-15]。在电沉积过程中，悬浮在溶液中的纳米颗粒传输、吸收并与 $Ni^+$ 共同沉积到沉积物中。镍基复合纳米涂层常用的添加粒子有 $SiO_2$、SiC、TiN 等。作为石墨烯的新型衍生物，它具有石墨烯优异的力学、化学、电学和自润滑性能。GO 本身的亲水性增强了其在电解液中的分散性，从而有利于电镀石墨烯/镍复合涂层[16-17]。Kurapova 等人[18]使用粉末冶金工艺制备具有相对较高硬度和抗拉强度的块状镍-石墨烯复合材料。Askarnia 等人[19]使用电泳沉积技术在 AZ91D 镁合金上制备氧化铝/GO 涂层，发现最佳 GO 有利于提高涂层的硬度、结合强度和耐腐蚀性。

在本节中，实验制备了掺杂不同含量的石墨烯，并系统研究了石墨烯含量对石墨烯/镍复合涂层(Gr/Ni)表面结构的影响。样品 Gr/Ni-1、Gr/Ni-2、Gr/Ni-3、Gr/Ni-4 和 Gr/Ni-5 分别对应于石墨烯掺杂浓度 0. 05g/L、0. 1g/L、0. 2g/L、0. 3g/L 和 0. 4g/L 制备的复合涂层。从力学性能、大气和海洋环境中的摩擦学行为、电化学测试等方面系统地研究了不同含量对复合涂层性能的影响，从而找到制备石墨烯/镍复合涂层的最佳石墨烯掺杂浓度。

### 5. 2. 1　不同含量石墨烯复合 Ni 基涂层的微观结构及物相分析

所有复合涂层的表面 SEM 形貌如图 5-14 所示。可以看出复合涂层的表面继承了纯镍表面的鳞片状特征和沟壑特征，这主要是在预处理过程中，为了在镁合金表面形成具有耐腐蚀性能的过渡活化层，溶液会清理点表面的杂质从而带来的微蚀刻坑。电镀镍会沿着蚀坑位置生长，形成表面的起凸结构形貌。

随着石墨烯片掺杂浓度的逐渐增加，涂层表面的花椰菜起凸结构逐渐增加。这些起凸结构来自石墨烯的微纳电极效应[20-21]。石墨烯片相对于镍具有更好的导

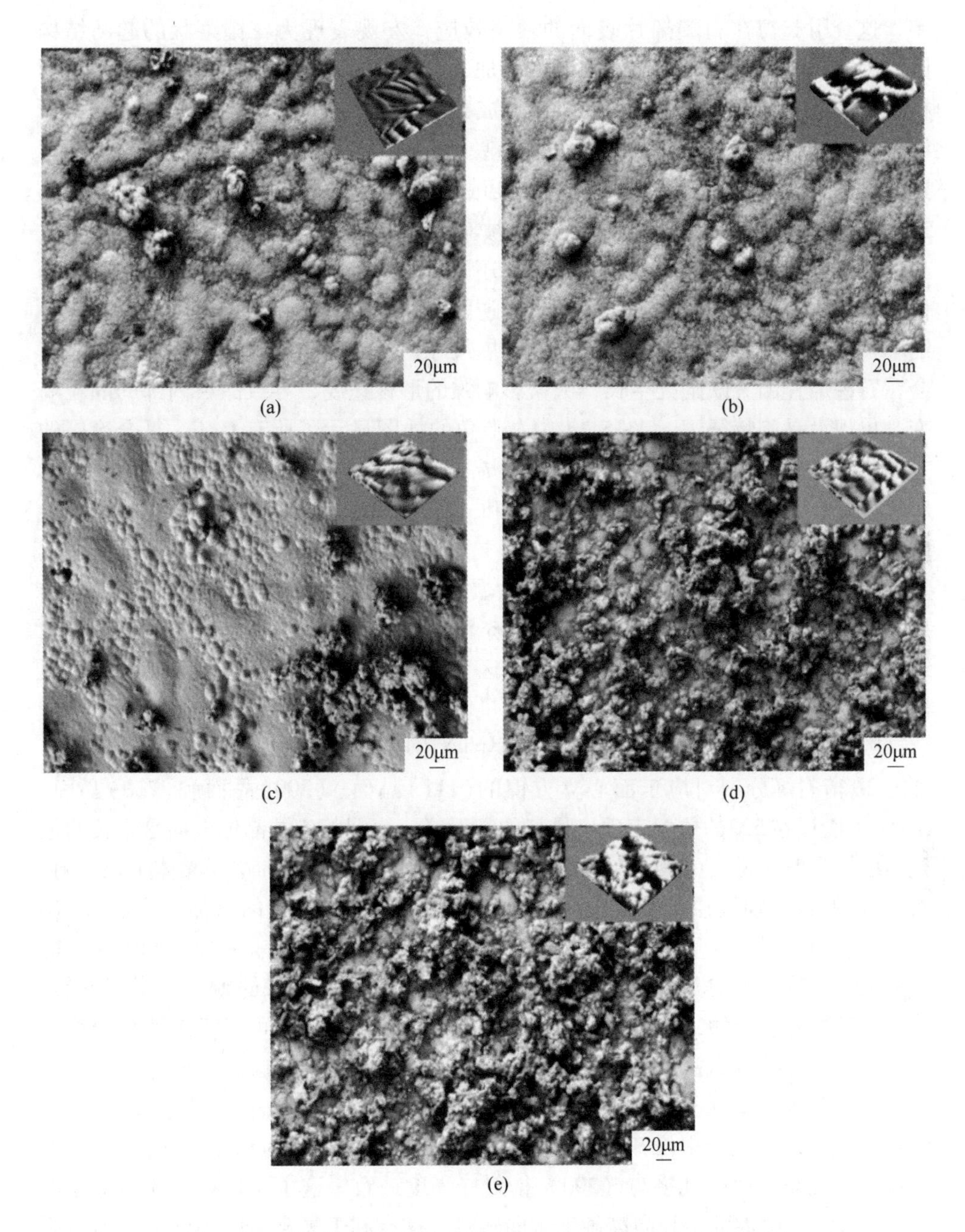


图 5-14 石墨烯/镍复合涂层的 SEM 表面形貌图像和 AFM 插图
(a) Gr/Ni-1; (b) Gr/Ni-2; (c) Gr/Ni-3; (d) Gr/Ni-4; (e) Gr/Ni-5

电性和延展性，石墨烯的引入在基底表面形成无数个微电极，这些微电极提高了沉积过程中的带电离子的交换速率，从而有效地提升镍在石墨烯表面的沉积速率。这会引起镍在石墨烯片表面的聚集效应，宏观表现为花椰菜状的起凸结构区。因此，随着石墨烯片层添加量的增加，在微电极区域形成了大量的颗粒状形核生长网络，使 Gr/Ni 复合涂层表面形成大的菜花状结构。最重要的是，石墨烯纳米片上的含氧官能团对 $Ni^+$ 有很强的吸附作用，这将促进 Ni 和石墨烯片的共还原过程[22]。有趣的是，当石墨烯掺杂浓度的进一步增加时，Gr/Ni-4 和 Gr/Ni-5 样品表面的蚀刻特征消失，表面几乎被菜花状特征完全覆盖，并呈现出网状生长特点。这个现象可能是由于在石墨烯还原过程中，高掺杂浓度的石墨烯片会降低镍的沉积速率，加剧石墨烯片的不可逆团聚缺陷。同时，团聚态的石墨烯片会缩小其比表面积，降低微纳米电极的延展尺寸。然而，在电沉积过程中，镍晶核会在石墨烯片团聚缺陷处生长，大大影响镍的形核速度，导致涂层内部的晶粒畸变，出现大晶胞特征[23]。图 5-14 中右上角的插图显示了所有 Gr/Ni 复合涂层的表面三维形貌的 AFM 图像,并计算石墨烯/镍复合涂层的平均表面粗糙度（*Ra*），Gr/Ni-1、Gr/Ni-2、Gr/Ni-3、Gr/Ni-4 和 Gr/Ni-5 样品的 *Ra* 分别为 51.1nm、59.7nm、65.9nm、76.8nm 和 89.4nm。这表明石墨烯掺杂量与涂层表面粗糙度呈正相关，即石墨烯掺杂量越高复合涂层的表面粗糙度越大。借助 SEM 观察结果，可以很好地解释此现象。石墨烯掺杂浓度越高，涂层表面呈现出的花椰菜状结构越多，从而带来大量的起凸结构微区。这些微区的产生会加剧涂层表面的粗糙情况，从而引起表面粗糙度随着掺杂量增加而增加的现象。

图 5-15 所示为所有 Gr/Ni 复合涂层的 XRD 图谱，可以看出 44°、52°和 76°处的 $2\theta$ 衍射峰分别对应于面心立方镍的(111)晶面、(200)晶面和(220)晶面。Gr/Ni-1 涂层在 52°的位置表现出最高的衍射峰，表明相应的晶体取向是生长的最佳晶面。一般来说，(200)晶面是低硬度高延展性纯镍镀层的主要晶体生长方向，而(111)晶面是镍镀层的高硬度特征。随着掺杂石墨烯含量的增加，镀层 Gr/Ni 复合涂层的衍射峰强度发生了变化。Gr/Ni-3 在(111)处的衍射峰与(200)处的衍射峰强度接近，表明其可能具有相对较高硬度，这也被后来的硬度测试所证实。这主要是镍源引起的，氨基磺酸镍主要是低应力镍层来源，可以极大地提升涂层的结合力，其晶粒形核方向主要在（200）晶面所处位置，这是与纯镍涂层不同的地方。随着石墨烯掺杂的增加，复合涂层的衍射峰出现一定的转变，涂层中（111）晶面对应的衍射峰开始增加，并且在石墨烯掺杂量为 0.2g/L 时，涂层中（111）晶面出衍射峰几乎与（200）衍射峰强度一致。这主要是石墨烯的诱导作用，导致涂层中镍的生长向高硬度方向转变，这有利于复合涂层的硬度增加。而随着石墨烯片的掺杂浓度进一步增加，石墨烯的团聚效应引起的结构缺陷增加，其对于镍的诱导效果降低，镍的生长方向开始回归原来的（200）晶面。这是 Gr/Ni-5 的（111）晶面的衍射峰开始低于（200）晶面的衍射峰主要原因。上述结果表明，石墨烯片的掺杂含量应选择最佳，以引起高延伸方向的偏移。此外，

通过 Scherrer 公式粗略计算了涂层的晶粒尺寸，从而分析了 Gr/Ni 复合涂层中掺杂含量的晶粒细化效果。Gr/Ni-1、Gr/Ni-2、Gr/Ni-3、Gr/Ni-4 和 Gr/Ni-5 的平均晶粒尺寸分别计算为 106nm、100nm、97nm、112nm、120nm。发现随着石墨烯掺杂浓度的增加，Gr/Ni 复合涂层的晶粒尺寸先减小后增大。相比于无掺杂制备的纯镍涂层，石墨烯片优异的导电和吸附性能可以形成微纳米电极，其电流密度远远优于基底的纯镍极板，而加速镍在石墨烯表面的优先成核，带来微纳米电极效应。特别是在最佳石墨烯掺杂量下，镍的形核优势进一步得到提升，晶粒尺寸细化能力增强，从而极大地改善 Gr/Ni 复合涂层的表面强度。但是当石墨烯掺杂浓度大于 0.2g/L 时，石墨烯的沉积效率降低，并且极易在基底表面形成团聚现象。实验表明，石墨烯的团聚会促使镀液温度增加，带来阳极钝化的情况，削弱石墨烯的微纳米电极效应。最糟糕的是，团聚缺陷会改变镍在延伸方向的生长特性，促使镍的生长方向出现一定的翻转，这会导致晶粒形核率低于晶粒生长率。最终表现为 Gr/Ni-4 和 Gr/Ni-5 样品出现粗化晶粒特征。综合以上 XRD 测试结果，实验发现掺杂 0.2g/L 石墨烯制备的复合涂层晶粒尺寸最小，表明该掺杂浓度是最佳的制备浓度，其带来的晶粒细化效果最佳，极大地提高了复合涂层硬度。

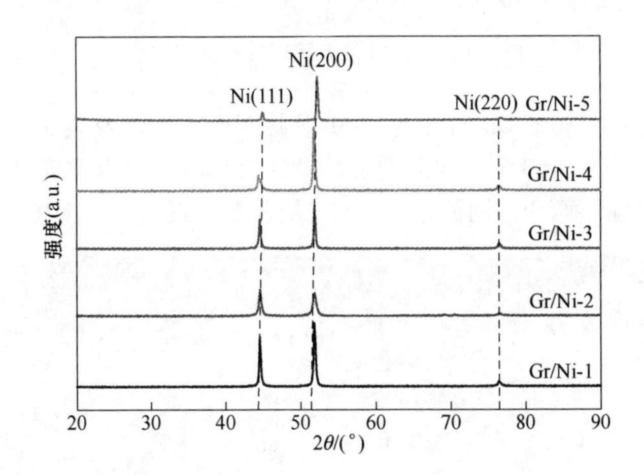


图 5-15 石墨烯/镍复合涂层的 XRD 谱图

拉曼光谱可以有效分析涂层内部石墨烯的存在状态。图 5-16 显示了不同浓度复合涂层中石墨烯衍射峰的拉曼光谱。石墨烯的特征峰是分别对应 $1345cm^{-1}$ 和 $1595cm^{-1}$ 的 D 峰和 G 峰。在对复合涂层的拉曼光谱进行高斯拟合后，获得了两个峰强度的 $I_D/I_G$ 值。Gr/Ni-1、Gr/Ni-2 和 Gr/Ni-3 样品的 $I_D/I_G$ 值分别为 1.23、1.11 和 1.02。涂层中 D 和 G 峰的反转逐渐减少[24]，表明还原石墨烯中的缺陷减少了。这可能是由于石墨烯和镍在适当掺杂浓度下的共同还原协同效应减少了石墨烯变形和变形的结构缺陷。然而，Gr/Ni-4 和 Gr/Ni-5 样品的 $I_D/I_G$ 值分别为1.21和1.62。这是因为在高掺杂浓度下石墨烯的还原更加活跃，从而削弱了石墨烯和镍之间的协同作用。此外，对于Gr/Ni-3样品，观察到二维特征峰（2700cm$^{-1}$）。结果表明，在该浓度下，石墨烯的团聚性能降低，并具有优异的石墨烯片材性能。同时也为涂层具有良好的耐腐蚀性和耐摩擦性提供了证据。

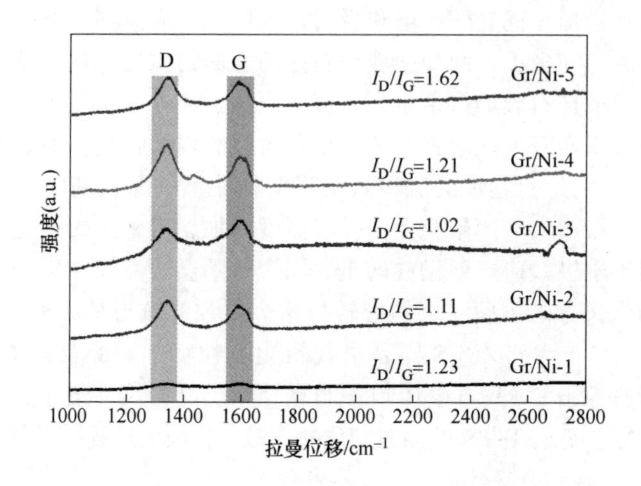


图5-16　Gr/Ni复合涂层的拉曼光谱图

图5-17显示了典型Gr/Ni-3的SEM横截面形貌图像及其相关的EDS数据。可以看出，镀层Gr/Ni-3复合涂层的总厚度约为6μm，可以呈现出纯镍过渡层和石墨烯/镍复合涂层两个不同的层。Gr/Ni复合涂层嵌入了许多黑色微薄片结构，

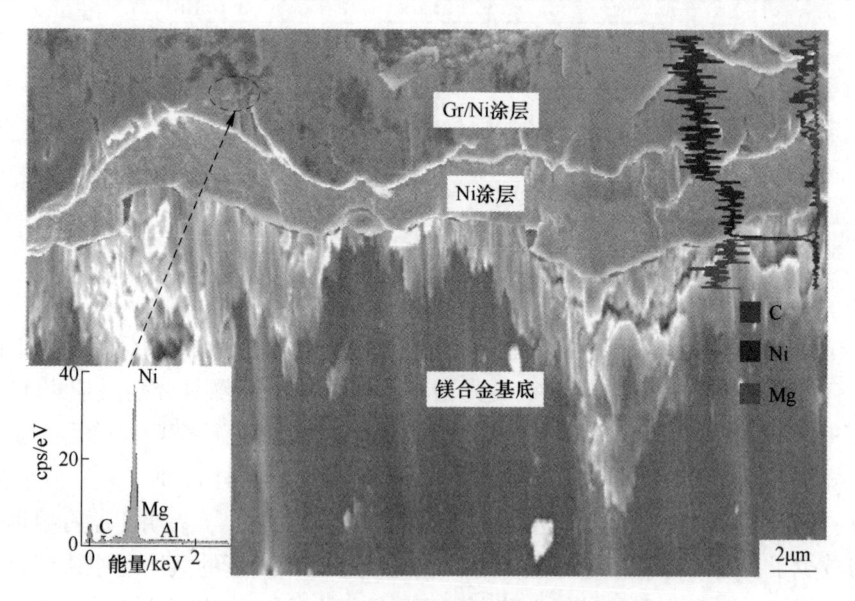


图5-17　Gr/Ni-3复合涂层的SEM横截面形貌

这是石墨烯成功沉积在复合涂层中的有力证据。涂层的插图（见图5-17左下角）线扫描数据也证明了在镀层Gr/Ni复合涂层中存在C元素。

静态接触角可以反映涂层表面的润湿特性[25-26]。众所周知，水接触角越小，表面的亲水性能越好，反之，疏水性越好。通常，疏水涂层的接触角大于90°。图5-18(a)显示了所有复合涂层的水接触角。可以看出，所有涂层的接触角均大于100°，并表现出优异的疏水性能。Gr/Ni-3涂层的接触角增加到131.23°。借助Young-Dupre公式（见式（5-3））和Wenzel的润湿方程[26]（见式（5-3）），对于非理想固体表面，解释了涂层表面接触角的机理（见式（5-5））。

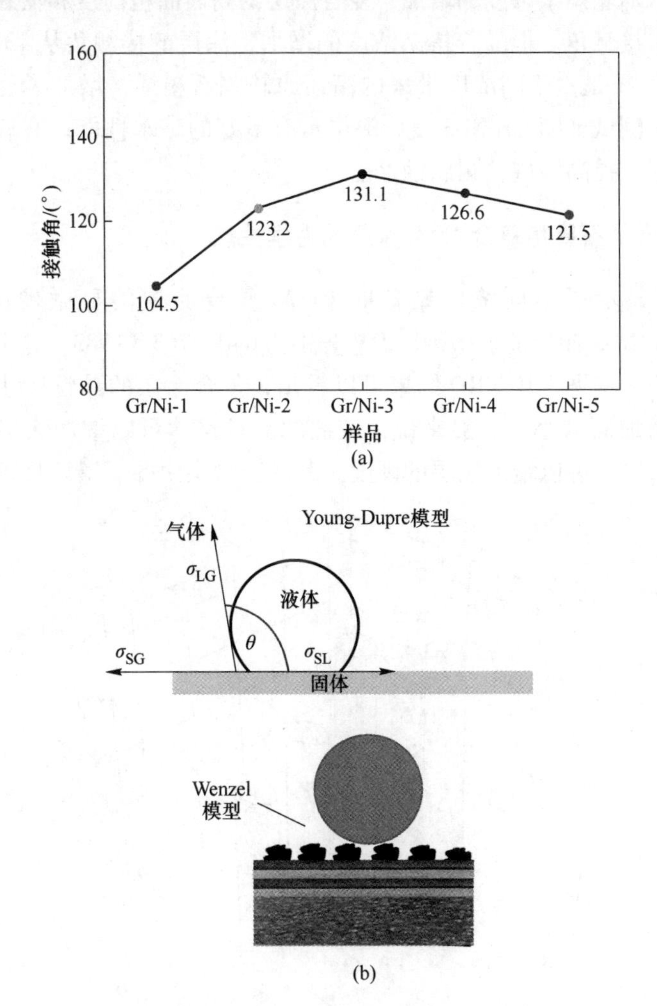


图5-18 不同Gr/Ni复合涂层表面的水接触角（a）和计算模型图（b）

$$W_{SL} = \sigma_{LG}(1 + \cos\theta) \tag{5-3}$$

$$\cos\theta_r = r \times \cos\theta \tag{5-4}$$

$$\cos\theta_r = (W_{SL}/\sigma_{LG} - 1) \times r \tag{5-5}$$

式中，$W_{SL}$为固-液表面之间的黏附功；$\sigma_{LG}$为气液表面张力；$\theta$为理论接触角；$\theta_r$为实测接触角；$r$为表面粗糙度（≥1）。在大气环境中，假设所有涂层的$\sigma_{LG}$表面张力相同，以简化计算。因此，影响涂层润湿性能的主要因素是黏附功和表面粗糙度。对于复合涂层，镍是典型的润湿材料，石墨烯是疏水材料[27]，涂层表面的黏附功是两者共同作用的结果。润湿性测试结果表明，石墨烯片有效降低了镍基涂层表面的表面能，并且随着掺杂量的增加，涂层的黏附功有进一步下降的趋势。因此，随着掺杂浓度的增加，复合涂层的高表面粗糙度和低黏附功有利于增加涂层的水接触角。但随着掺杂浓度的增加，涂层的接触角从131.23°下降到116.18°，这主要是由于高浓度带来的高还原缺陷石墨烯，增加了复合涂层的黏附功。接触角测试证明Gr/Ni-3复合涂层具有最好的疏水性能，有利于防止腐蚀介质侵入涂层，提高涂层的耐腐蚀性能。

### 5.2.2　不同含量石墨烯复合Ni基涂层的力学性能

图5-19显示了不同浓度制备的Gr/Ni复合涂层的显微硬度。Gr/Ni-1、Gr/Ni-2和Gr/Ni-3涂层的显微硬度HV分别为640、763和983。这可以从以下几个方面来解释：首先，从XRD结果可以看出，复合涂层的晶粒尺寸随着石墨烯掺杂浓度的增加而减小。一般来说，较低的晶粒尺寸可以增加涂层的硬度。因此，增加掺杂浓度可以增加涂层的硬度。其次，涂层中的石墨烯片可以作为分散

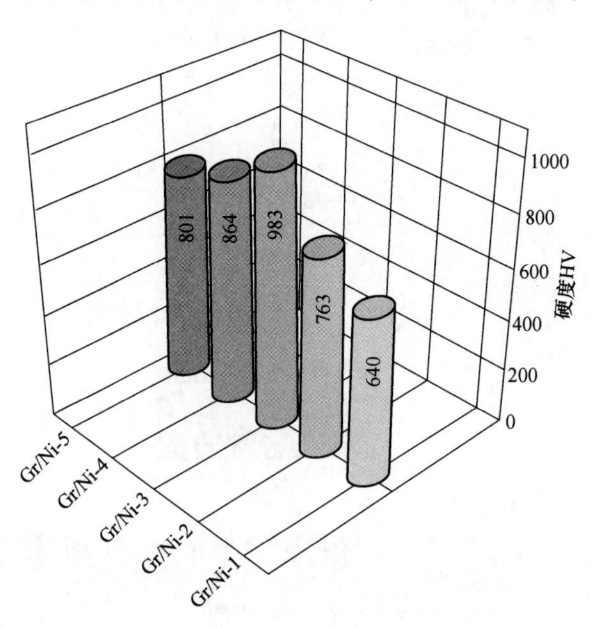


图5-19　不同Gr/Ni复合涂层的显微硬度

相，进一步提高涂层的表面硬度。然而，Gr/Ni-4 和 Gr/Ni-5 涂层的显微硬度 HV 下降到 864 和 801。这是因为晶粒尺寸的增加降低了细晶强化的效果。同时，石墨烯片的团聚倾向增加，增加涂层内部内应力，降低了涂层的抗塑性变形能力。硬度测试结果表明，石墨烯的最佳掺杂浓度为 0. 2g/L，相应的 Gr/Ni-3 样品表现出最高的显微硬度，有利于耐磨性。

如图 5-20 所示，划痕测试反映了镀层与基材之间的结合性能。通常，高临界载荷($L_c$)值对应于涂层和基材之间的高黏合性能。Gr/Ni-1、Gr/Ni-2 和 Gr/Ni-3 涂层的 $L_c$ 分别为 11N、14. 6N 和 52. 9N。相比于纯镍涂层的低临界载荷，石墨烯的加入大大提升了涂层的结合强度，这主要是石墨烯可以极大地提升涂层表面的延伸效果，降低涂层的破坏倾向，可能在内部呈现藕丝状链接特征。对比不同的石墨烯掺杂制备分复合涂层划痕结果表明，石墨烯掺杂浓度的增加有利于提高涂层的附着力性能。这种现象可以从涂层硬度高的角度来解释。涂层低晶粒尺寸有效地降低在滑动过程中带来的裂纹扩展效果。同时，叠加石墨烯片自身的阻碍塑性变形的能力，两者协同作用下延缓涂层裂纹的发生，从而增加涂层与基底之间的黏合力。但 Gr/Ni-4 和 Gr/Ni-5 涂层的 $L_c$ 降低到 33. 4N 和 23. 5N。这不仅与涂层显微硬度的降低有关，而且与引起的变形能增加有关。由于石墨烯在涂层内部

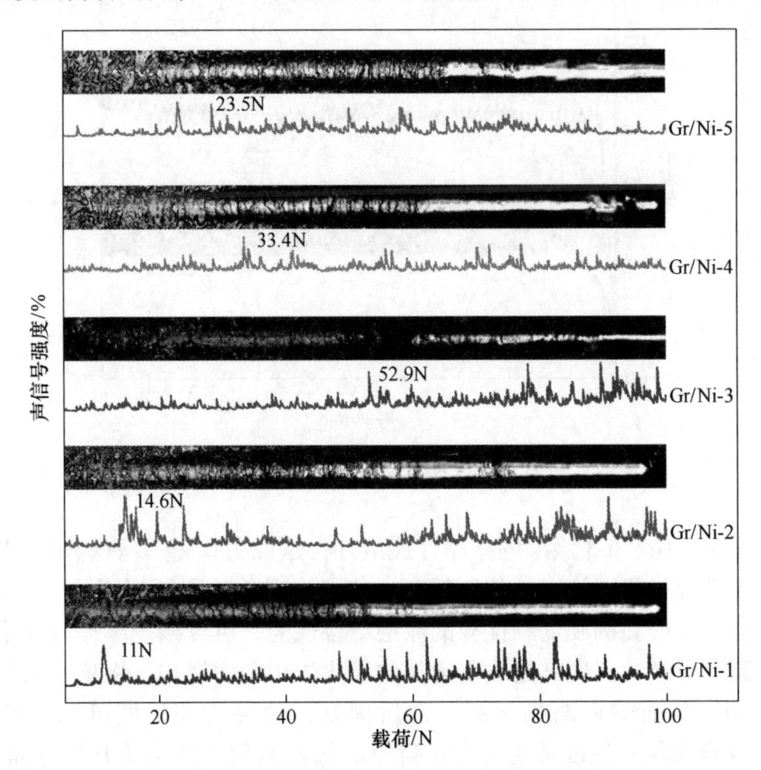


图 5-20　不同石墨烯/镍复合涂层的划痕测试后的声发射曲线和相应的划痕光学照片

的团聚，使得涂层极易产生应力裂纹。划痕试验进一步证明，石墨烯含量为0.2g/L 制备的 Gr/Ni-3 复合涂层具有最佳的力学性能。

### 5.2.3　不同含量石墨烯复合 Ni 基涂层的摩擦磨损行为

图5-21 显示了大气条件下不同 Gr/Ni 复合涂层的摩擦系数。可以看出，Gr/Ni-1 样品的摩擦系数最高，约为0.42。与未掺杂的纯镍涂层摩擦系数相差不大，这表明在微量掺杂制备的复合涂层，其在磨损下的改善情况不明显。随着石墨浓度的进一步增加，制备出的 Gr/Ni-2 和 Gr/Ni-3 样品摩擦系数逐渐降低到0.25 左右。相比于纯镍涂层0.4 的摩擦系数，最佳量（0.2g/L）制备的石墨烯/镍复合涂层的摩擦系数降低了37.5%，镁合金表面的抗摩擦行为得到了明显改善。但是随着石墨烯含量进一步增加到0.4g/L 时，制备的 Gr/Ni-4 和 Gr/Ni-5 样品的摩擦系数开始上升，提高到0.3 附近。这是因为石墨烯团聚缺陷的增加，会进一步在涂层表面产生大颗粒状的松果体结构。磨损过程中，该类型颗粒的脱落，带来一定的磨损情况加剧，从而表现出摩擦系数增加。

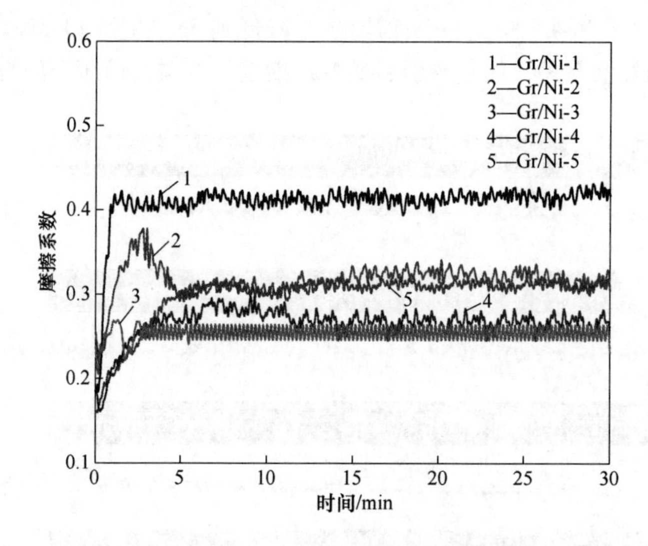


图5-21　不同 Gr/Ni 复合涂层在大气环境中的摩擦系数

结果表明，Gr/Ni-3 涂层的减摩性能最好，这说明0.2g/L 石墨烯掺杂浓度可以最大化提升镍基复合涂层的抗磨损摩性能。该现象的主要原因是 Gr/Ni-3 涂层的优异性能具有最高的硬度和优异的涂层结合性能，可以减少摩擦过程中的塑性变形，提高其耐磨性。尤其是石墨烯片的强化作用和润滑相作用可以为涂层提供自润滑作用，从而降低磨损效果。众所周知，涂层的高硬度可以抵抗磨损损伤[27-28]。复合涂层的硬度最高，为0.2g/L，因此其耐磨性强于其他样品。同时，根据 Archard 方程（5-6）：

$$V = \frac{kWS}{3H} \tag{5-6}$$

式中，$k$ 为摩擦系数；$V$ 为磨损量；$S$ 为滑动距离；$W$ 为法向载荷；$H$ 为硬度[29-30]。如图5-22(f)所示，Gr/Ni-1、Gr/Ni-2、Gr/Ni-3、Gr/Ni-4、Gr/Ni-5 涂层的比磨损率为 $4.1\times10^{-5}mm^3/(N\cdot m)$、$3.7\times10^{-5}mm^3/(N\cdot m)$、$3.5\times10^{-5}mm^3/(N\cdot m)$、$3.6\times10^{-5}mm^3/(N\cdot m)$、$3.7\times10^{-5}mm^3/(N\cdot m)$。Gr/Ni-3 样品的比磨损率最低，摩擦系数最低，表明涂层具有最好的抗磨性能。因此，Gr/Ni-3 复合涂层有利于提高 AZ91D 镁合金在航空环境中的耐磨性。

所有 Gr/Ni 涂层磨痕的3D形态如图5-22(a)～(e)所示。结果表明，Gr/Ni-3 试样磨痕宽度最窄为 300μm，最浅深度为 4.5μm。其他复合涂层的磨痕均宽 400μm，深约 5μm。通过 SEM 图像进一步表征磨痕表面，磨痕的形态特征如图5-23(a)～(e)所示。SEM 图像和 3D 磨痕图像呈现出相同的规律：涂层的磨痕特征从 Gr/Ni-1 到 Gr/Ni-3 逐渐变浅变窄，然后随着 Gr/Ni-4 和 Gr/Ni-5 逐渐变窄，特别是 Gr/Ni-5 的磨痕宽度远远高于前者。此外，涂层中残留的小颗粒表明涂层在磨损过程中以磨粒磨损为主，Gr/Ni-3 涂层磨损最少。涂层表面磨痕形貌在大气环境中的变化规律与摩擦系数和磨损率的变化规律一致，进一步证明了以 0.2g/L

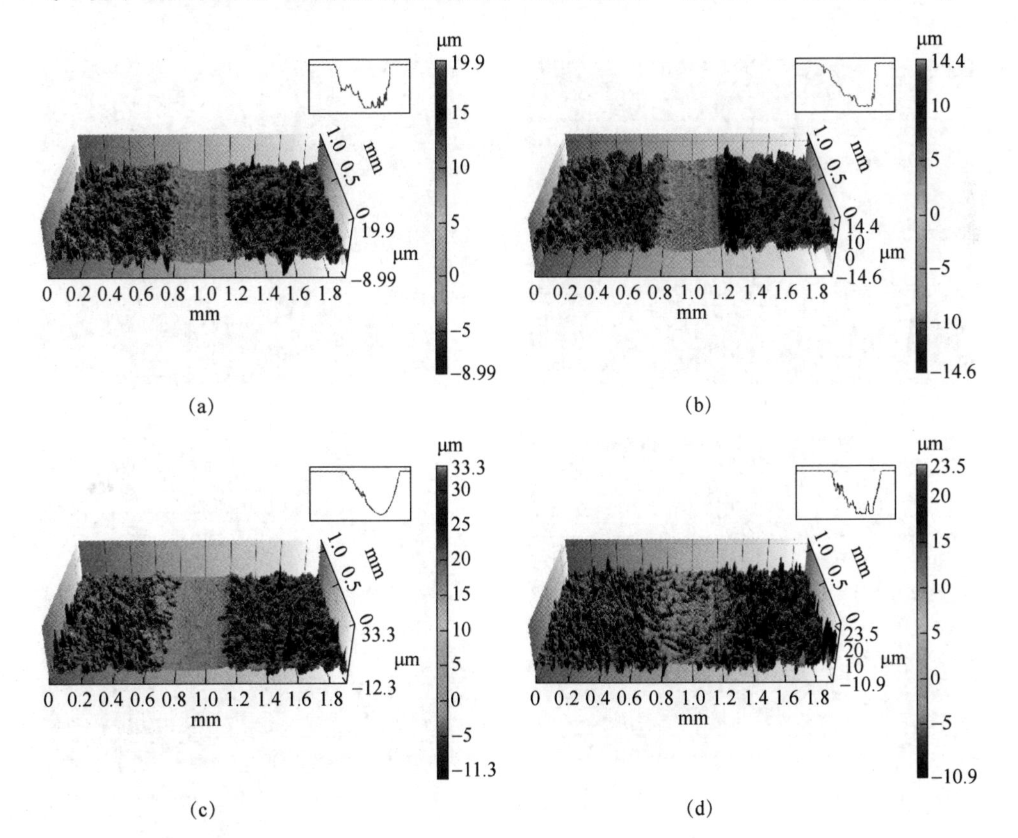

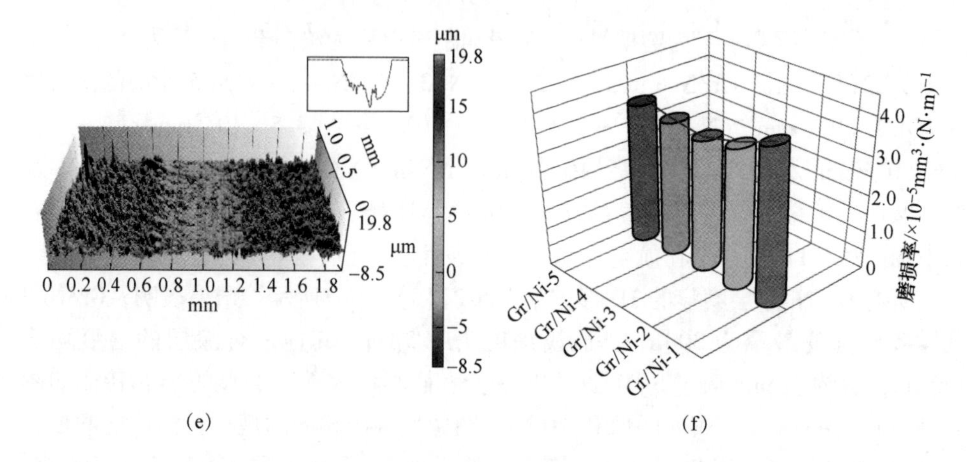


图 5-22　Gr/Ni 复合涂层在大气环境下磨损轨迹的三维图像

（a）Gr/Ni-1；（b）Gr/Ni-2；（c）Gr/Ni-3；（d）Gr/Ni-4；
（e）Gr/Ni-5；（f）磨损率

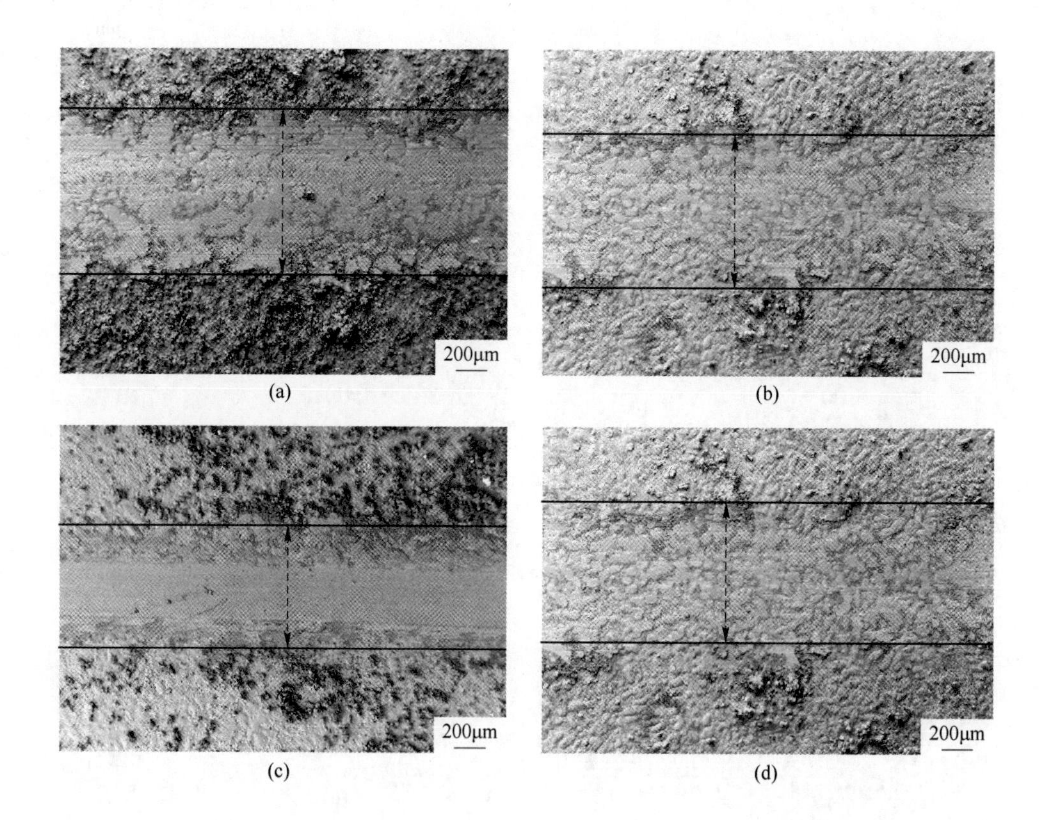

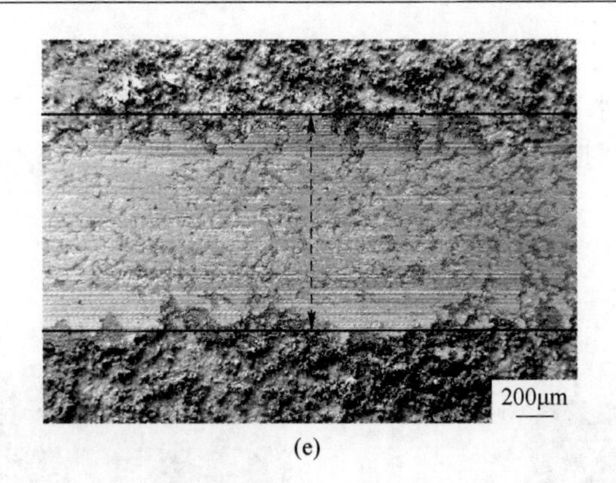


(e)

图 5-23 Gr/Ni 复合涂层在大气环境下磨损轨迹的扫描电镜图像
（a）Gr/Ni-1；（b）Gr/Ni-2；（c）Gr/Ni-3；（d）Gr/Ni-4；（e）Gr/Ni-5

制备的 Gr/Ni 涂层具有良好的耐磨性。

图 5-24 显示了复合涂层在海水环境中的摩擦系数。海水下的磨损测试结果发现，随着石墨烯掺杂浓度逐渐增加，复合涂层的摩擦系数从 0.18 逐渐下降到 0.11 左右，Gr/Ni-3 涂层的摩擦系数最低。表示在 0.2g/L 掺杂下制备出的复合涂层具有最佳的耐腐蚀磨损性能。有趣的是随着掺杂浓度进一步增加到 0.4g/L 时，复合涂层的摩擦系数逐渐回升到 0.14，但是其磨损系数低于 0.05g/L 时制备的复合涂层。这主要是大量的石墨烯片从涂层中剥离，充当额外的润滑相，从而降低磨损系数。海水环境下，复合涂层的摩擦系数变化规律与大气环境的变化基本一致。Gr/Ni-3 涂层的摩擦系数最低，表明该浓度的复合涂层在海水下具有耐

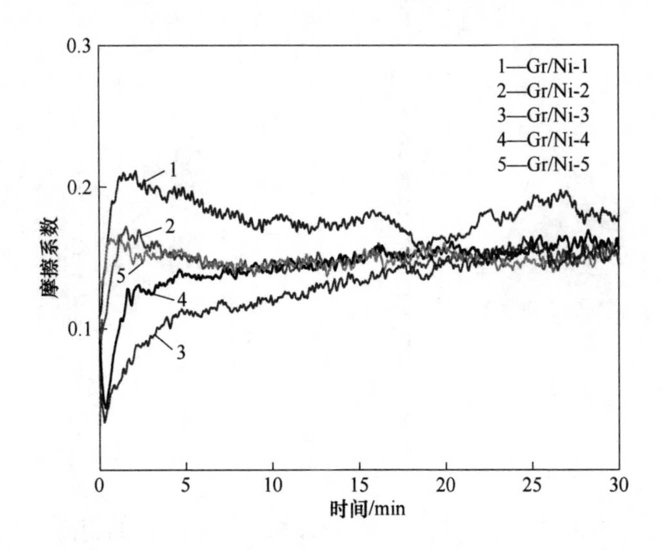


图 5-24 不同石墨烯/镍复合涂层在人工海水环境中的摩擦系数

腐蚀性能。有趣的是，复合涂层在海水环境中的摩擦系数低于在大气环境中测得的。主要是因为海水在摩擦过程中起到液体润滑剂的作用，减少了磨损损伤。

Gr/Ni 涂层的磨损三维形貌如图 5-25(a)~(e)所示。海水环境下的涂层磨损

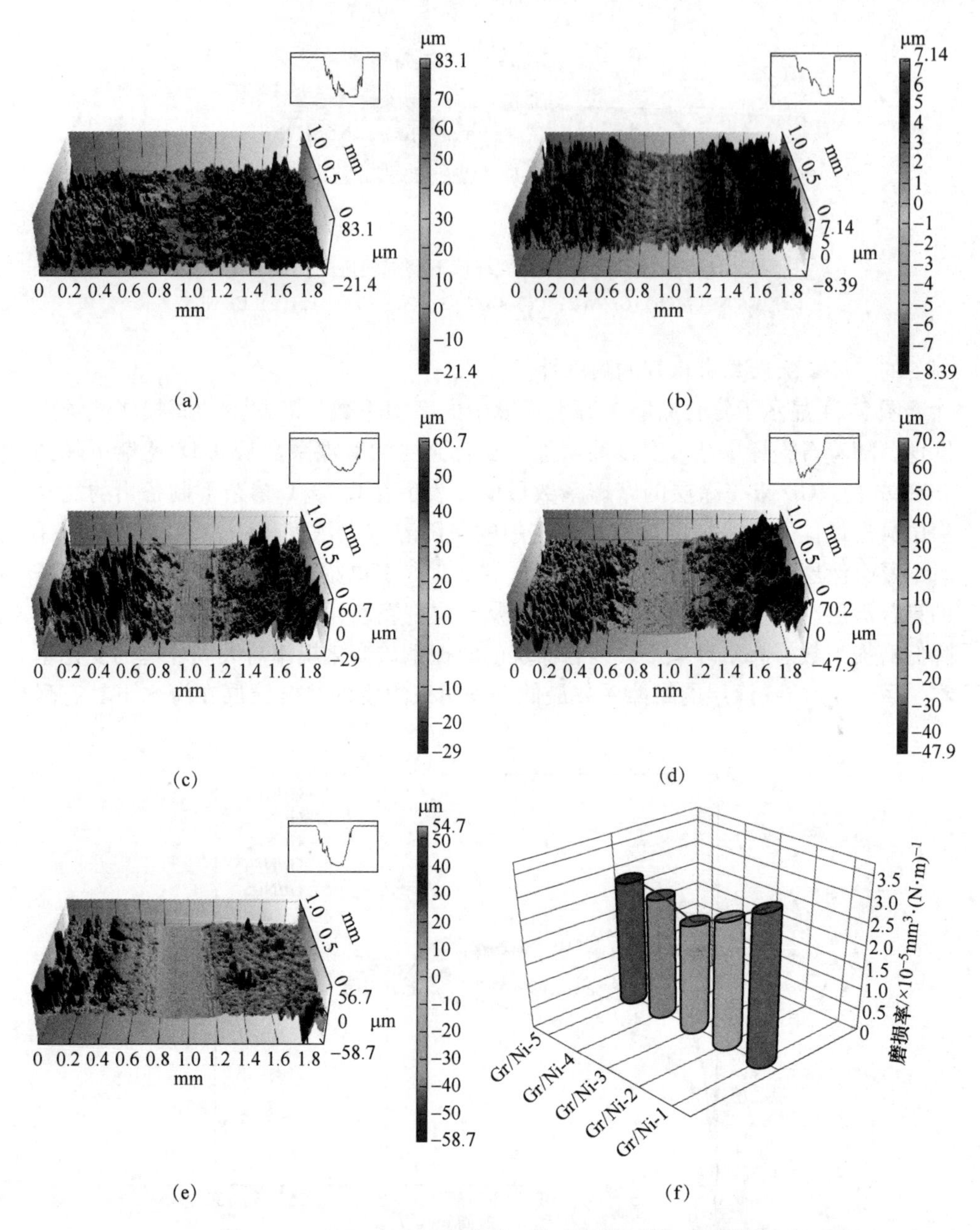


图 5-25　Gr/Ni 复合涂层在人工海水环境下的三维图像

(a) Gr/Ni-1；(b) Gr/Ni-2；(c) Gr/Ni-3；(d) Gr/Ni-4；(e) Gr/Ni-5；(f) 磨损率

率如图 5-25(f) 所示。Gr/Ni-1、Gr/Ni-2、Gr/Ni-3、Gr/Ni-4 和 Gr/Ni-5 的磨损率分别为 $3.4\times10^{-5}mm^3/(N\cdot m)$、$2.9\times10^{-5}mm^3/(N\cdot m)$、$2.5\times10^{-5}mm^3/(N\cdot m)$、$2.8\times10^{-5}mm^3/(N\cdot m)$ 和 $2.9\times10^{-5}mm^3/(N\cdot m)$。有趣的是 Gr/Ni-2、Gr/Ni-4 和 Gr/Ni-5 样品的磨损率几乎一致，这与海水下的摩擦系数变化是相同的。这表明除最佳石墨烯掺杂量以外，其他浓度制备的复合涂层在海水环境下的抗磨损效果差别不大。该现象可能是高掺杂情况下，石墨烯的沉积效率降低，更多的石墨烯片充当了润滑相，导致磨损变化不大。海水环境下的磨损结果说明 Gr/Ni-3 样品在海水环境中表现出极佳的耐磨性，因此 0.2g/L 石墨烯是最佳的掺杂浓度。

特别是，海水环境中磨损的 SEM 图像（见图 5-26(a)和(b)）表现出腐蚀性磨损特性。主要是由于磨损过程中涂层中的镍与海水中的自由离子发生电化学反应，导致腐蚀磨损。Gr/Ni-3 样品表面的腐蚀磨损最弱，表明该浓度制备的复合涂层可以最大限度地提高镁合金在海水环境中的耐腐蚀性和耐磨性。这主要有两方面的原因：(1) 该掺杂浓度下，涂层的晶粒尺寸最低，其表面的孔隙程度相应降低。从而极大地降低了腐蚀介质的侵入效果，促使该复合涂层的抗腐蚀破坏能力增加。(2) 石墨烯的高疏水性能，有效地增强镍基复合涂层的表面疏水性能，高疏水性能的涂层协同石墨烯自身的屏障效应共同降低了腐蚀介质在涂层表面的吸附性能，从而减少复合涂层被腐蚀介质侵入带来的腐蚀裂纹。综上所述，掺杂浓度为 0.2g/L 的复合涂层最有利于提高 AZ91D 镁合金在航空和海水环境中的耐磨性。

### 5.2.4 不同含量石墨烯复合 Ni 基涂层的腐蚀性能

涂层在 0.35% NaCl 溶液中浸泡 0.5h 后进行相应的电化学测试。图 5-27(a) 显示了所有复合涂层的动电位极化曲线。可以看出，所有复合涂层的腐蚀电位均向正向偏移，表明涂层的腐蚀倾向降低。同时，复合涂层的腐蚀电流降低了两个数量级，这意味着涂层的腐蚀速率大大降低，涂层的电阻值增加，动电位极化曲线结果表明 Gr/Ni-3 表现出最低的腐蚀电流和最正的腐蚀电位，这说明以 0.2g/L 石墨烯掺杂浓度制备的复合涂层具有最佳的耐腐蚀性能。可以从以下几个方面来解释：首先，在腐蚀过程中 $Cl^-$ 容易吸附在缺陷处，从而产生腐蚀作用。适量石墨烯掺杂带来的微纳效应有利于减小涂层的晶粒尺寸，从而减少表面的结构缺陷，降低涂层的孔隙率。其次，低缺陷还原石墨烯片可以提供很好的屏障效果，提高了涂层表面的疏水性，降低了腐蚀介质润湿镍层的能力。最后，石墨烯会阻止 $Cl^-$ 穿过涂层表面，降低腐蚀介质对涂层的纵向侵蚀作用，导致腐蚀作用优先在涂层表面发生，降低其纵向侵入基底的能力。因此，Gr/Ni-3 样品表现出优异的耐腐蚀性。

图 5-27 (b) 所示为复合涂层的 EIS 谱。众所周知，EIS 的电容电弧直径越

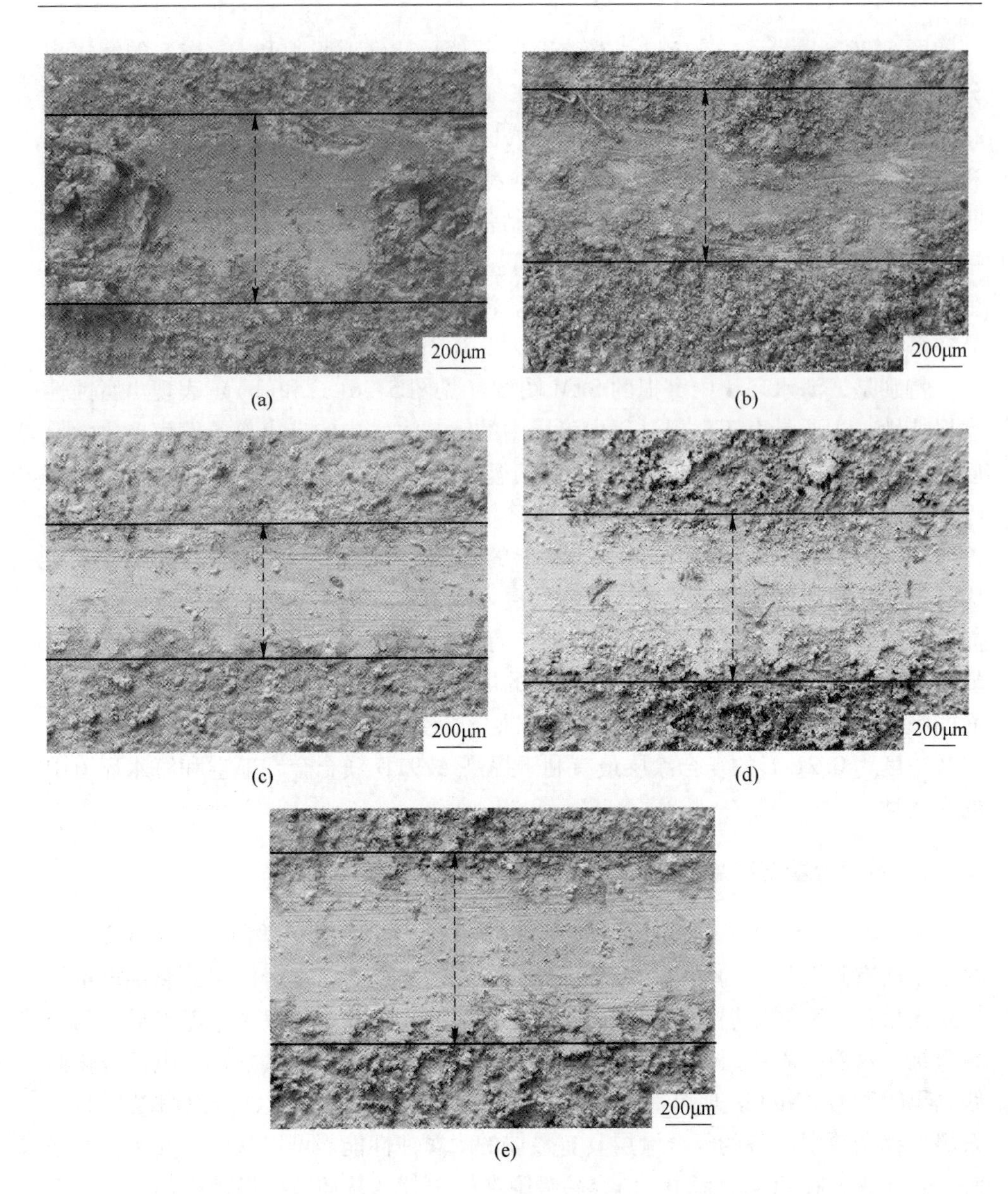


图 5-26　人工海水环境下 Gr/Ni 复合涂层磨损轨迹的扫描电镜图像
(a) Gr/Ni-1；(b) Gr/Ni-2；(c) Gr/Ni-3；(d) Gr/Ni-4；(e) Gr/Ni-5

大，耐腐蚀性就越高。图 5-27(c)和(d)分别表示复合涂层的阻抗模量和相位角变化。一般来说，涂层在低频区的阻抗模量越大或相位角越大，其钝化能力越强，腐蚀的可能性就越小[31]。可以看出 Gr/Ni-3 样品在低频区域表现出最大的电容电弧直径、最大的阻抗模量和最大的相位角。结果表明，该浓度复合涂层的耐腐蚀性能最好，这与以往的动电位极化曲线测试结果一致。耐蚀性测试结果表

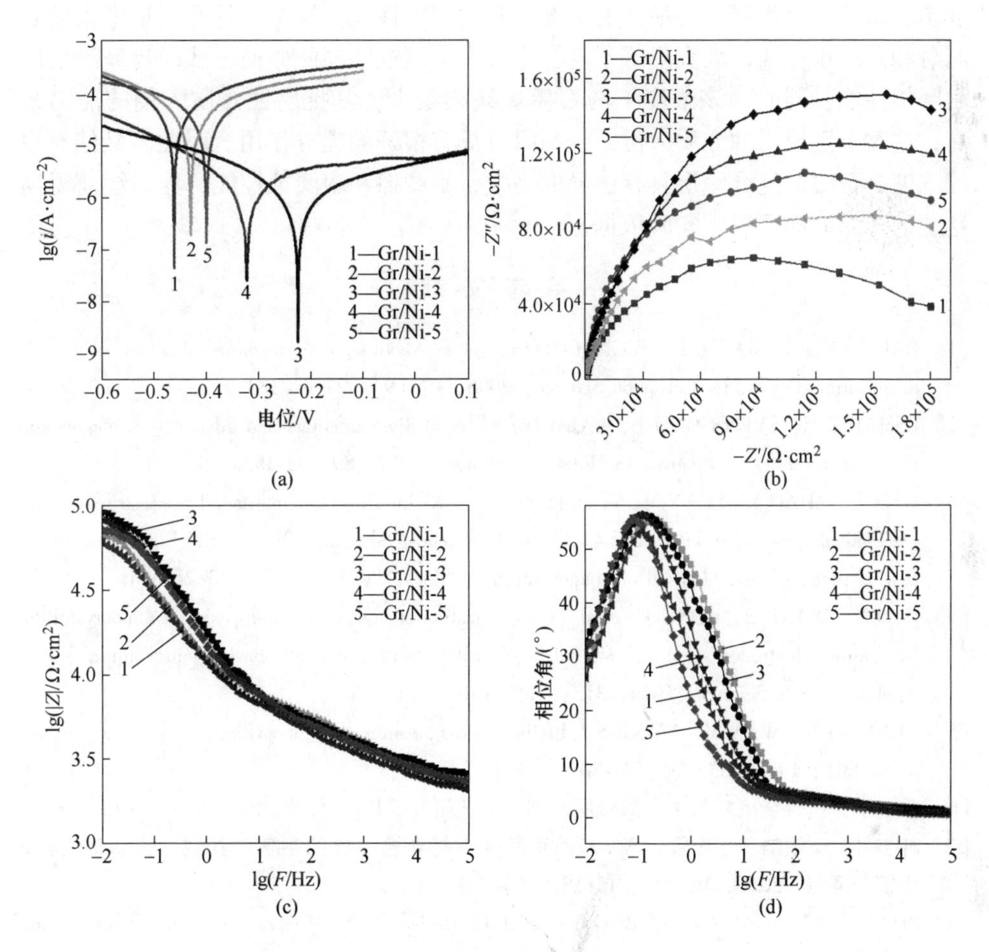


图 5-27　Gr/Ni 复合涂层浸入 3.5% NaCl 溶液（质量分数）中 30min 后的电化学测试
（a）动电位动力学曲线；（b）EIS；（c）阻抗模量；（d）相位角

明，Gr/Ni-3 复合涂层具有优异的耐蚀性，为 AZ91D 镁合金在 $Cl^-$ 环境中提供了有效的保护。

### 5.2.5　本节小结

本节通过电化学沉积技术在 AZ91D 镁合金基底上成功制备出不同石墨烯浓度的石墨烯/镍复合涂层。复合涂层的水接触角随着掺杂浓度的增加先升高后降低，0.2g/L 的石墨烯浓度制备出的复合涂层展现出最大的显微硬度与最佳的疏水性能。该复合涂层的显微硬度和接触角分别是纯镍涂层的 1.8 倍和 1.5 倍。其次，0.2g/L 的石墨烯掺杂制备的复合涂层划痕测试的临界载荷为 52.9N，相比于纯镍涂层的 8.97N，涂层的结合力得到了极大的改善。此外 0.2g/L 的石墨烯浓度制备出的复合涂层拥有最佳的抗磨损和耐腐蚀性能。这主要是石墨烯带来的自润滑和高疏水特征，大大降低了复合涂层产生腐蚀磨损的倾向，从而提高涂层的耐磨损性能。同时，该浓度下的石墨烯缺陷最少，其抗腐蚀介质入侵的能力最高，这对于延缓腐蚀介质入侵，提高阻抗具有很好的提升作用。因此，最佳石墨烯浓度制备出的复合涂层具有优异的力学、耐摩擦和耐腐蚀性能，为后续获得高性能的多界面涂层提供实验依据。

## 参 考 文 献


[1] BALLERINI G, BARDI U, BIGNUCOLO R, et al. About some corrosion mechanisms of AZ91D magnesium alloy [J]. Corrosion Science, 2005, 47 (9): 2173-2184.

[2] ESMAILY M, SVENSSON J E, FAJARDO S, et al. Fundamentals and advances in magnesium alloy corrosion [J]. Progress in Materials Science, 2017, 89: 92-193.

[3] WEN F, ZHAO J, YUAN M, et al. Influence of Ni interlayer on interfacial microstructure and mechanical properties of Ti-6Al-4V/AZ91D bimetals fabricated by a solid-liquid compound casting process [J]. Journal of Magnesium and Alloys, 2021, 9 (4): 1382-1395.

[4] GUO X, WANG S, GONG J, et al. Characterization of highly corrosion-resistant nanocrystalline Ni coating electrodeposited on Mg-Nd-Zn-Zr alloy from a eutectic-based ionic liquid [J]. Applied Surface Science, 2014, 313: 711-719.

[5] DENNIS J K, WAN M, WAKE S J. Plating on magnesium alloy diecastings [J]. Transactions of the IMF, 1985, 63 (1): 74-80.

[6] 雷细平. 镁合金沉积耐蚀金属镀层机理及工艺研究 [D]. 长沙：湖南大学，2012.

[7] 韩志月，梁敏洁，于全耀，等. AZ31B 镁合金复合镀镍层的制备及其耐蚀性研究 [J]. 电镀与环保，2016，36 (2)：15-18.

[8] ZHANG W X, JIANG Z H, LI G Y, et al. Electroless Ni-Sn-P coating on AZ91D magnesium alloy and its corrosion resistance [J]. Surface and Coatings Technology, 2008, 202 (12): 2570-2576.

[9] WU D, ZHANG D, YE Y, et al. Durable lubricant-infused anodic aluminum oxide surfaces with high-aspect-ratio nanochannels [J]. Chemical Engineering Journal, 2019, 368: 138-147.

[10] 曾荣昌，孔令鸿，陈君，等. 医用镁合金表面改性研究进展 [J]. 中国有色金属学报，2011，21 (1)：35-43.

[11] XING K, LI Z, WANG Z, et al. Slippery coatings with mechanical robustness and self-replenishing properties as potential application on magnesium alloys [J]. Chemical Engineering Journal, 2021, 15 (418): 129079.

[12] SUN H, QI Y, ZHANG J. Surface organic modified magnesium titanate particles with three coupling agents: Characterizations, properties and potential application areas [J]. Applied Surface Science, 2020, 1 (520): 146322.

[13] WU G, IBRAHIM J M, CHU P K. Surface design of biodegradable magnesium alloys—a review [J]. Surface and Coatings Technology, 2013, 25 (233): 2-12.

[14] HUANG C A, WANG T H, WEIRICH T, et al. Electrodeposition of a protective copper/nickel deposit on the magnesium alloy (AZ31)[J]. Corrosion Science, 2008, 50 (5): 1385-1390.
[15] YOU Y H, GU C D, WANG X L, et al. Electrodeposition of Ni-Co alloys from a deep eutectic solvent [J]. Surface and Coatings Technology, 2012, 206 (17): 3632-3638.
[16] WANG S, GUO X, YANG H, et al. Electrodeposition mechanism and characterization of Ni-Cu alloy coatings from a eutectic-based ionic liquid [J]. Applied Surface Science, 2014, 288: 530-536.
[17] YANG H Y, GUO X W, CHEN X B, et al. On the electrodeposition of nickel-zinc alloys from a eutectic-based ionic liquid [J]. Electrochimica Acta, 2012, 63: 131-138.
[18] KURAPOVA O Y, LOMAKIN I V, SERGEEV S N, et al. Fabrication of nickel-graphene composites with superior hardness [J]. Journal of Alloys and Compounds, 2020, 835: 155463.
[19] ASKARNIA R, GHASEMI B, FARDI S R, et al. Improvement of tribological, mechanical and chemical properties of Mg alloy (AZ91D) by electrophoretic deposition of alumina/GO coating [J]. Surface and Coatings Technology, 2020, 403: 126410.
[20] NOTLEY S M. Highly concentrated aqueous suspensions of graphene through ultrasonic exfoliation with continuous surfactant addition [J]. Langmuir, 2012, 28 (40): 14110-14113.
[21] LI Y, WANG G, LIU S, et al. The preparation of Ni/GO composite foils and the enhancement effects of GO in mechanical properties [J]. Composites Part B: Engineering, 2018, 135: 43-48.
[22] WU Y, LUO H, WANG H, et al. Fast adsorption of nickel ions by porous graphene oxide/sawdust composite and reuse for phenol degradation from aqueous solutions [J]. Journal of Colloid and Interface Science, 2014, 436: 90-98.
[23] KUANG D, XU L, LIU L, et al. Graphene-nickel composites [J]. Applied Surface Science, 2013, 273: 484-490.
[24] HILDER M, WINTHER-JENSEN B, LI D, et al. Direct electro-deposition of graphene from aqueous suspensions [J]. Physical Chemistry Chemical Physics, 2011, 13 (20): 9187-9193.
[25] OWENS D K, WENDT R C. Estimation of the surface free energy of polymers [J]. Journal of Applied Polymer Science, 1969, 13 (8): 1741-1747.
[26] WENZEL R N. Resistance of solid surfaces to wetting by water [J]. Industrial & Engineering Chemistry, 1936, 28 (8): 988-994.
[27] RAJ R, MAROO S C, WANG E N. Wettability of graphene [J]. Nano Letters, 2013, 13 (4): 1509-1515.
[28] YUE H, YAO L, GAO X, et al. Effect of ball-milling and graphene contents on the mechanical properties and fracture mechanisms of graphene nanosheets reinforced copper matrix composites [J]. Journal of Alloys and Compounds, 2017, 691: 755-762.
[29] YAO W, CHEN Y, WU L, et al. Effective corrosion and wear protection of slippery liquid-

infused porous surface on AZ31 Mg alloy [J]. Surface and Coatings Technology, 2022, 429: 127953.

[30] TSAI S H, DUH J G. Microstructure and mechanical properties of CrAlN/$SiN_x$ nanostructure multilayered coatings [J]. Thin Solid Films, 2009, 518 (5): 1480-1483.

[31] LI P, CHEN L, WANG S Q, et al. Microstructure, mechanical and thermal properties of TiAlN/CrAlN multilayer coatings [J]. International Journal of Refractory Metals and Hard Materials, 2013, 40: 51-57.

# 6 多弧离子镀氮化铬基涂层及其腐蚀摩擦性能

当前，氮化物硬质防护涂层材料已成功制备并得到了广泛的应用，二元氮化物硬质涂层种类很多，如 CrN、TiN、VN、TaN、NbN、HfN、ZrN、BN 和 AlN 等。与其他广泛研究的硬质涂层相比，CrN 基硬质涂层材料因其具备高硬度和韧性、高抗氧化、低残余应力、耐摩擦磨损等优点，是基础研究和应用研究的热点材料，已经被广泛应用在刀具、磨具、机械装备制造和航空航天等领域[1-4]。Li 等人[5]比较了类金刚石碳基涂层（DLC）、类石墨碳基涂层（GLC）和 CrN 涂层的承载能力及其在大气、水润滑和油润滑条件下的摩擦学行为，研究结果发现相比 DLC 和 GLC 涂层，CrN 涂层具有最好的膜基结合强度，并且在大气和油润滑条件下具有最优的摩擦力学性能。杨娟等人[6]表明 CrN 涂层材料可显著增强高速钢刀具的切削性能，能减少高速钢刀具磨损从而提高其寿命，其钻削性能优于 TiN、TiAlN 涂层，经过工艺优化的 CrN 涂层钻头的使用寿命明显提高。谢梅红等人[7]发现在干摩擦、水润滑以及油润滑条件下 CrN 涂层的摩擦系数和磨损率均低于 TiN 涂层。单磊等人[8]比较了 CrN、TiN、TiCN 涂层在海水下的摩擦腐蚀性能，结果发现在海水中 CrN 涂层具有最低的摩擦系数，而 TiN、TiCN 涂层均已磨穿，表明 CrN 涂层相比 TiN、TiCN 涂层在海水环境中具有更优异的耐摩擦腐蚀性能。同时还发现随着氮气流量的增加，涂层相表现出逐渐从 $Cr + Cr_2N$、$Cr_2N$、$Cr_2N + CrN$ 到纯 CrN 相的变化，单相 CrN 涂层的择优取向促使涂层形成柱状晶结构，从而在海水环境电化学和力学交互作用下轻微加速涂层损伤，然而 CrN、$Cr_2N$ 两相共同存在时能抑制涂层柱状晶的持续生长从而产生致密的结构，提高了涂层的耐摩擦腐蚀性能[9]。

许多国内外研究者针对硬质 CrN 涂层在常温常压大气环境、去离子水环境中的摩擦磨损行为开展研究，且已经从不同尺度、不同角度下初步对具备低水介质敏感性硬质 CrN 涂层采用了一定的结构设计和界面调控。但是，处在海水环境严峻苛刻服役工况下的减摩耐磨、高承载、耐磨损腐蚀硬质防护涂层的可控设计、工艺调控及其相应机理的研究还很缺乏，这也很大程度上限制了硬质 CrN 涂层在海洋工程装备等领域中的发展和应用。针对上述海洋工程设施领域机械运动部件表面防护问题的迫切需求及其海水环境减磨耐磨、高承载、磨损腐蚀、防污保护涂层材料现有的基础研究不足，通过结构设计及调控工艺参数，并利用 CrN、

CrCN、CrAlCN 涂层高承载能力的优势，开发出具有高承载能力、耐摩擦腐蚀的多层交替硬质氮化物涂层减摩耐磨功能防护涂层，探究多层氮化物涂层的承载能力及其在海水环境下的摩擦与腐蚀特性及其相关机理。

## 6.1 硬质 CrN、CrCN 和 CrN/CrCN 涂层的微结构及腐蚀摩擦性能

机械摩擦磨损消耗了大量的资源和能源，这一现象在海洋环境变得更加复杂和严峻[10-11]。主要原因是在苛刻的海洋环境中机械摩擦组件会同时遭受电化学腐蚀和摩擦磨损协同作用，该现象被称为摩擦腐蚀并且会严重损害这些关键摩擦组件的寿命、稳定性和安全性[12]。一般而言，将摩擦腐蚀定义为材料暴露在具有摩擦接触的侵蚀性环境中降解的化学-机械过程。它会破坏并去除表面钝化膜，从而增加材料直接暴露在腐蚀性溶液中的面积，进而加速腐蚀和磨损。更重要的是，腐蚀和磨损的协同作用会大大加速材料的降解和质量损失[13-17]。因此，必须提高海洋设备及其机械零部件的耐磨损腐蚀性能。最有效的策略之一是使用既具有良好润滑性又具有抗腐蚀能力的先进功能防护涂层。

近年来，氮化铬（CrN）涂层由于其所具备化学惰性、高硬度、优异的力学性能和耐磨性能，被认为是海洋环境中有潜力的应用材料。然而，尽管 CrN 涂层拥有许多优异的性能，但其高的摩擦系数，柱状晶持续生长产生的孔隙、针孔和终端裂纹等结构缺陷，为腐蚀性介质（$Cl^-$、$SO_4^{2-}$ 等）提供了到达基底的通道[18-19]。此时，机械现象例如滑动、滚动、微动、撞击时会和腐蚀产生协同作用，在苛刻的海洋环境下会加速腐蚀磨损，从而导致涂层的剥落和基底材料的损耗。元素添加和多层结构设计是解决以上摩擦学和腐蚀问题最有效的方式[20-24]。然而，在苛刻的海洋环境中机械运动部件在磨损条件下会发生腐蚀，因此会有额外的磨损损失，这是纯腐蚀和纯磨损效应的补充。在本节中，我们用多弧离子镀技术在不锈钢基底上分别制备了 CrN、CrCN 和 CrN/CrCN 涂层，系统性地研究比较了三种涂层的微结构、机械性能和摩擦腐蚀性能。当前研究的最终目的是为海洋机械零部件在恶劣环境下制备出具有优异防护性能的涂层材料提供新的思路。

### 6.1.1 硬质 CrN、CrCN 和 CrN/CrCN 涂层的表面形貌和微结构

图 6-1 展示了 CrN、CrCN 和 CrN/CrCN 涂层的表面、断面形貌、表面粗糙度、HAADF-STEM 图像及 C 元素的 EDS 能谱。从图 6-1(a) ~ (c) 中可以观察到，三种涂层表面均出现了很多不规则的微观孔隙和花椰菜状显微颗粒，这些都是多弧离子镀过程的特征[4]。从图 6-1(d) ~ (f) 中比较三种涂层的表面粗糙度可以发现，CrCN 复合涂层有着最低的表面粗糙度，多层 CrN/CrCN 涂层有着最高的表

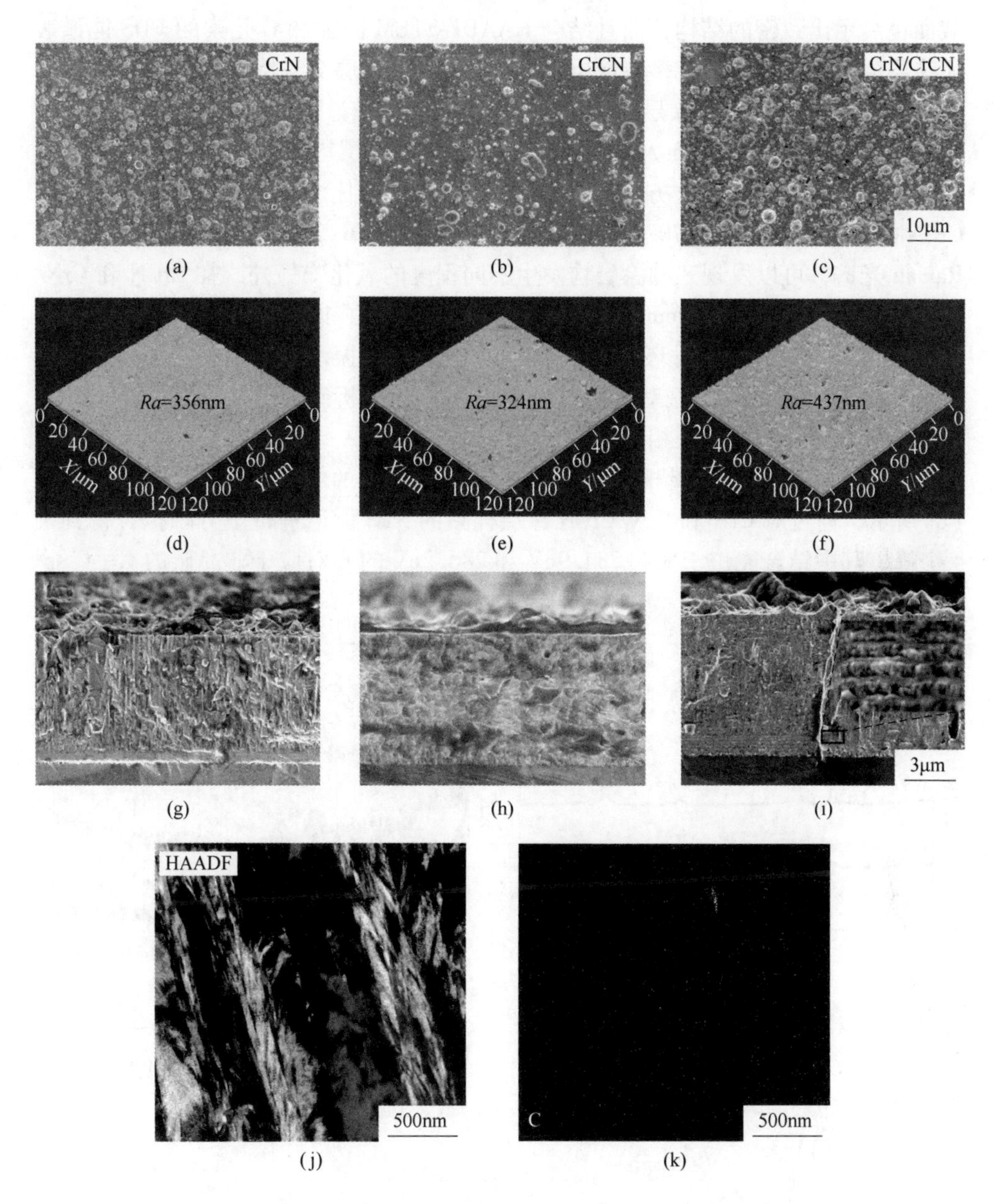


图 6-1 CrN、CrCN 和 CrN/CrCN 涂层的表面和截面 SEM 图像及 CrN/CrCN 多层 HAADF-STEM 图像

面粗糙度，这与三种涂层的表面形貌图相一致。另外，从图 6-1(g) ~ (i) 三种涂层的截面形貌可以发现，CrN 涂层显示出明显的柱状晶结构，涂层沿着垂直于基底方向生长，且柱状晶结构部分不连续，出现了微观间隙等缺陷，掺杂 C 元素后，涂层的截面显示出致密的无缺陷的生长结构。另外，多层 CrN/CrCN 涂层的

截面也展示出致密的结构，而且结合 HAADF-STEM 图像和 C 元素的 EDS 能谱表明涂层的多层结构清晰，多层涂层中 CrN 层和 CrCN 层交替持续生长。

图 6-2 展示了三种涂层的 XRD 图谱、Raman 光谱，以及 CrCN、CrN/CrCN 涂层的 C 1s 图谱。从图 6-2(a)中可以发现，三种涂层均趋向于 CrN(200)的择优趋向生长，主要以面心立方的 CrN 结构为主[25]。相比 CrN 涂层，CrCN 和 CrN/CrCN 涂层在 60.2°以及 70.9°出现了 Cr—C 相。图 6-2(b)展示了三种涂层的 Raman 光谱，可以发现三种涂层均发生不同程度的氧化，另外，在 CrCN 和 CrN/CrCN 涂层中的大约 $1360cm^{-1}$ 和 $1580cm^{-1}$ 处观察到了非晶碳的特征峰 D 峰和 G 峰，其中 D 峰对应于芳香环上的 C—C $sp^2$ 键的呼吸振动，G 峰对应于环和链上所有 C—C $sp^2$ 键的伸缩振动。XRD 和 Raman 图谱分析确定了 CrCN 和 CrN/CrCN 涂层中碳化铬相和非晶碳相的两相共存结构。为了进一步探究 CrCN 和 CrN/CrCN 涂层中碳化铬相和非晶碳相的化学组分，两种涂层的 C 1s 图谱如图 6-2(c) ~ (d)所示，通过对 CrN 和 CrN/CrCN 涂层样品的 XPS 能谱进行了分峰拟合得到了 4 个峰，其中结合能位于大约 284.9eV 和 286.2eV 的峰对应于非晶碳的 C—C $sp^2$ 和 C—C $sp^3$。位于 282.7eV 的峰对应于 Cr—C 键[26]。一个位于 C—Me 和 C—C

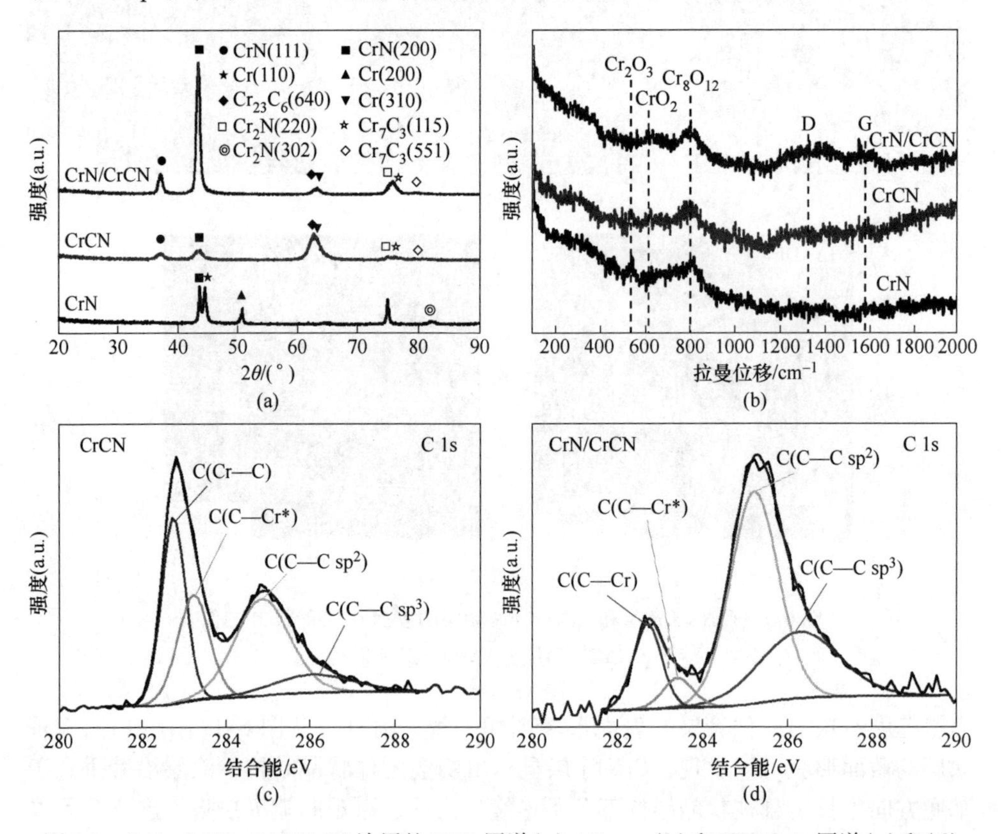


图 6-2　CrN、CrCN、CrN/CrCN 涂层的 XRD 图谱(a)、Raman(b)和 XPS C 1s 图谱(c)和(d)

之间的峰标识为 C—Me*，源自对碳化物与非晶碳基质间处于界面状态的金属原子的核心电子的测量，这已经在其他的 nc-MeC/a-C（Me = Zr，Ti）体系得以讨论[27-29]。比较 CrCN 和 CrN/CrCN 涂层的 C 1s 能谱可以发现，CrCN 涂层中 Cr—C 键的含量高于 CrN/CrCN 涂层，而 Cr—C 化合物通常具有比 Cr—N 化合物高的硬度。有趣的是，多层 CrN/CrCN 涂层中 C—C $sp^2$ 和 C—C $sp^3$ 的含量高于 CrCN 涂层，非晶碳相一直以来作为自润滑相来改善涂层的润滑性能。因此，由非晶碳和 Cr—C 化合物组成的两相共存结构可以在涂层中形成微晶和团簇，这些硬颗粒能提供弥散强化功能。

硬质 CrN、CrCN 和 CrN/CrCN 涂层的微观形貌进一步用透射电镜表征，三种涂层的 TEM、HRTEM 以及相应的选区电子衍射花样如图 6-3 所示。从 CrN 涂层的截面 TEM 图像中可以观察到明显的针孔、微裂纹等缺陷结构，这与 SEM 观察的结果一致，这主要是由于柱状晶之间的界面相互作用导致的[30]。HRTEM 图像及相应的选区电子衍射环分别对应于 Cr(110)、CrN(200)、$Cr_2N$(220)、Cr(200)、$Cr_2N$(320) 晶面[4]。另外，我们发现 CrN 涂层中掺杂 C 元素后，TEM 图像显示涂层无缺陷结构，晶粒变得细小，涂层内部也变得致密。对于 CrN/CrCN 多层涂层，TEM 图像表明涂层展示出无缺陷的结构，结合 XRD 和 XPS 结果，可以预测出具有致密结构和 Cr—C 相的 CrCN 涂层和 CrN/CrCN 涂层将会有着较高的硬度。并且，拥有高致密性和高含量 Cr—C 相引起的细晶强化和弥散强

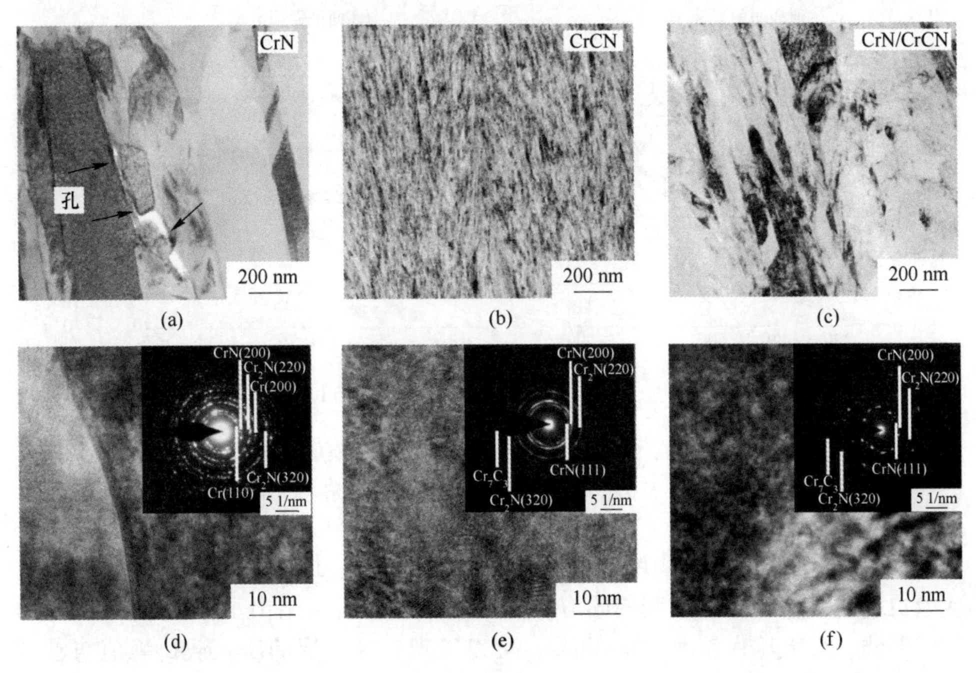


图 6-3 CrN、CrCN 和 CrN/CrCN 涂层的截面 TEM、HRTEM 及相应的选区电子衍射

化效应的 CrCN 涂层将有着最高的硬度值。另外，我们从两种涂层的 HRTEM 图像中可以发现涂层表现出典型的纳米晶/非晶结构，在非晶区与纳米晶之间发现了石墨相的存在。两种涂层相应的选区电子衍射花样可以发现涂层存在 Cr—C 相和 Cr—N 相，这也与 XRD 和 XPS 结果一致。

### 6.1.2　硬质 CrN、CrCN 和 CrN/CrCN 涂层的力学性能

图 6-4 展示了 CrN、CrCN、CrN/CrCN 涂层的硬度和弹性模量，可以发现 CrN 涂层有着最低的硬度和弹性模量分别为 13.6GPa 和 250.6GPa，主要是由其松散、缺陷的结构导致的。CrCN、CrN/CrCN 涂层的硬度和弹性模量分别为 27.5GPa 和 380.7GPa、21.8GPa 和 332.0GPa。相比 CrN 涂层，CrCN、CrN/CrCN 涂层的高硬度主要归因于涂层致密的结构以及 Cr—C 硬质相的存在。

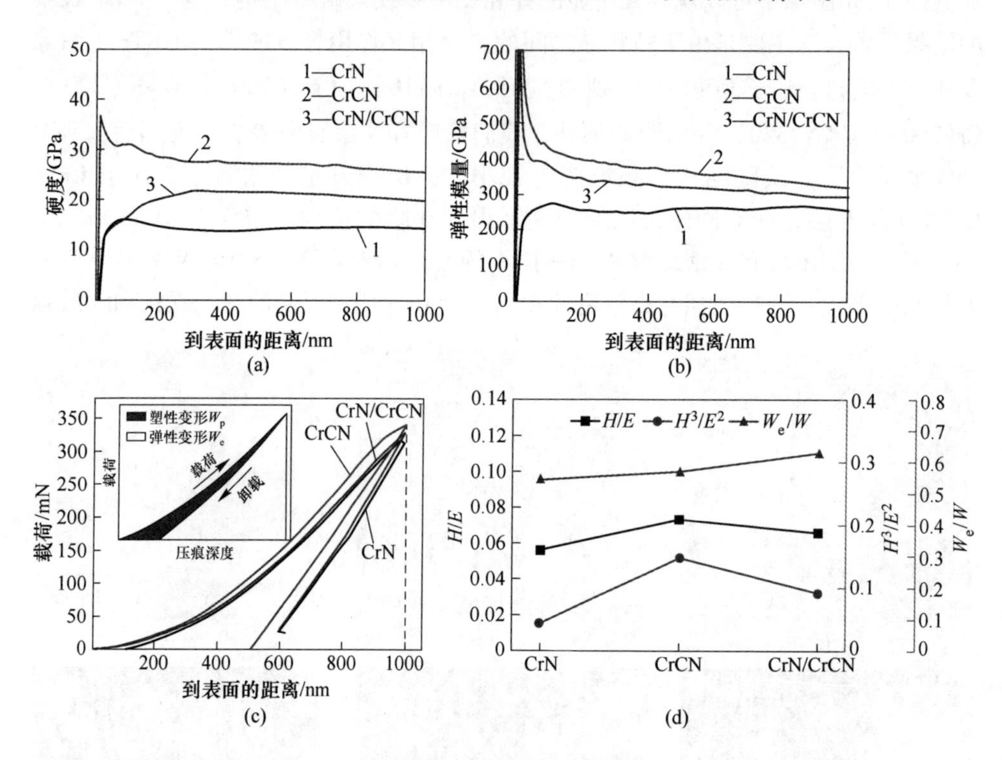


图 6-4　CrN、CrCN、CrN/CrCN 涂层的硬度、弹性模量、加载-卸载曲线、$H/E$、$H^3/E^2$ 和 $W_e/W$ 的变化趋势

另外，CrCN 涂层比 CrN/CrCN 有着更高的硬度，这主要是由于细晶强化效应及更高含量 Cr—C 相引起的固溶强化效应。图 6-4(c)给出了三种涂层的加载-卸载曲线，最大压入深度为 1000nm，可以发现三种涂层的压入载荷峰值与硬度的变化趋势一致，原因是涂层的硬度越低，压入深度恒定时，压入的载荷峰值越

小。图 6-4(d)给出了三种涂层的 $H/E$、$H^3/E^2$ 以及弹性形变功 $W_e$ 和总的机械形变功 $W$（弹性形变功 $W_e$ 和塑性形变功 $W_p$ 的总和）的比值。$H/E$ 和 $H^3/E^2$ 值可以评估涂层的耐久性、抗塑性变形能力以及抗弹性变形能力。高 $H/E$ 值可以表明涂层在动态载荷下具有高的强度、优异的抗弹性变形失效能力。高 $H^3/E^2$ 值可以表明涂层具有优异的抗裂纹萌生、扩展能力和抗磨损性能。可以发现 CrCN、CrN/CrCN 涂层有着较理想的 $H/E$ 和 $H^3/E^2$ 值，分别为 0.0722 和 0.1435、0.0657 和 0.0940，表明涂层有着较优秀的抗磨损性能。$W_e/W$ 值反映了涂层的弹性恢复能力，可以发现 CrN/CrCN 多层涂层有着最高的 $W_e/W$ 的值，表明其有着最优异的弹性恢复能力。

图 6-5(a) ~ (c) 展示了 CrN、CrCN、CrN/CrCN 涂层的洛氏压痕形貌，可以发现 CrCN 涂层压痕周围出现了环状裂纹，表明其具有相对较差的韧性，可以是由于高硬度导致的。多层 CrN/CrCN 涂层压痕周围没有发现裂纹，表明了韧性的改善，主要归因于界面间的应力松弛抑制了裂纹传播。图 6-5(d) ~ (f) 为三种涂层的划痕实验形貌图。对于 CrN 涂层，当施加的法向载荷约为 21.65N 时声信号开始波动，同时划痕轨道上产生起始裂纹并伴随着涂层碎片的剥离，结合 SEM 图表明涂层开始出现破坏。划痕轨道终点处的 EDS 能谱图显示其表面元素主要为 Cr 和 N，仅有 1.75% 的 Fe 元素被检测到，表明涂层在法向载荷为 80N 时也未失效。CrCN 涂层在载荷为 12.85N 时发生了典型的屈曲失效，结合 SEM 形貌图可以观察到在划痕轨道周围出现了较薄涂层的剥落，并且内部出现了大量的径向裂纹，并且碎片状剥落也逐渐出现在划痕尾部，这归因于涂层的高硬度和低韧性。另外，划痕轨道终点处的 EDS 能谱图发现表面主要元素为 Cr、N 和 C，基底元素 Fe 和 Ni 的含量分别为 4.15% 和 0.46%，说明涂层并未发生完全失效，然而，与 CrN 涂层相比，其更接近了基底。可以发现 CrN/CrCN 多层涂层在 26.03N 时声信号开始波动，结合 SEM 形貌图可以发现划痕轨道处出现弯曲裂纹，在划痕轨道终点处观察到径向裂纹，最大施加载荷划痕终点处的 EDS 能谱图发现涂层表面主要元素为 Cr、N 和 C，基底元素 Fe 和 Ni 的含量分别为 0.75% 和 0.18%，相比 CrN 和 CrCN 涂层含量下降，表明了 CrN/CrCN 多层涂层有着最优异的承载能力，这主要归因于涂层的高韧性和较高的 $H/E$ 值。

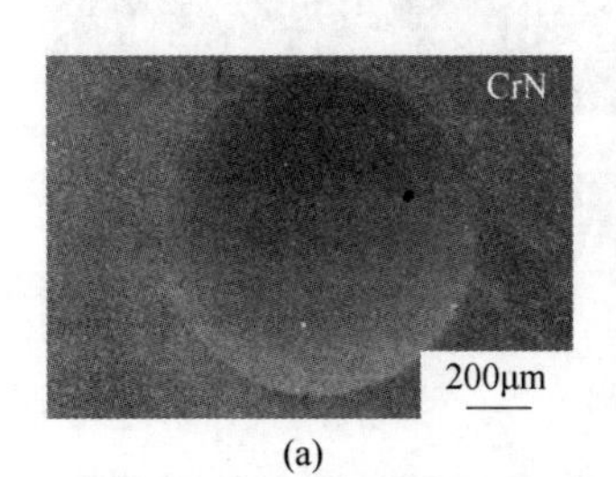

(a)

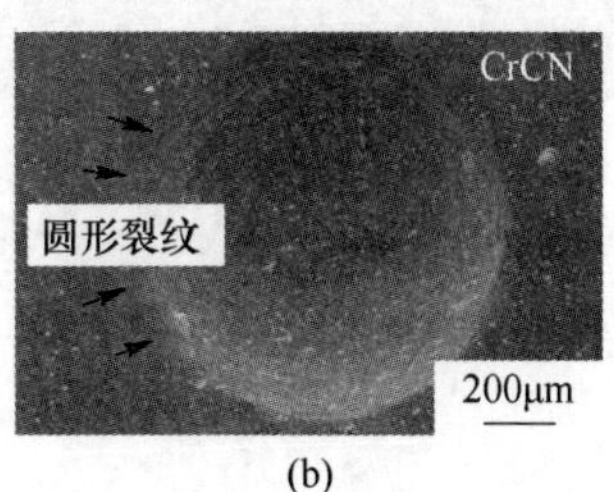

(b)

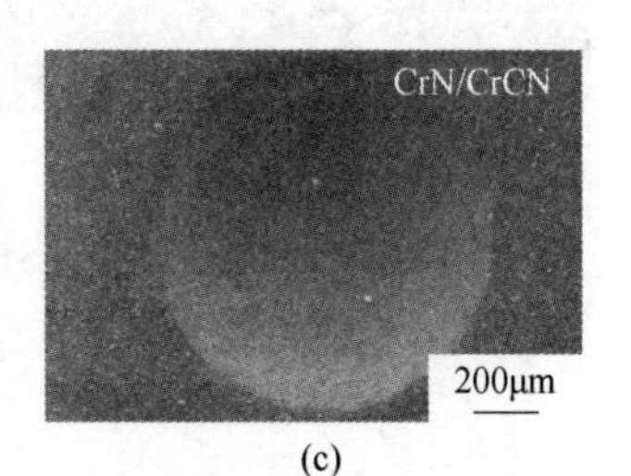

(c)

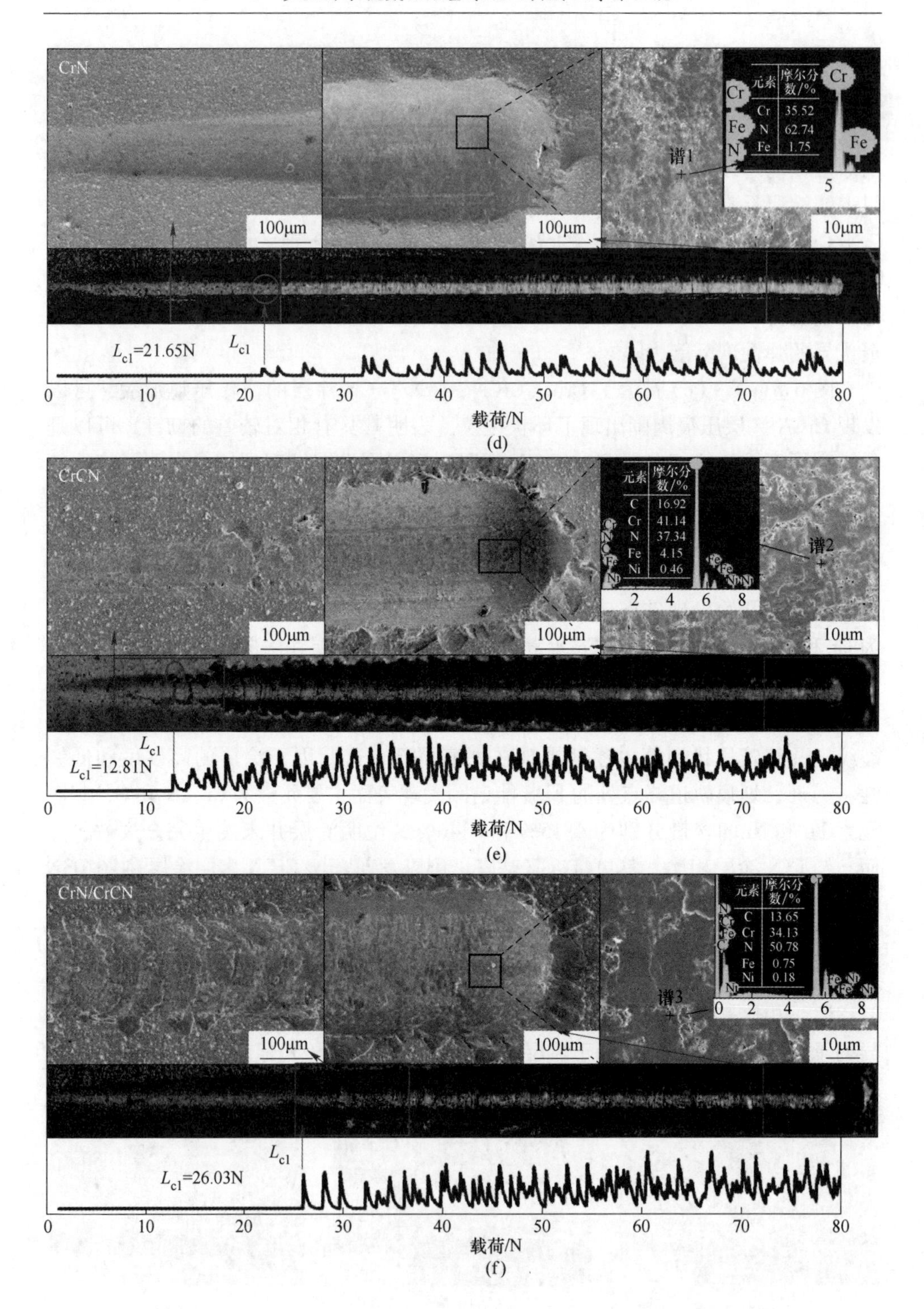


图 6-5　CrN、CrCN、CrN/CrCN 涂层的洛氏压痕形貌、划痕轨迹 SEM 图像和声发射-载荷图

### 6.1.3 硬质 CrN、CrCN 和 CrN/CrCN 涂层的摩擦腐蚀行为

OCP 的演化与电极表面在摩擦腐蚀诱导下的电化学状态直接相关，可以提供表面电化学反应的定性信息[31-32]。图 6-6 展示了 CrN、CrCN 和 CrN/CrCN 涂层在摩擦腐蚀试验前、中和后期的 OCP 随时间的演变。在摩擦腐蚀试验前，三种涂层的 OCP 值均保持稳定，涂层表面形成了致密和完整的钝化膜（主要是 $Cr_2O_3$），可以发现 CrN/CrCN 多层涂层有着最高的 OCP 值。摩擦腐蚀试验开始时，三种涂层的 OCP 出现了急剧的负移，反映了机械磨损导致的磨损表面活化，这种行为归因于涂层表面防护钝化膜在滑动过程中被摩擦破坏和去除，新的表面具有更高的电化学活性，机械去钝化表面（阳极）与周围钝化膜（阴极）能建立原电池，从而使涂层耐蚀性下降[33-35]。随后三种涂层的 OCP 值达到相对稳定的值，这与钝化膜的持续去除和机械钝化与电化学钝化之间建立的平衡有关[36]。一旦滑动停止，由于钝化膜的重新建立，可以观察到涂层的 OCP 值逐渐增加。摩擦腐蚀试验中涂层的活化主要归因于微孔和/或微裂纹的扩展和传播，因为同时发生了腐蚀和机械磨损[37-38]。总体而言，CrN/CrCN 多层涂层在整个摩擦腐蚀过程中比 CrN 和 CrCN 涂层显示出更正的 OCP 值，表明 CrN/CrCN 多层涂层在腐蚀环境下具有最高的抗机械磨损能力。

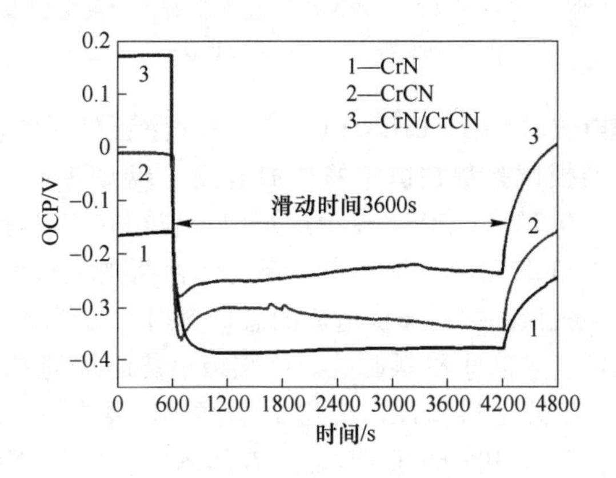


图 6-6 CrN、CrCN 和 CrN/CrCN 涂层摩擦腐蚀试验中 OCP 随时间的演化

为了进一步研究滑动接触对 CrN、CrCN 和 CrN/CrCN 涂层在人工海水中的腐蚀行为的影响，进行动电位极化曲线来测试涂层在静态和滑动状态下的电化学参数，如图 6-7 所示。可以发现当对偶球未接触涂层时，阳极区的电流密度保持相对稳定且无明显的振荡。但是，阳极区的电流密度在滑动接触期间显示出显著的振荡，这是由于在滑动时涂层表面钝化膜的破裂和去除造成的。使用 Tafel 外推法从图 6-7 中提取的腐蚀电流密度（$I_{coor}$）和腐蚀电位（$E_{coor}$），可以发现在静态

腐蚀下 CrN/CrCN 多层涂层的腐蚀电流密度最小、腐蚀电位最高，表明 CrN/CrCN 多层涂层最难被腐蚀。在滑动状态下，CrN、CrCN 和 CrN/CrCN 涂层的腐蚀电位朝负值增加，这与 OCP 的演化一致。此外，三种涂层的腐蚀电流密度相比静态条件显著增加，表明腐蚀被机械磨损促进。磨损和腐蚀的协同效应会增加材料的降解，这表现在滑动过程中腐蚀电流的增加[39]。动电位极化曲线显示了 CrN/CrCN 多层涂层有着最低腐蚀电流密度，表明其具有最优异的耐摩擦腐蚀性能。

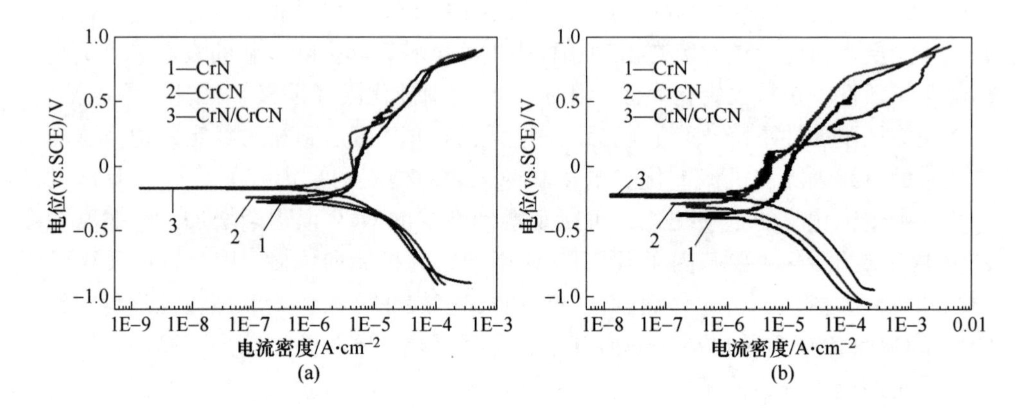


图 6-7 CrN、CrCN 和 CrN/CrCN 涂层在人工海水中动电位极化曲线

（a）静态；（b）滑动状态

为了研究不同电位对 CrN、CrCN 和 CrN/CrCN 涂层在海水中的摩擦腐蚀行为的影响，每次摩擦磨损试验都在恒定的外加电位（或 OCP）下进行。将三个不同电位值 -0.8V、-0.2V、0.2V（vs. Ag/AgCl）应用在三种涂层上，在 -0.8V 的阴极电位（低于在静态腐蚀条件和滑动条件下测得的腐蚀电位）下进行的滑动测试是为了确定纯机械磨损对摩擦造成的总材料损失的贡献，在该电位条件下对样品进行阴极保护，来防止材料腐蚀。将阳极电势施加到 CrN、CrCN 和 CrN/CrCN 涂层的目的是促进材料腐蚀，突出显示腐蚀和磨损之间的协同作用[40]。图 6-8 展示了 CrN、CrCN 和 CrN/CrCN 涂层在海水中不同电位下摩擦腐蚀过程中电流密度的变化。当施加电位为 -0.8V 时，CrN、CrCN、CrN/CrCN 涂层的腐蚀电流密度为负值，表明没有发生腐蚀。当施加电位为 0.2V 时，CrCN、CrN/CrCN 涂层腐蚀电流变为正值，并且正电位越大，腐蚀电流密度值越大。当摩擦开始时，腐蚀电流密度值增加，这是由于机械磨损破坏了涂层表面防护钝化膜的完整性，新的表面具有更高的电化学活性，导致电流密度的增加[41]。可以发现整个测试过程中 CrN/CrCN 多层涂层的平均电流密度值始终最小，表明 CrN/CrCN 多层涂层具有优异的耐摩擦耐腐蚀性能。CrN、CrCN、CrN/CrCN 涂层在海水中不同电位下的摩擦系数随时间的变化如图 6-8(d)～(f)所示。在不同电位下，三种

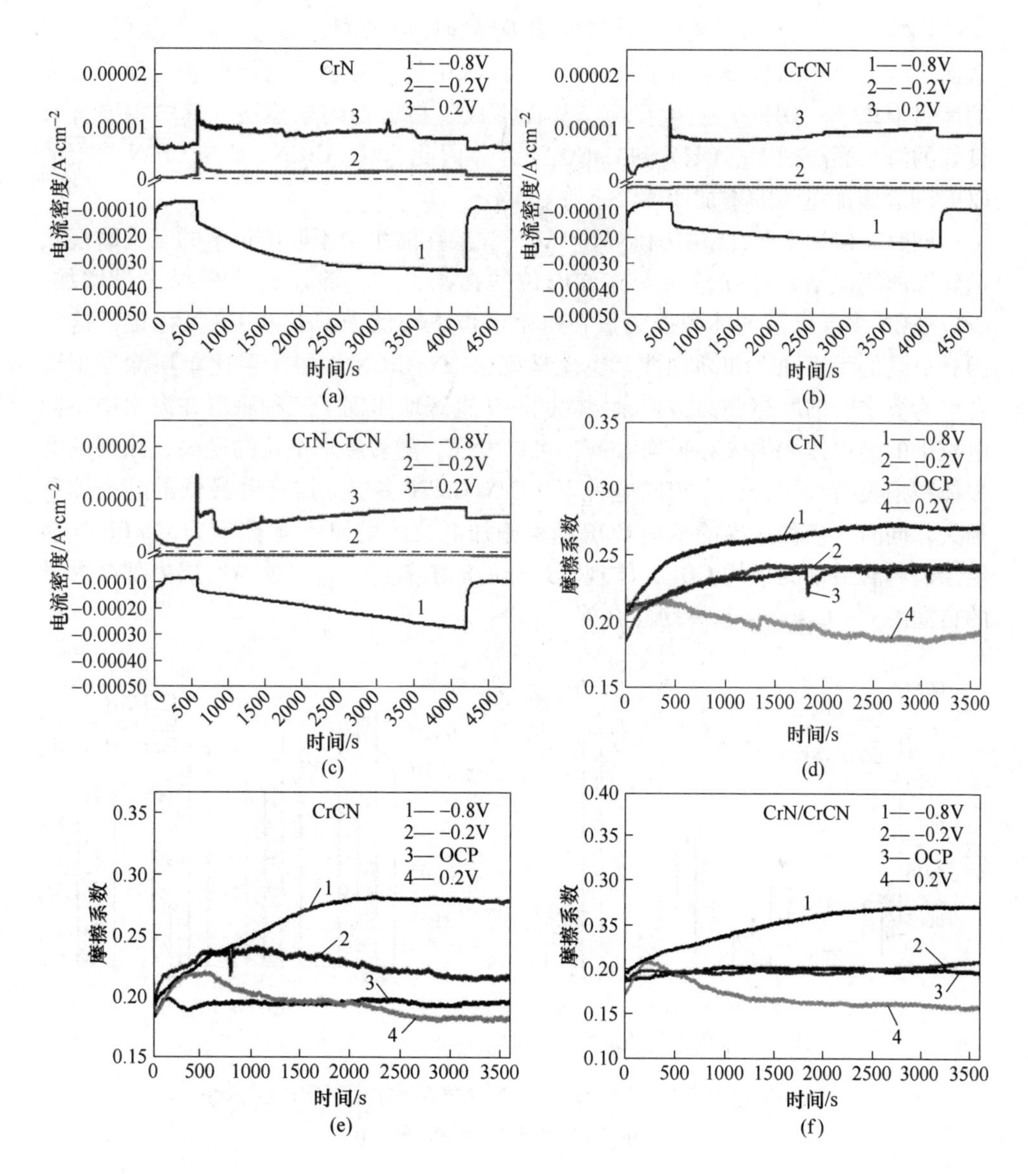


图 6-8 CrN、CrCN 和 CrN/CrCN 涂层在人工海水中不同电位下的电流密度(a) ~ (c)和摩擦系数(d) ~ (f)

涂层的摩擦系数（COF）首先持续增加，然后随着滑动时间增加趋于稳定。另外，可以明显地观察到 CrN、CrCN、CrN/CrCN 涂层的 COF 随着施加电位的增加逐渐减小。一般的，在其他测试条件相同时，COF 主要受表面粗糙度和表面润滑的影响。PVD 涂层具有优异的耐腐蚀性能，且表面腐蚀相对温和，因此表面粗糙度不会随着电位的增加而增大。故 PVD 涂层在不同电位下的 COF 主要受表面润滑的影响，施加的电位越正，材料的阳极腐蚀反应加剧，促进了溶解氧的减少，从而产生了更多的氢氧根离子（$OH^-$）。海水中的活性物质与涂层和对偶球表面的氢氧根离子（$OH^-$）发生反应，从而形成了易剪切的摩擦层，其中主要含有良好的海水润滑剂 $Mg(OH)_2$ 和 $CaCO_3$[42-43]。因此 CrN、CrCN、CrN/CrCN 涂层的 COF 随着施加电位的增加而逐渐下降。

同时，依据 CrN、CrCN 和 CrN/CrCN 涂层在海水中不同电位下的三维磨痕轨道轮廓的测试结果可知，随着施加电位的提高，三种涂层的体积损失量增加，CrN/CrCN 多层涂层的体积损失量在每个电位下均低于 CrN 和 CrCN 涂层，这归因其更高的耐腐蚀性和高韧性，也就是说，CrN/CrCN 多层涂层比单层涂层更适合作为海水中的摩擦腐蚀防护涂层。图 6-9 直观地体现了三种涂层在海水中不同电位下的磨损体积损失和平均 COF，可以发现，随着施加电位的升高，涂层的磨损体积损失持续增大，在相同电位下，CrN/CrCN 多层涂层有着最低的磨损体积损失。同时，三种涂层的平均 COF 随着施加电位的增加持续下降，CrN/CrCN 多层涂层有着最低的平均 COF，体现其最佳的润滑效应，这可能与涂层内部高含量的自润滑 C—C $sp^2$ 相和高韧性有关。

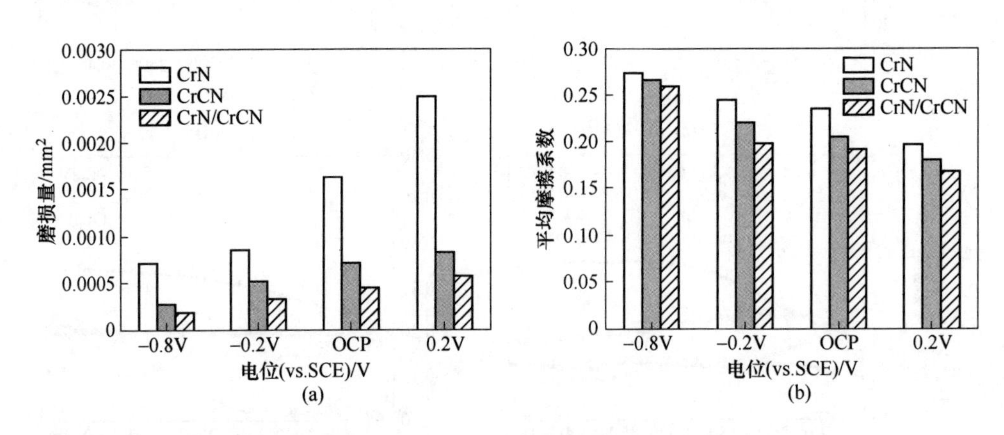


图 6-9　CrN、CrCN 和 CrN/CrCN 涂层在海水中不同电位下的磨损量（a）和平均摩擦系数（b）

此外，总的摩擦腐蚀体积损失（$K_{wc}$）可以细分如下[44]：

$$K_{wc} = K_w + K_c + \Delta K_{wc} + \Delta K_{cw} \tag{6-1}$$

式中，$K_w$ 代表材料在纯机械磨损无腐蚀下的体积损失；$K_c$ 代表材料在纯腐蚀无磨损下的体积损失；$\Delta K_{wc}$ 代表材料磨损造成的腐蚀体积损失；$\Delta K_{cw}$ 代表材料腐蚀造成的磨损体积损失。$\Delta V$ 代表材料在磨损和腐蚀协同作用下造成的总体积损失，故 $\Delta V$ 可由下式表示：

$$\Delta V = \Delta K_{wc} + \Delta K_{cw} \tag{6-2}$$

在摩擦腐蚀试验中，静态腐蚀体积损失和磨损诱导的腐蚀体积损失可由法拉第定律得到：

$$K_c + \Delta K_{wc} = \frac{ItM}{nF\rho} \tag{6-3}$$

式中，$I$ 代表测试时腐蚀电流（腐蚀电流密度 × 磨损轮廓面积）；$t$ 代表测试时间；$M$ 代表材料的原子量；$n$ 代表腐蚀过程涉及的原子数；$\rho$ 代表材料的密度；$F$ 代表法拉第常数，取值为 96500C/mol。

$K_{wc}$ 和 $K_w$ 能分别从样品在 OCP 和阴极电位 -0.8V 下测试时的磨损体积损失得到，$K_c$ 和 $\Delta K_{wc}$ 能从法拉第定律得到，磨损和腐蚀的协同效应具体的百分比列于表 6-1。

**表 6-1 CrN、CrCN 和 CrN/CrCN 涂层的材料损失成分汇总**

| 样品 | $K_{wc}$ | $K_w$ | $\Delta K_{cw}$ | $K_c$ | $\Delta K_{wc}$ | $\Delta K$ | $\Delta K/K_w$ |
|---|---|---|---|---|---|---|---|
| CrN | $8.10 \times 10^{-3}$ | $3.54 \times 10^{-3}$ | $4.54 \times 10^{-3}$ | $1.89 \times 10^{-6}$ | $6.62 \times 10^{-6}$ | $4.55 \times 10^{-3}$ | 56.19% |
| CrCN | $3.53 \times 10^{-3}$ | $1.33 \times 10^{-3}$ | $2.19 \times 10^{-3}$ | $1.27 \times 10^{-6}$ | $3.28 \times 10^{-6}$ | $2.20 \times 10^{-3}$ | 62.31% |
| CrN/CrCN | $2.25 \times 10^{-3}$ | $8.79 \times 10^{-4}$ | $1.36 \times 10^{-3}$ | $3.90 \times 10^{-7}$ | $1.64 \times 10^{-6}$ | $1.37 \times 10^{-3}$ | 60.89% |

对于 CrN、CrCN 和 CrN/CrCN 涂层，磨损腐蚀协同效应的 $\Delta K$ 比率分别为 56.19%、62.31% 和 60.89%。很明显，材料损失主要由腐蚀和磨损的协同作用决定，腐蚀引起的磨损（$\Delta K_{cw}$）是主要的协同机制。CrN/CrCN 多层涂层具有杰出的耐摩擦腐蚀性能。

摩擦腐蚀试验后 CrN、CrCN 和 CrN/CrCN 涂层的磨损轨迹形貌如图 6-10 所示。三种涂层在阴极保护下，观察到磨损表面的犁沟非常浅，相应犁沟处的 EDS 能谱未发现基底元素，主要为磨损表面薄涂层的分层，表明主要的磨损机理是塑性变形和黏着磨损。在 OCP 和阳极电位下，磨损轨道犁沟变得清晰，并且宽度和深度增加，说明主要的磨损机制是塑性变形、磨粒磨损和腐蚀磨损。三种涂层在摩擦腐蚀条件下会导致局部涂层出现分层。因此，分层是三种涂层在人造海水中耐腐蚀性的主要因素，对摩擦腐蚀失效有着很大的影响。当涂层与对偶球在人工海水中相对滑动时，涂层表面缺陷可能会在滑动表面下方延伸，缺陷延伸形成的通孔提供了侵蚀性阴离子的通道。在几轮往复滑动之后，海水会渗透到这些缺陷中，$Cl^-$ 离子可加速其在海水中的溶解，最后，涂层-基底的黏结强度被严重削弱，通过电化学反应导致材料的损失。此外，由于海水渗透到缺陷中的楔入功能，会加剧涂层的剥离，最终，磨损和腐蚀的协同作用会大大加速摩擦腐蚀失效。CrN/CrCN 多层涂层的剥落面积最小，这归因于多层结构阻止了通孔的形成并限制了缺陷的传播。并且，由高含量的 C—C $sp^2$ 相和海水润滑相形成的摩擦润滑膜在接触表面上的石墨化作用可以降低摩擦测试期间的摩擦系数和磨损率。

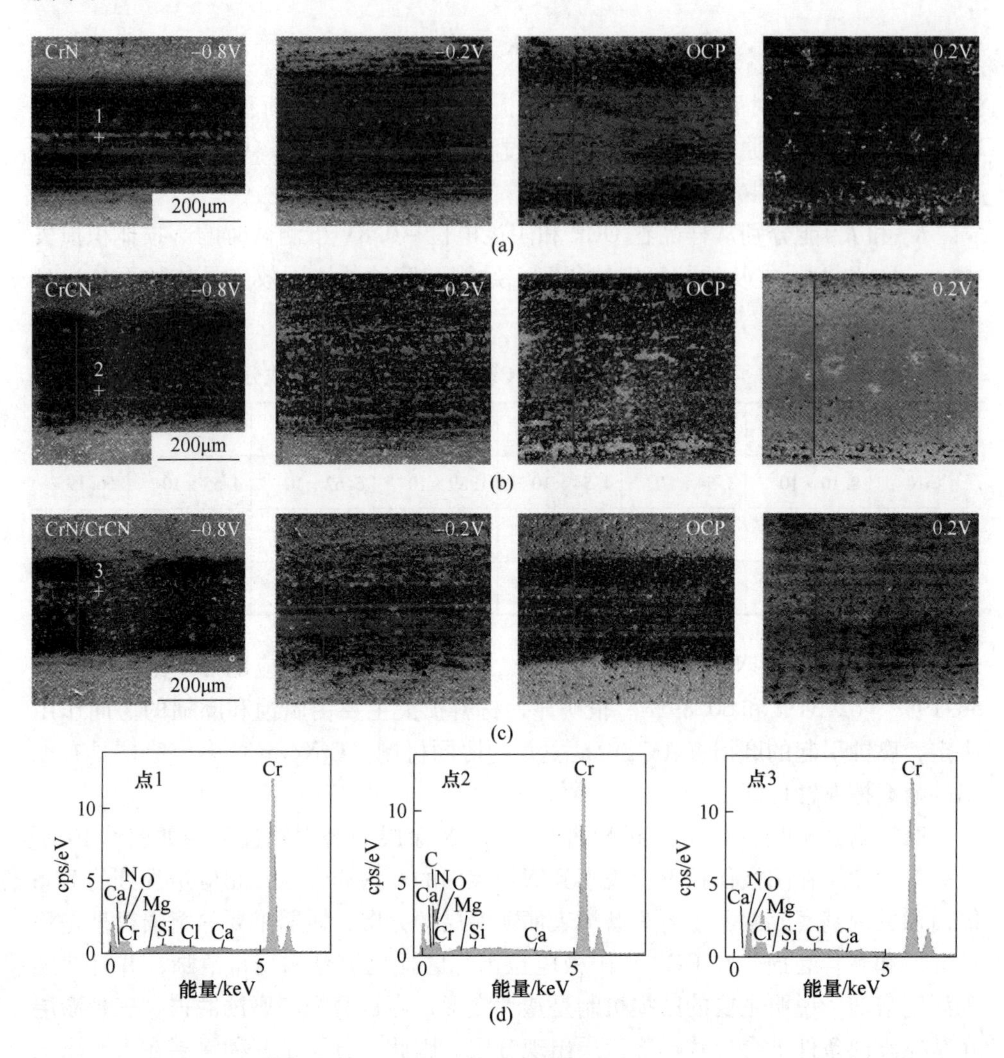


图 6-10　CrN、CrCN 和 CrN/CrCN 涂层在海水中不同电位下的磨痕形貌以及在电位 -0.8V 下的 EDS 能谱

基于以上分析，很容易发现 CrN/CrCN 多层涂层具有优异的耐摩擦腐蚀性能。为了解释其增强的耐摩擦腐蚀的机理，图 6-11 展示了三种涂层的摩擦腐蚀机理图。通过 PVD 方法制备传统单相 CrN 涂层时，其柱状晶生长使内部存在的空隙、针孔和微裂纹等缺陷，为海水腐蚀性介质提供了通道，从而导致涂层失效。CrCN 涂层尽管具有高硬度，但是由于差的韧性和低的膜-基结合强度，因此表现出较差的耐摩擦腐蚀行为。多层结构设计不仅中断了柱状晶的持续生长，使

涂层致密并减少了裂纹萌生的位置，而且位错运动将被层层界面所阻挡，因此多层构筑结构能有效减缓或阻碍腐蚀性介质渗透到基底。此外，CrN/CrCN 多层涂层有着高的膜-基结合强度、高韧性以及高含量的非晶碳相。因此 CrN/CrCN 多层涂层展现出优异的耐摩擦腐蚀性能。

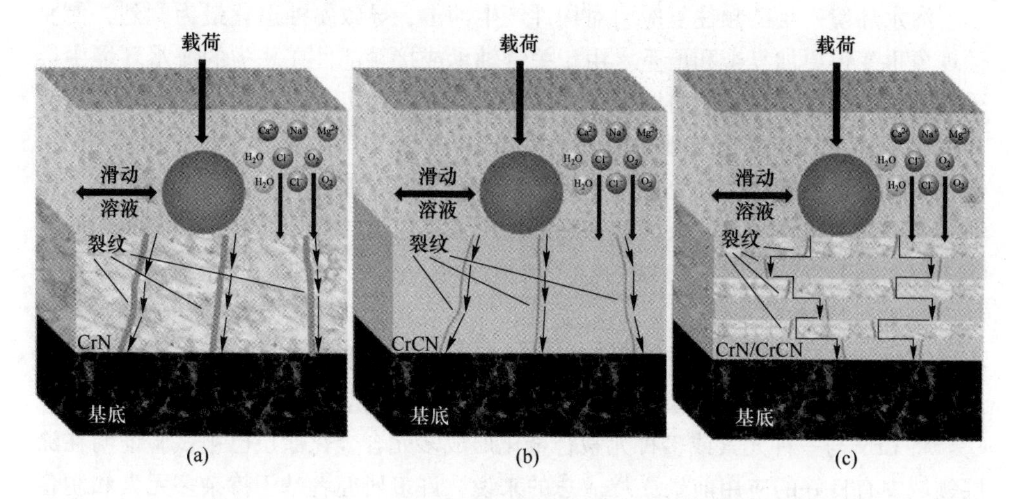


图 6-11 CrN/CrCN 多层涂层耐摩擦腐蚀性能增强的机理示意图
(a) CrN；(b) CrCN；(c) CrN/CrCN

### 6.1.4 本节小结

为了提高暴露在海水环境中的铁基摩擦组件的耐摩擦腐蚀性能，采用多弧离子镀将 CrN、CrCN 和 CrN/CrCN 涂层沉积在不锈钢基底上。经过微结构表征和力学性能测试，系统地研究了 CrN、CrCN 和 CrN/CrCN 涂层在人工海水中的摩擦腐蚀行为，主要结论如下：

（1）与传统单相 CrN 涂层相比，CrCN 单层和 CrN/CrCN 多层涂层结构更加致密，硬度明显提高。CrN/CrCN 多层涂层展现出最高的韧性和膜-基结合强度。

（2）在摩擦和腐蚀协同作用下，CrN/CrCN 多层涂层展现出最低的腐蚀电流密度和最高的腐蚀电位。随着施加电位的增加，涂层的磨损损失增加，COF 下降。涂层在不同电位下的 COF 主要受表面润滑的影响。摩擦腐蚀协同作用造成的材料损失占据了主导。

（3）多层结构设计抑制了裂纹的扩展，减缓或阻止了腐蚀性介质到达基底。且具有硬质 Cr—C 相和自润滑类石墨相形成的摩擦润滑膜能有效提高涂层的润滑及耐摩擦腐蚀行为。这表明 CrN/CrCN 多层涂层更适合在海水环境中作为摩擦腐蚀表面防护涂层。

## 6.2 硬质 CrAlCN 和 Cr/CrAlCN 涂层的微结构及其腐蚀摩擦性能

海水环境产生低频往复应力对构件产生冲击，导致腐蚀退化最为剧烈，使腐蚀现象也变得更加复杂和严重。由于关键轴承或接触部件在恶劣的海水环境中会受到电化学和摩擦磨损的协同效应。通常，摩擦腐蚀定义为一种化学-机械过程，即材料暴露在具有摩擦接触的腐蚀性环境中会降解[45]。它会破坏表面保护膜，导致基材区域暴露在侵蚀介质中，最终加速基材的腐蚀和磨损。更可怕的是，腐蚀和磨损的双重作用可以大大加速降解，增加材料消耗[46-48]。此外，海洋环境往往表现出高湿度，在靠近海域的空气环境中往往充斥着高浓度的盐雾[49-50]（包括有 NaCl、$Na_2SO_4$、MgCl 等）。这是海洋装备在海水环境受到腐蚀介质的影响下不可避免的问题，空气及海水中的腐蚀介质在潮湿的条件下较为容易的依附在金属材料表面形成电解质薄膜，从而加快了材料的电化学腐蚀进程。

将 CrN 与一种元素或多种元素合金化形成多元合金化涂层已被试验证明在涂层领域中有良好的应用前景[51-53]。总的来说，许多研究者基于掺杂多元素和制备多层涂层两种设计理念对 CrN 涂层进行了改进提升。其中由于 Al 元素的掺入可以显著影响增益尺寸、高抗氧化温度和力学性能。同时 Al 元素的加入在沉积成膜的过程中，会占据原有 Cr 原子的点阵位置，从而使其晶格产生扭曲，起到固溶强化的作用。此外，在掺入 Al 元素的基础上加入第二元素 C 可借助碳元素自身的自润滑效应明显降低涂层的摩擦系数，从而有效地改善涂层表面的抗摩擦磨损性能。同时，在 CrN 涂层中加入 C 元素，由于非晶碳的自润滑作用，CrCN 涂层的摩擦系数较低。因此，将 Al 和 C 元素掺杂到 CrN 涂层中是提高 CrN 涂层耐氧化性和低摩擦性能的较好解决方案。在掺入 C 元素后，涂层内部往往会形成纳米晶/非晶态的 CrC 硬质相，从而可以大幅度提升涂层的力学性能，结合涂层内部形成的碳基质润滑性可以在一定程度上提高涂层在海水环境下的耐摩擦磨损和耐腐蚀性能[54-57]。

本节系统的研究了在 Al、C 多元掺杂作用下，所制备 CrN 复合涂层在海水环境下的耐摩擦磨损性能、耐腐蚀性能，同时，对具有多界面微结构的多层 Cr/CrAlCN 复合涂层的表面成膜机理进行了系统性的分析。这对海水严苛环境下金属材料表面的防护涂层发展提供了新的思路，在海洋工程领域潜在应用方面奠定一定的基础。

### 6.2.1 硬质 CrAlCN 和 Cr/CrAlCN 涂层的表面形貌和微观结构

图 6-12 显示了单层 CrAlCN 和多层 Cr/CrAlCN 涂层的表面三维形貌及其表面

粗糙度。从图 6-12(a)和(b)可以直观地观察到涂层表面有一些不规则的微孔和菜花状颗粒，这可能是由于多弧离子溅射过程，电弧放电在目标表面产生的微颗粒。同时，颗粒飞溅到涂层中相互碰撞，导致产生颗粒和孔洞。此外，如图 6-12(c)和(d)所示，可以明显发现多层 Cr/CrAlCN 涂层的表面粗糙度小于单层 CrAlCN 涂层。这种颗粒结构一方面归因于铝原子和碳原子注入晶格导致晶粒尺寸减小，同时多层结构的设计在 Cr/CrAlCN 涂层的生长过程中可以有效削弱内部柱状晶持续生长，以此可以大幅度减少涂层内部的如针孔、孔隙和微裂纹等，避免了由于这些缺陷的存在而导致的膜基结合力降低所带来的涂层剥落等现象。另一方面是由于 C 元素的注入在涂层中所形成的致密纳米晶/非晶相进一步促使涂层表面表现出更加均匀且致密的微观结构。

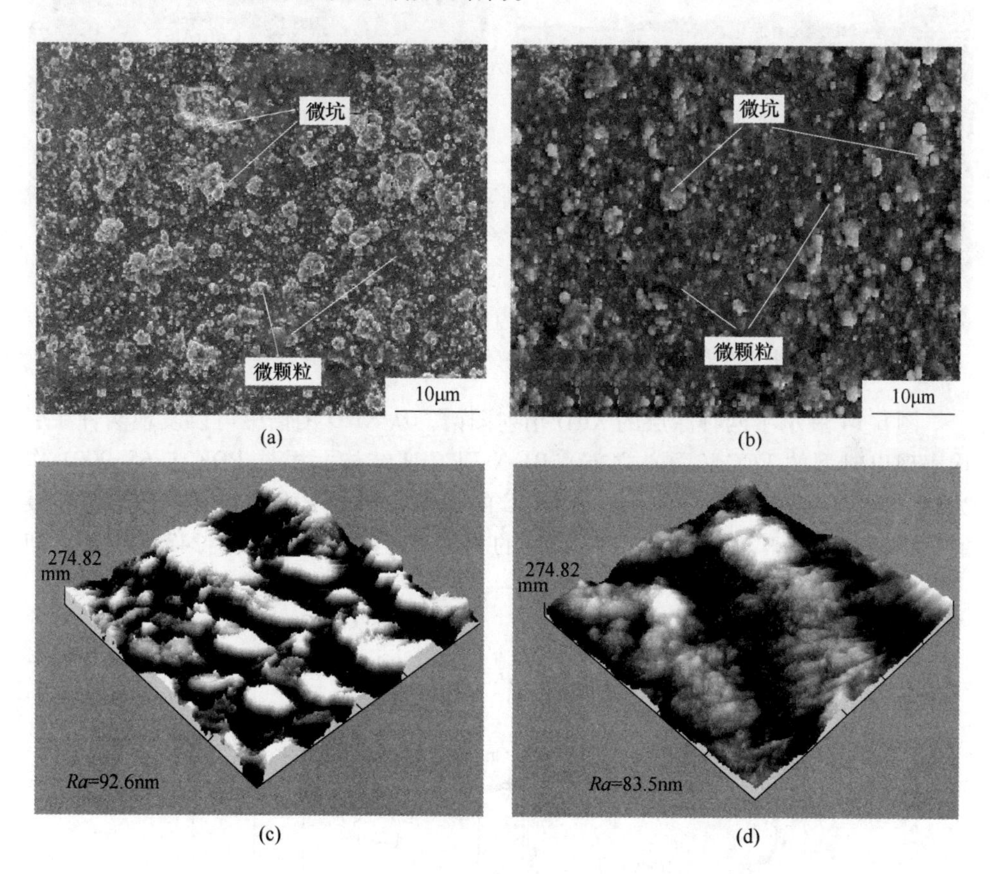


图 6-12 单层 CrAlCN（a、c）和多层 Cr/CrAlCN（b、d）涂层表面的 SEM 图像和表面三维形貌图

所有涂层的横截面形貌细节如图 6-13 所示。可以发现单层 CrAlCN 和多层 Cr/CrAlCN 涂层均具有一定的密度，且表现出几乎无缺陷的结构，所有涂层均沿

着垂直于基底方向生长，这是由于添加的 Al 原子占据了 Cr 原子的晶格位置，导致晶格畸变和晶粒细化。此外，在碳原子的掺入后，在涂层内部形成了致密的纳米晶/非晶态 CrC 硬质相。从图中可以看出多层 Cr/CrAlCN 涂层 Cr 层和 CrAlCN 层交替持续生长，同时，多层 Cr/CrAlCN 结构呈梯田状，各层厚度均匀，多层 Cr/CrAlCN 涂层显示出更为致密的结构，这是由于 Cr 和 CrAlCN 层的交替相所产生，由于 Cr 层状结构其与不锈钢基体的界面重合度高，能有效降低涂层的内应力，从而提高基体与涂层之间的附着力。所有涂层的厚度约为 7.5μm，这表明两种涂层的沉积速率比较接近。

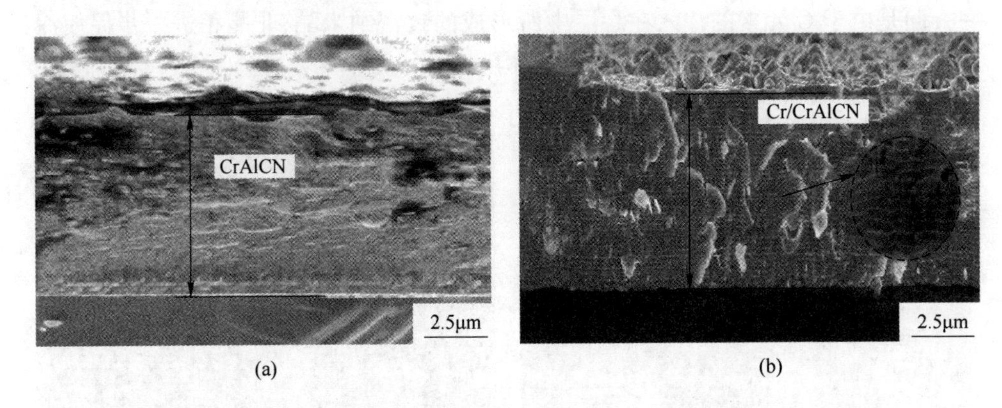


图 6-13　单层 CrAlCN（a）和多层 Cr/CrAlCN（b）涂层的截面 SEM 形貌图

图 6-14 展示了两种涂层的 XRD 衍射图谱，从 XRD 图谱中可以发现两种涂层均表现出典型的 FCC（面心立方）B1-NaCl CrN 结构。根据 PDF 卡 65-9001 作为参考，可能是由于第三种元素 Al 和 C 的加入，铝原子比铬原子表现出更积极的化学活性，CrN 和 AlN 在 298K 时的吉布斯自由能分别为 243.8kJ/mol 和

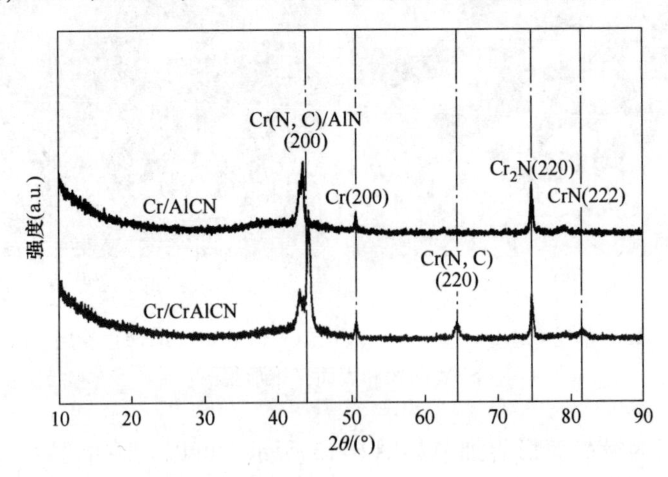


图 6-14　单层 CrAlCN 和多层 Cr/CrAlCN 涂层的 XRD 图谱

287.0kJ/mol。CrN/AlN(200)、CrN(220)、$Cr_2N$(220)和 CrN(222)的晶体发生在 Al 原子占据的 Cr 原子晶格点阵中。在 Al 原子和 C 原子的双重注入下，由于涂层受到表面结构和应变能的变化，晶体会以应变能最低的方向生长，这导致涂层内部主要以 CrN/AlN(200)晶面作为涂层生长的主要生长取向。总的来说，晶面取向的变化是由涂层内部结构和应变能的变化引起的。多层 Cr/CrAlCN 涂层有利于 CrN/AlN(200)晶面的生长，且 CrN/AlN(200)晶面的表面能最低。在涂层的自生长过程中，涂层会选择应变能最低的方向来减小内应力。此外，在 64.3°、74.6°和 81.7°均发现了 CrN 的晶面。在涂层内部也产生了部分 CrC 晶粒，这是 C 原子在涂层生长过程中与 Cr 原子相互作用下形成 CrC 致密硬质相的结果。

为了进一步确认涂层内部 C 元素的存在形式，图 6-15 展示了两种 CrAlCN 单层和 Cr/CrAlCN 多层涂层的拉曼光谱，从拉曼光谱中可以发现两种涂层在 $1380cm^{-1}$ 和 $1580cm^{-1}$ 处出现了非晶碳的高斯特征峰，分别为 D 峰和 G 峰。其中 D 峰对应于芳香环上的 C $sp^2$ 键的呼吸振动，G 峰对应于六元环和碳链上所有 C $sp^2$ 键的伸缩振动。结合 XRD 衍射图谱和拉曼光谱可以进一步确定 CrAlCN 单层和 Cr/CrAlCN 多层涂层内部形成了碳化铬相和非晶碳相的两相共存结构。涂层内部 D 峰和 G 峰的强度比（$I_D/I_G$）大小与涂层结构中 $sp^2$ 杂化碳和 $sp^3$ 杂化碳息息相关。$I_D/I_G$ 值越高，说明涂层内部结构中存在的 $sp^2$ 杂化碳结构越多，换言之，涂层内部存在更多的 $sp^2$ 石墨碳杂化键。从单层 CrAlCN 涂层的 Raman 图谱中可以分析得出 $I_D/I_G$ 值为 0.91，与多层 Cr/CrAlCN 涂层相比，多层涂层具有更高的 $I_D/I_G$ 值（1.05），这说明 Cr/CrAlCN 多层涂层系统中石墨化程度提高，同时也预测着多层 Cr/CrAlCN 涂层相比于单层 CrAlCN 涂层有着更低的摩擦系数值和更高的硬度值。

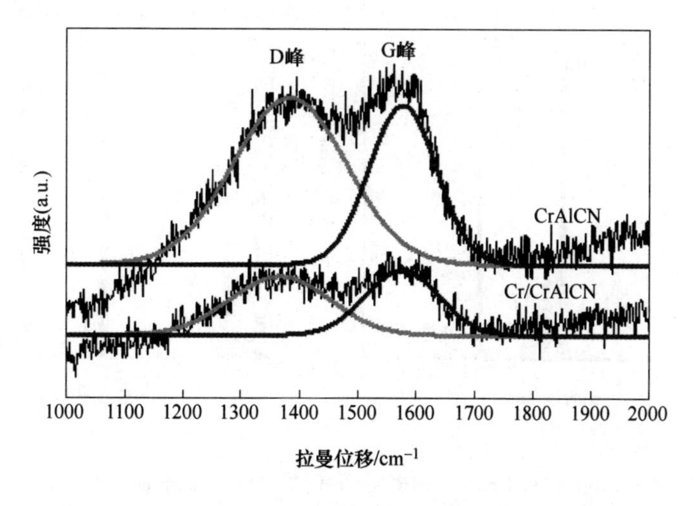


图 6-15 单层 CrAlCN 和多层 Cr/CrAlCN 涂层的拉曼光谱

通过透射电镜对单层 CrAlCN 和多层 Cr/CrAlCN 涂层的截面组织更进一步的微观结构进行表征，其结果如图 6-16 所示，插图为单层和多层涂层的选区电子衍射（SAED）图像。从涂层的 HRTEM 和相应的选区电子衍射花样可以看出，经过多层结构设计，同时在 Al、C 元素的共掺杂下从该涂层中可以看出涂层内部的晶粒更细且更加均匀，这主要可归因于以下两个方面。（1）在优越的多层界面效应下涂层溅射生长的过程中在保证涂层可生长到一定厚度的状态下可以有效释放涂层中所产生的内应力，使得涂层具备一定的致密性从而提升涂层硬度、结合力等力学性能。（2）在涂层的生长过程中由于 Al 元素和 C 元素的共掺杂下，涂层内部往往会产生固溶强化等效应，同时在涂层内部晶界处易产生一定的晶格

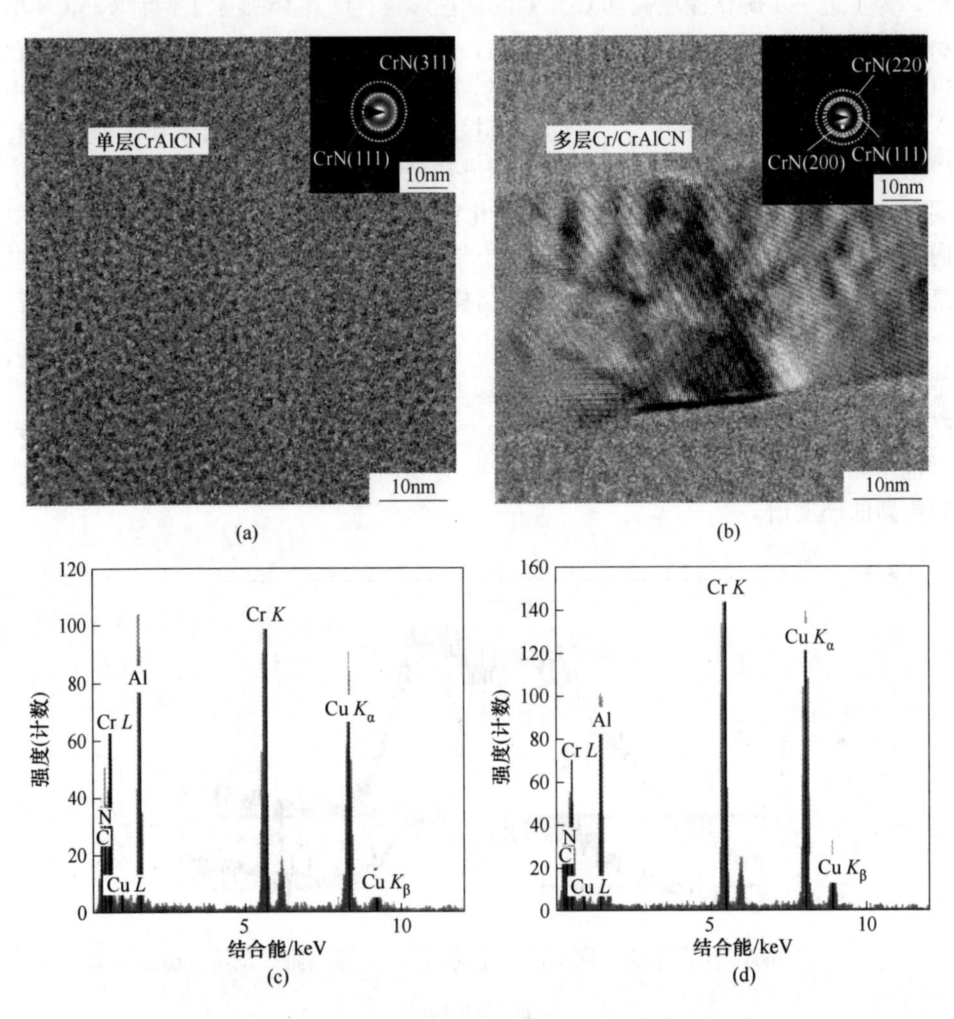


图 6-16　单层 CrAlCN 和多层 Cr/CrAlCN 涂层的截面 HRTEM、选区电子衍射及 HAADF-STEM EDS 能谱

畸变从而提升涂层的各项性能。此外，C 元素的掺入与 Cr 原子可形成高致密性的纳米晶 CrC 硬质相使得涂层内部产生一定的弥散强化效应。对于 CrAlCN 单层涂层，原子半径差异很大，随着沉积时间的增加，涂层中的过冷度在更接近涂层外表面时达到峰值，促使晶粒的晶向转变。SAED 图案显示出不同直径的同心环分别对应于 CrN(111)、CrN(200)、CrN(220)晶面。结合 XRD 衍射谱图，其结果与 XRD 结果也相互一致。CrC 硬质相在涂层中均匀分散所产生的分散强化作用，使涂层具有优良的力学性能。晶体校准结合 EDS 能谱元素分布可以表明多层 Cr/CrAlCN 涂层成功沉积在不锈钢基材表面，与多层结构设计的预期结果一致。

### 6.2.2 硬质 CrAlCN 和 Cr/CrAlCN 涂层的力学性能

硬度和弹性模量是评估材料力学性能的重要参数，此外硬度和弹性模量的比值也可以在一定程度上定性材料涂层的耐久性和抗塑性变形的能力。单层 CrAlCN 和多层 Cr/CrAlCN 涂层的弹性模量和硬度如图 6-17 所示，可以清晰看到的是单层 CrAlCN 的硬度和弹性模量值分别为 27.6GPa、310.3GPa，相比于单层涂层来说，多层 Cr/CrAlCN 涂层的硬度和弹性模量在一定程度上有所提升，分别为 32.5GPa 和 327.8GPa。首先，这归因于多层结构的设计中 Cr 层结构因其与不锈钢基体和 CrAlCN 的界面吻合度高，可以减少涂层内部的内应力，从而提高基底与涂层的结合力和涂层的承载能力。此外，多层界面效应促进了涂层中更均匀的 CrC 硬质相。其中，韧性是材料从变形到断裂吸收能量的能力。Al 原子半径为 0.143nm，Cr 原子半径为 0.127nm。Al 和 C 相加入后，Cr 原子的晶格位置被占据，导致晶格畸变和固溶强化效应，配合部分键的加强，这可能会进一步阻碍位错的发生和延伸，以及独特的边界特性有利于能量的耗散。另一方面，在 Al 原子和碳原子的双重掺杂下，涂层在生长过程中，Al 原子占据 Cr 原子的晶格点阵，从而引起晶格畸变，起到了细晶强化的作用。碳原子在涂层生长的过程中往

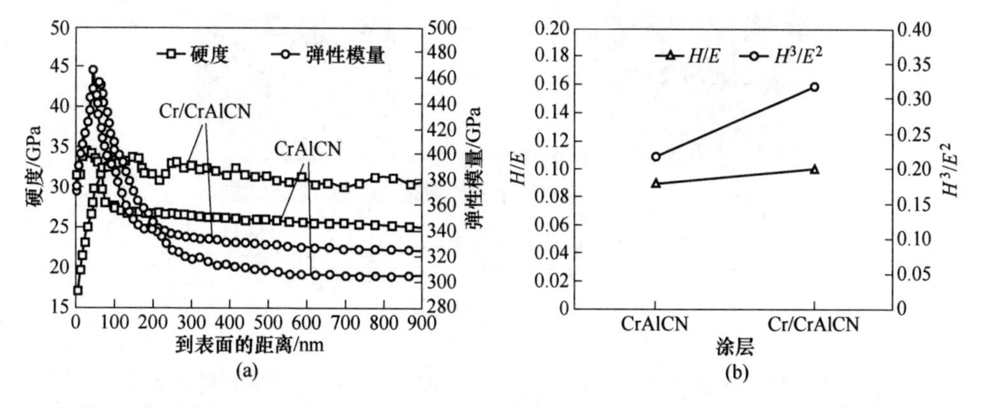


图 6-17 单层 CrAlCN 和多层 Cr/CrAlCN 涂层的硬度、弹性模量及 $H/E$ 和 $H^3/E^2$ 值

往会与 Cr 原子相互作用生成纳米晶/非晶的 CrC 硬质相，这是涂层硬度和弹性模量得到改善的另一重要原因。此外，和单层 CrAlCN 涂层相比，多层 Cr/CrAlCN 涂层的 $H/E$、$H^3/E^2$ 值高于单层涂层。这也揭示了多层 Cr/CrAlCN 涂层具有更好的耐久性和抗塑性变形能力。

图 6-18 展示了所有涂层在划痕测试系统下的划痕宏观结构和微观形貌，这通常用于评估涂层材料和基底材料的结合强度和附着力，在进行测试过程中记录了涂层的声放射信号曲线。从单层 CrAlCN 涂层划痕中可以发现当施加载荷达到 17.2N 时，声放射曲线开始出现波动，这说明涂层在此刻开始产生破坏。相比于多层 Cr/CrAlCN 涂层的划痕测试分析，当施加的载荷达到 24.1N 时声放射信号才出现明显波动，且在划痕的始端和末端的 SEM 微观形貌中不难发现涂层几乎没有径向裂纹的发生。这也进一步说明多层 Cr/CrAlCN 涂层相比于单层 CrAlCN 涂层具有更优异的临界载荷，这归因于多层结构的设计中 Cr 中间层在受到载荷作用后能有效地利用自身优异的界面吻合性去释放涂层中产生的残余内应力，同时当涂层在受载荷作用内部产生位错后，多层结构的设计可以避免位错的萌生和扩展。同时，Al 原子和 C 原子的掺入也改变了晶粒的晶格点阵，由于 Al 原子的增益效果，涂层产生了细晶强化。C 原子的掺杂促使涂层产生了 CrC 硬质相，非晶

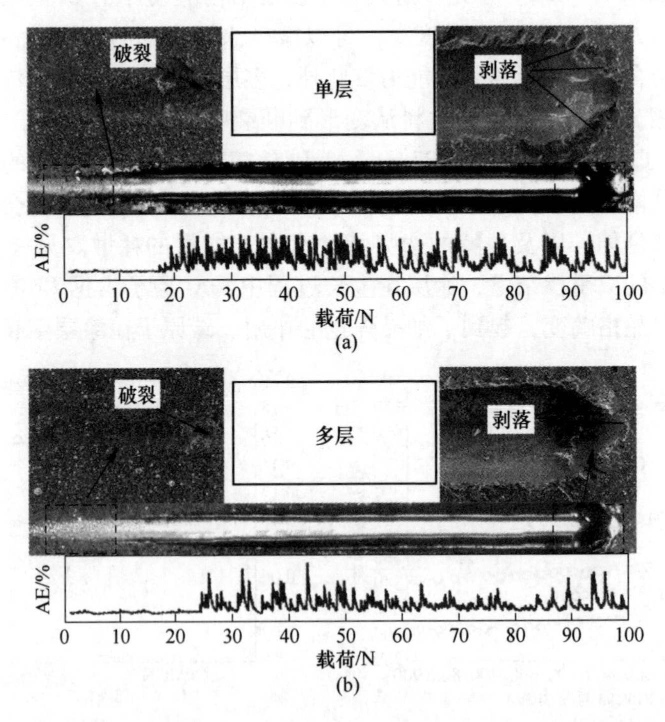


图 6-18　单层 CrAlCN（a）和多层 Cr/CrAlCN（b）涂层的划痕轨迹 SEM 形貌图及相应的声放射曲线

碳 CrC 硬质相的多相混合组织在涂层内部可以形成局部的团簇和微晶组织，在一定程度上产生了弥散强化的效果。

### 6.2.3 硬质 CrAlCN 和 Cr/CrAlCN 涂层的摩擦学性能

单层 CrAlCN 涂层和多层 Cr/CrAlCN 涂层与 SiC 球在空气和人工海水环境下摩擦的摩擦系数曲线和磨损率如图 6-19 所示。众所周知，该涂层的低摩擦系数和小磨损率表明该涂层具有良好的摩擦抗力。在空气和海水环境下，单层 CrAlCN 涂层的摩擦系数分别约为 0.44 和 0.26。与单层涂层相比，多层 Cr/CrAlCN 涂层在空气和海水环境中的摩擦系数分别约为 0.35 和 0.25。这是由于 Al 原子引起晶格畸变和固溶强化，C 原子引起自润滑效应。另外，Cr/CrAlCN 涂层优异的耐磨性也可以归因于涂层的多层结构，这可以抑制裂纹向界面和涂层表面平行方向生长。此外，还应考虑到涂层在海水环境中的固液界面部分的自润滑现象，即涂层在海水环境中的所有平均摩擦系数都低于在空气中的摩擦系数。在通常情况下，涂层的内应力会加速裂纹的扩展，导致局部断裂，由于铝元素的掺入所形成的增强键及其固溶强化作用，涂层具有一定的硬度，此外配合 C 原子的自润滑效应使得涂层兼顾一定的硬度和低摩擦系数。通过对比两种涂层的磨损率，在空气和海水中，多层 Cr/CrAlCN 涂层的磨损程度要小于单层 CrAlCN 涂层。在空气环境中，单层 CrAlCN 的磨损率约为 $10.7\times10^{-6}mm^3/(N\cdot m)$，多层 Cr/CrAlCN 的磨损率约为 $5.5\times10^{-6}mm^3/(N\cdot m)$；在海水环境下，单层 CrAlCN 的磨损率约为 $4.3\times10^{-6}mm^3/(N\cdot m)$，多层 Cr/CrAlCN 的磨损率约为 $3.5\times10^{-6}mm^3/(N\cdot m)$。可以看出，多层涂层的磨损率要低得多。由于多层结构设计的协同效应，多层结构的设计可以有效地释放其内应力，同时阻碍裂纹扩展，使多层 Cr/CrAlCN 涂层表现出更优异的耐磨性。

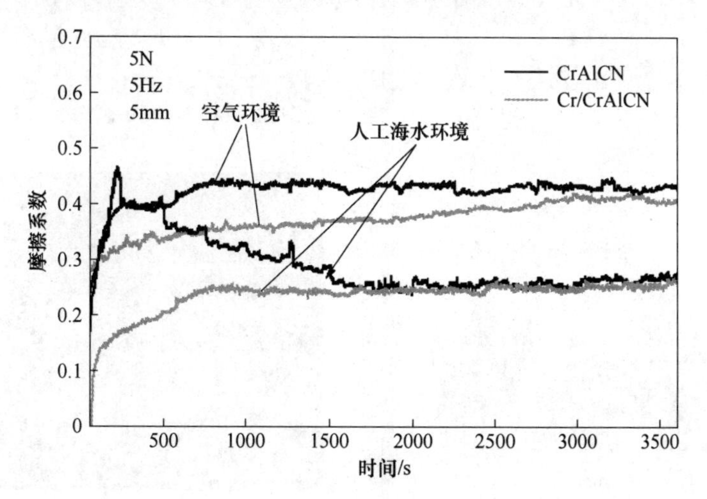


图 6-19 单层 CrAlCN 和多层 Cr/CrAlCN 涂层在空气和人工海水环境下的摩擦系数

各涂层的磨损轨迹形貌和三维磨损轮廓分别如图 6-20 所示。在空气和人工海水环境下，单层 CrAlCN 涂层比多层涂层表现出更宽更深的磨损痕迹。单层 CrAlCN 涂层的表面形貌有沟槽，而多层 Cr/CrAlCN 涂层的扫描电镜图像显示，涂层的沟槽较浅。这进一步说明多层 Cr/CrAlCN 涂层具有较好的摩擦学性能。在单层 CrAlCN 涂层的磨损轨迹附近出现了大量的磨屑颗粒，在此状态下所产生的磨粒磨屑未能有效地排出，从而在接下来的摩擦过程中这些磨屑存在于涂层和摩擦小球之间，并产生了磨粒磨损，这也进一步导致了单层 CrAlCN 涂层磨损率的增加，而多层 Cr/CrAlCN 涂层的磨痕轨迹中只发现了少部分的磨粒磨屑，这也减

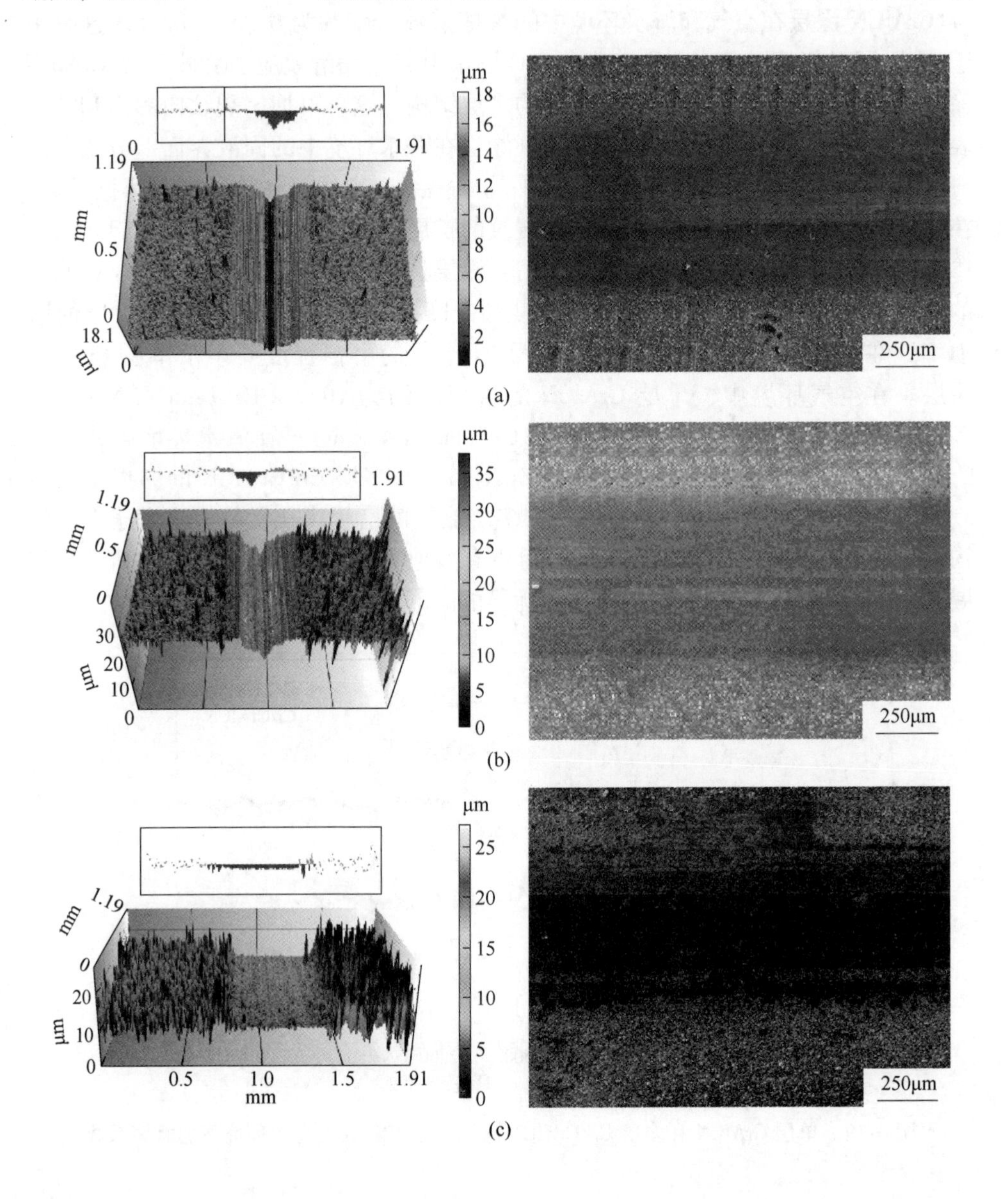

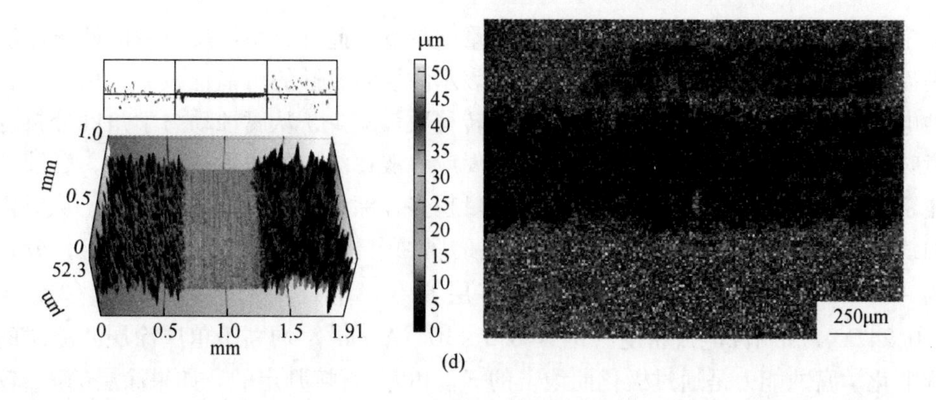


图 6-20 单层 CrAlCN 和多层 Cr/CrAlCN 涂层的磨痕三维轮廓及其相应的磨痕 SEM 形貌图
(a) CrAlCN，空气；(b) Cr/CrAlCN，空气；(c) CrAlCN，海水；(d) Cr/CrAlCN，海水

弱了涂层和摩擦小球进一步磨损。这也间接性同时说明了多层 Cr/CrAlCN 涂层比单层 CrAlCN 涂层具有更优异的黏接强度。韧性差仍然是单层 CrAlCN 涂层的主要缺点，多层结构的设计恰好可以解决这一问题，其优异的界面性能不仅降低了涂层的内应力，而且抑制了位错的进一步扩散，使涂层在外力作用下减少微裂纹的产生，这也是涂层表现出优异耐磨性的原因。

### 6.2.4 硬质 CrAlCN 和 Cr/CrAlCN 涂层的腐蚀性能

单层 CrAlCN 和多层 Cr/CrAlCN 涂层在 3.5% 的 NaCl 溶液（质量分数）中的极化曲线如图 6-21 所示。腐蚀电位越高，镀层被腐蚀的可能性就越低；腐蚀电

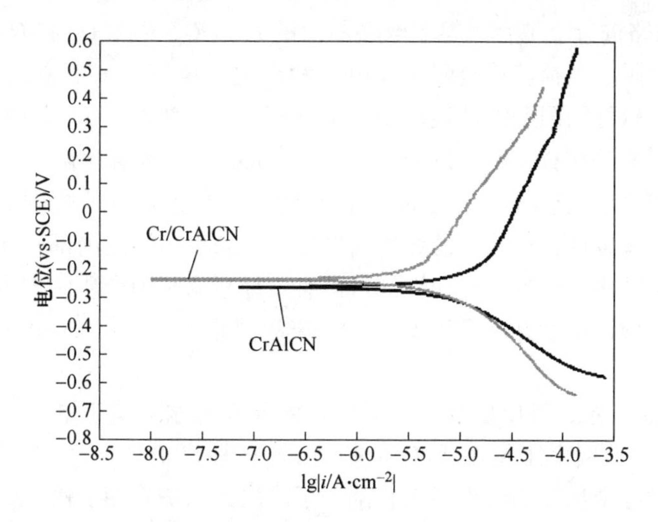


图 6-21 单层 CrAlCN 和多层 Cr/CrAlCN 涂层在 3.5% 的 NaCl 溶液（质量分数）中的极化曲线

流密度越低，镀层单位面积的电子传递量就越少。此外，腐蚀反应一般始于涂层表面孔隙。一方面，更正极的腐蚀电位表示涂层被腐蚀的可能性减小，更低的腐蚀电流密度代表涂层在单位面积内电子转移数量减少，从腐蚀动力学角度分析也意味着腐蚀速率更小。另一方面，腐蚀反应一般在涂层的表面孔隙开始，腐蚀电流密度越高说明涂层表面的电子转移数量越多，涂层表面孔隙数量越多。从极化曲线可以直观地发现，CrAlCN 单层涂层的腐蚀电位($E_{corr}$)和腐蚀电流($I_{corr}$)分别为 $-0.275$V 和 $7.1\times10^{-5}$A/cm$^2$。而多层 Cr/CrAlCN 涂层的腐蚀电位（$E_{corr}=-0.247$V）和腐蚀电流密度（$I_{corr}=6.3\times10^{-6}$A/cm$^2$）均高于单层涂层。涂层的耐电化学腐蚀能力是通过极化曲线上的 $E_{corr}$和 $I_{corr}$直接判定的。如果涂层的 $I_{corr}$较低，同时较高的 $E_{corr}$导致腐蚀速率降低，则涂层具有较好的耐蚀性[58-59]。结合以上结论，可以得出多层 Cr/CrAlCN 涂层具有良好的防腐能力。

测定所制备涂层的电化学阻抗谱，结果如图 6-22 所示。两种涂层的电容弧半径大小代表了其电化学阻抗谱。在实际测试过程中，电荷转移行为导致 EIS 曲线只出现一个电容弧[60]。众所周知，在 EIS 阻抗谱中电容弧半径的尺寸越大，对应的涂层就有更好的防腐能力。从图 6-23 中可以发现多层 Cr/CrAlCN 涂层比单层 CrAlCN 涂层拥有更大的电容弧半径，因此多层涂层具有良好的防腐能力。为了进一步研究这两种涂层的耐蚀性，试验分析了 Bode 曲线在低频处($|Z|_{0.01Hz}$)的阻抗模量值。当涂层在低频处具有较高的阻抗模量时，表明其具有较好的耐蚀能力。从 Bode 曲线中可以宏观看出多层涂层在低频处阻抗模量高于单层涂层。结合以上结论，多层结构设计可以明显提高涂层的防腐能力，起到保护基材的作用，这一结果与两种涂层的极化曲线结果也相一致。同时，利用 Zview 软件对 EIS 的等效电路进行了拟合。等效电路图像的 $R_s$、$R_f$、$R_{ct}$、$Q_c$ 和 $Q_{dl}$分别代表溶液电阻、膜电阻、电荷转移电阻、膜电容和双电层电容。一般来说，较高 $R_f$ 值表明涂层具有较好的耐腐蚀性能，单层 CrAlCN 涂层和多层 Cr/CrAlCN 涂层的 $R_f$ 值分别约为 $9.5\times10^4\Omega\cdot cm^2$ 和 $1.3\times10^5\Omega\cdot cm^2$。通过对比两种涂层的 $R_f$ 值，结果分析发现多层涂层具有较高的 $R_f$ 值，因此其具备良好的防腐能力。其主要原因是多层结构设计使得涂层的结构密度增大，减少了涂层内部孔洞及缺陷的产生，配合多层结构其优越的界面性能可以有效地减弱腐蚀介质的侵蚀效应。综上所述，多界面微结构设计的多层 Cr/CrAlCN 涂层相较于单层 CrAlCN 涂层具有较好的耐腐蚀性。

如图 6-23 所示，可以更好地解释两种涂层在海水环境下的摩擦学和腐蚀机理。在 CrAlCN 涂层中注入 Al 和 C 元素可以减少柱状晶的形成，提高涂层的致密性，但沉积过程中出现的微点或气孔削弱了涂层的保护作用。因此，腐蚀介质有一个方便的通道通过涂层，并到达基材。而多层 Cr/CrAlCN 涂层相比于单一涂层，可以有效地抑制微裂纹的扩展和迷宫效应的形成，减少腐蚀通道的产生。结

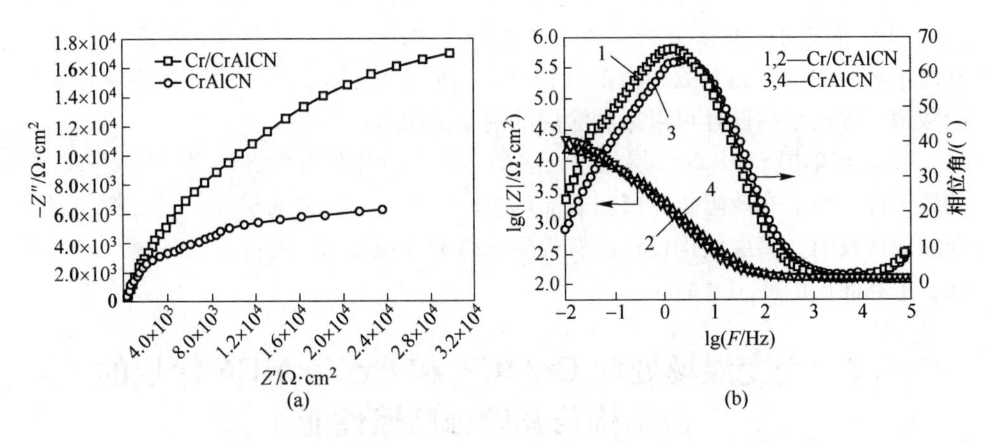


图 6-22 CrAlCN 和 Cr/CrAlCN 涂层在 3.5% 的 NaCl（质量分数）溶液中的 Nyquist 和 Bode 图

果表明，多层 Cr/CrAlCN 涂层具有优异的耐磨性和耐腐蚀性能，在空气或海水环境中具有广泛的应用前景。

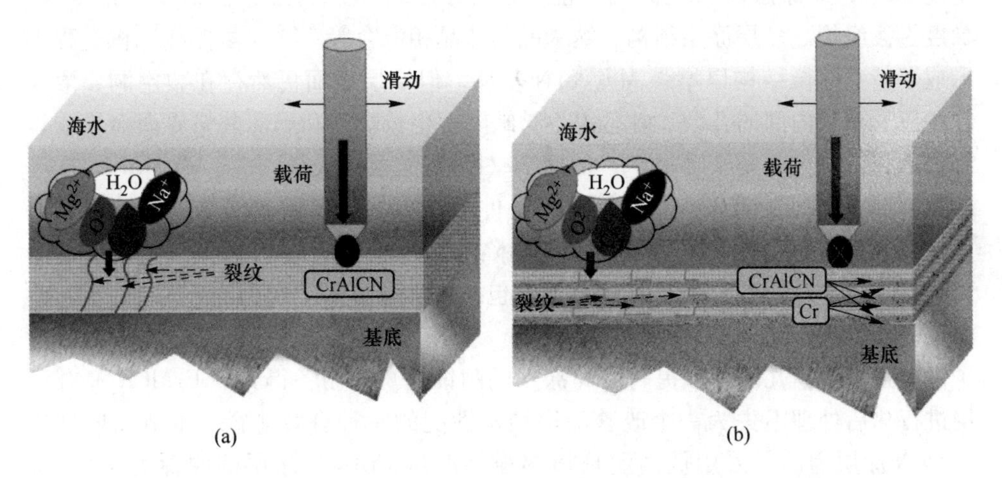


图 6-23 防护涂层在人工海水环境下服役的摩擦腐蚀机理示意图

### 6.2.5 本节小结

为了改善基材在海水环境服役下的耐摩擦磨损和耐腐蚀性能，采用多弧离子镀技术，在 316L 不锈钢表面成功制备了单层 CrAlCN 和多层 Cr/CrAlCN 涂层。主要结论如下：

（1）与单层 CrAlCN 涂层相比，多层 Cr/CrAlCN 涂层具有更高的硬度和弹性模量，分别为 32.5GPa 和 327.8GPa。在划痕试验中，多层 Cr/CrAlCN 涂层表现出兼具良好的韧性、黏接强度和承载性能。

（2）通过对两种涂层的摩擦学性能分析发现，多层 Cr/CrAlCN 涂层在空气和海水环境中的摩擦系数和磨损率较低，均低于单层 CrAlCN 涂层在相应环境下的数值，多层结构设计可以提高涂层的耐摩擦能力。

（3）与单层 CrAlCN 涂层相比，多层结构的设计具有优异的界面性质和优异的致密性，也能有效阻止涂层在表面产生微裂纹之后位错的扩展。当材料在腐蚀介质中服役时，多层结构设计能有效阻止腐蚀介质如 $Cl^-$ 的侵入，延缓涂层的腐蚀，提高涂层的使用寿命。

## 6.3　交变温场处理 CrAlCN 和 Cr/CrAlCN 涂层的微结构及其腐蚀摩擦性能

通常物理气相沉积（PVD）技术制备的金属氮化物(Me(X)N(X 是指掺杂元素)，如 CrN、TiN、ZrN、TiSiN、CrAlN、TiCrAlN 等）涂层，因其具有高硬度、高热稳定性、低摩擦、高强度等优点，在防护领域具有巨大的应用潜力[61-64]。为了使 Me(X)N 涂层获得更高的性能，设计了多种组织特征，包括多元素复合、梯度过渡组织、多层涂层结构、纳米晶与非晶相混合等[65-68]。虽然在沉积过程中形成了特殊的微结构以增强 Me(X)N 基体，但涂层表面仍然存在微空洞、微颗粒，以及涂层内部的孔洞、针孔等生长缺陷。生长缺陷和局部共格界面会导致裂纹扩展，使基体暴露于环境中，加速 Me(X)N 涂层的失效[69-70]。当 Me(X)N 涂层在高温、腐蚀性流体、高压等恶劣条件下作为保护界面时，涂层失效相当严重[71]。因此，为了抑制这些微观结构缺陷对 Me(X)N 涂层摩擦力学性能的负面影响，许多研究人员尝试了多种方法，包括基体预处理、层间结构、元素掺杂、涂层表面处理、涂层退火等。Park 等人[72]报道磁控溅射过程可以通过中间等离子蚀刻过程中断几次，以提高 CrN 涂层的耐蚀性。对制备得到的 CrAlCN 复合涂层进行热后处理不失为一个改善涂层结构性能的一种有效途径。本节以典型的 CrAlCN 涂层为例，采用低温湿环境热循环改进 CrAlCN 涂层的摩擦力学性能。-20～60℃的低宽度温度范围内对众多基材的影响很小。但是，这个循环过程会引起微观结构产生一定的改变。更重要的是，CrAlCN 涂层在处理后表现出更低的摩擦磨损。毫无疑问，这种微观结构改性为 CrAlCN 涂层材料的改进打开了一个简单、无害、友好的窗口。本节研究了通过多弧离子镀沉积制备得到的 CrAlCN 涂层经过交变温场后处理的结构和性能变化，这对金属材料表面防护提供了一种新的思路。

通过多弧离子镀沉积制备所得单层 CrAlCN 和多层 Cr/CrAlCN 复合涂层，采用低温交变（湿热试验箱 HS-050D）处理。在正常压力下，温度循环首先开始从室温到高温 60℃，升降温度速度设定为 2℃/min，然后再逐步降温至低温

-20℃，降温速度设定为 1℃/min。当交变温度循环次数达到 6 次后，停止温度变化，在恒温状态下保温 12h，然后再进行下一个循环。所有涂层的循环周期为 2 周，所有涂层的试验环境湿度始终保持在 80%。

### 6.3.1 交变温场处理 CrAlCN 和 Cr/CrAlCN 涂层的表面形貌和微观结构

如图 6-24 所示，多弧离子镀沉积单层 CrAlCN 涂层和多层 Cr/CrAlCN 涂层表面随机分布着许多半球形微腔和菜花状微滴，这是多弧离子镀沉积技术的特点。经高低温交变处理后的单层和多层 CrAlCN 涂层也具有上述特征，表面形貌未见变形。但是从表面形貌图可以看出通过高低温交变温场处理后的涂层表面的半圆形微腔和菜花状微滴表现出更小的形态。这归因于高低温交变温场处理后使得 CrAlCN 涂层起到了固有缺陷自修复作用，使得涂层表面变得更加光滑平整，液滴颗粒和微观孔洞等缺陷减少。通过表面粗糙度的测定可以准确地判定，经过高低温交变温场处理后涂层表面均具有较小的晶粒结构，单层 CrAlCN 涂层的 $Ra$ = 69.4nm，多层 Cr/CrAlCN 涂层的 $Ra$ = 63.8nm。

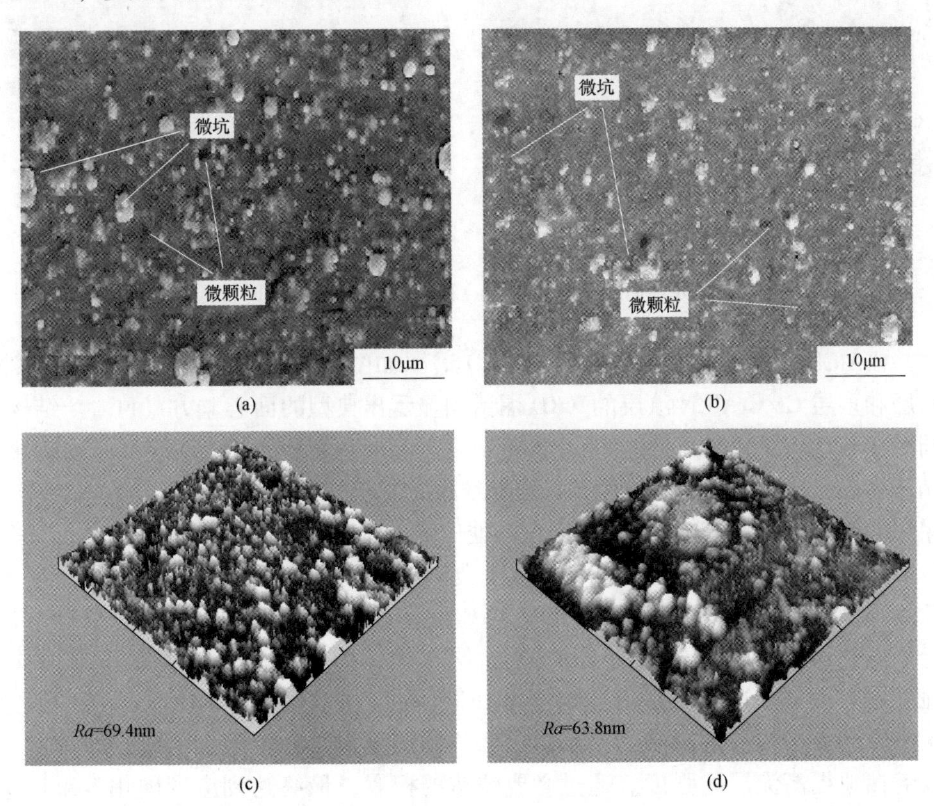


图 6-24 高低温处理后单层 CrAlCN（a、c）和多层 Cr/CrAlCN（b、d）涂层表面的 SEM 与三维形貌图

经过高低温交变温场处理后，单层 CrAlCN 涂层和多层 Cr/CrAlCN 涂层表面的氧含量均有所提高，说明 CrAlCN 涂层表面上氧的物理吸附和化学吸附增加[73]。此外，在高湿度的循环室中，CrAlCN 涂层与水分子之间也容易迅速发生化学反应，形成薄的氧化物表面层，如公式所示[74]。

$$2CrN + 3H_2O \xlongequal{} Cr_2O_3 + 2NH_3 \quad \Delta G_f = -250.10kJ/mol$$

所有涂层在经过湿环境高低温交变温场循环后处理的断面形貌如图 6-25 所示，从截面的扫描电镜图看出，所有涂层均具有一定的致密度，且可以看出无论是单层 CrAlCN 涂层还是多层 Cr/CrAlCN 涂层，相对于其未处理过的涂层来说均表现出更为均匀致密结构，同时在截面中几乎没有结构性缺陷的产生，这主要归因于与多界面结构优越的界面效应可以有效降低内部柱状晶的生成，在铝原子和碳原子的双重注入下所形成的致密且连续的无缺陷生长结构。

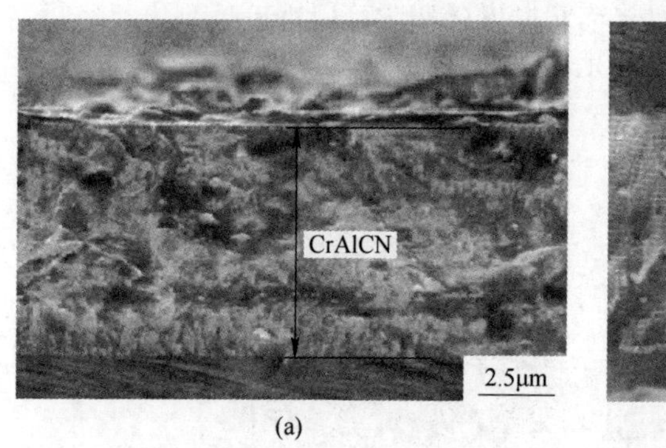


(a)

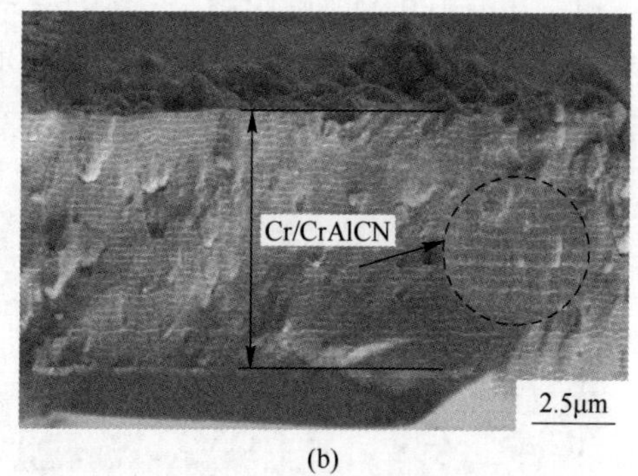


(b)

图 6-25　高低温处理后单层 CrAlCN(a) 和多层 Cr/CrAlCN(b) 涂层的断面形貌

CrAlCN 涂层低温交变处理后的 XRD 谱图如图 6-26 所示。所有单层 CrAlCN 涂层和多层 Cr/CrAlCN 涂层的 XRD 图谱均显示出典型的面心立方（FCC）结构，同时在 Al 原子和 C 原子的双重注入下，由于涂层受到表面结构和应变能的变化，晶体会以应变能最低的方向生长，这导致涂层内部主要以 CrN/AlN(200) 晶面作为涂层生长的主要生长取向。此外，在其他位置处也发现了 CrN(220)、$Cr_2N$(220)、CrN(222) 等晶面。同时涂层内部生成了典型的 CrC 晶粒。这是 C 原子在涂层生长过程中与 Cr 原子相互作用下形成 CrC 致密硬质相的结果。在湿态条件下进行低温热循环后，与处理前 CrAlCN 涂层相比，衍射角向高角度有稍微偏移，强度略有增加。这主要是由于单层 CAlCrN 涂层和多层 Cr/CrAlCN 涂层中残余压应力和晶格畸变的影响。涂层中内部位错的积累是一个关键的机制过程，可以潜在地提高涂层的强度。通过必要位错的积累，最终达到应变硬化效果，这也表明通过高低温交变温场处理后在提高 CrAlCN 涂层的耐磨性方面有很大的潜力。

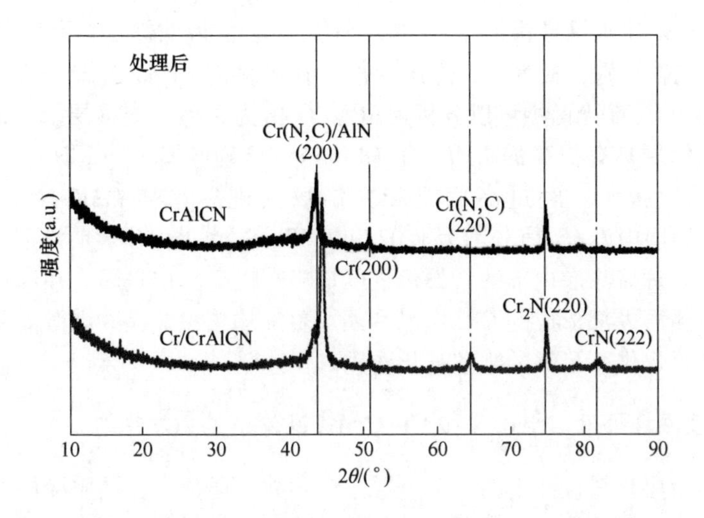


图 6-26 温场处理后单层 CrAlCN 和多层 Cr/CrAlCN 涂层的 XRD 图谱

为了进一步确认涂层内部 C 元素的存在形式，图 6-27 展示了两种单层 CrAlCN 和多层 Cr/CrAlCN 涂层经过高低温交变温场处理后的拉曼光谱，从拉曼光谱中可以发现两种涂层在 1380cm$^{-1}$ 和 1580cm$^{-1}$ 处出现了非晶碳的特征峰，分别对应 D 峰和 G 峰。其中 D 峰对应于芳香环上的 C sp$^2$ 键的呼吸振动，G 峰对应于六元环和碳链上所有 C sp$^2$ 键的伸缩振动。结合 XRD 衍射图谱和拉曼光谱可以进一步确定单层 CrAlCN 和多层 Cr/CrAlCN 涂层内部形成了碳化铬相和非晶碳相的两相共存结构。涂层内部 D 峰和 G 峰的强度比（$I_D/I_G$）大小与涂层结构中 sp$^2$

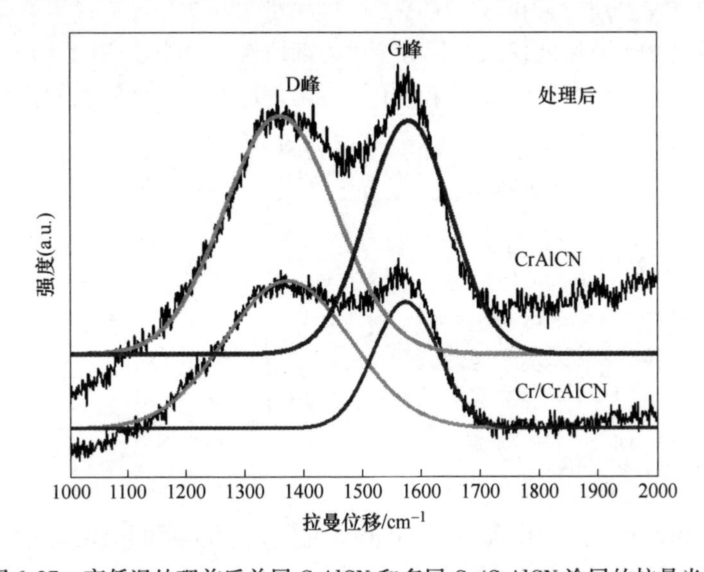


图 6-27 高低温处理前后单层 CrAlCN 和多层 Cr/CrAlCN 涂层的拉曼光谱

杂化碳和 $sp^3$ 杂化碳息息相关。其中较高的 $I_D/I_G$ 值说明涂层内部结构中存在更多的 $sp^2$ 杂化碳结构，换言之，涂层内部存在更多的 $sp^2$ 石墨碳杂化键。从单层 CrAlCN 涂层的拉曼光谱中可以分析得出 $I_D/I_G$ 值为0.91，与多层 Cr/CrAlCN 涂层相比，多层涂层具有更高的 $I_D/I_G$ 值（1.05），这说明 Cr/CrAlCN 多层涂层系统中石墨化程度提高。经过高低温交变温场处理后单层 CAlCrN 涂层和多层 Cr/CrAlCN 涂层中 $I_D/I_G$ 值分别为1.02和1.17，这也进一步表明涂层在经过高低温交变温场处理后涂层内部的石墨化程度均略有提高。这是因为在高低温交变处理的作用下涂层内部形成的 CrC 微晶和团簇更加均匀，非晶碳和微晶所形成的两相化合组成物提供了足够的弥散强化作用。

### 6.3.2　交变温场处理 CrAlCN 和 Cr/CrAlCN 涂层的力学性能

韧性是涂层材料设计中的一个重要力学参数，通常表征硬质涂层的抗断裂性能[75-76]。而纳米压痕测试技术是评价硬质涂层断裂韧性最常用的方法之一。根据 Oliver-Pharr 方法计算平均硬度和弹性模量，硬度随位移进入表面的变化如图6-28所示。从图6-28可以看出，经过交变温场处理的 CrAlCN 涂层的硬度和弹性模量明显处于较高水平，由于316L 基体的作用，涂层在不同状态下的硬度随着向表面位移的增加而降低。从所测得的未经过处理的涂层硬度值和弹性模量可以看出单层 CrAlCN 涂层（硬度27.6GPa，弹性模量310.3GPa），多层 Cr/CrAlCN 涂层（硬度32.5GPa，弹性模量327.8GPa），两值均高于单层的 CrAlCN 涂层。在经过高低温交变温场处理后两种涂层的硬度值和弹性模量值均有所提高，分别为单层 CrAlCN 涂层（硬度30.2GPa，弹性模量315.2GPa），多层 Cr/CrAlCN 涂层（硬度34.7GPa，弹性模量330.7GPa），这主要是因为涂层在经过高低温交变温场处理的过程对涂层内部位错有一个累积的结果，在涂层内部应力和位错的必要变化的协同作用下涂层内部产生了一定强度的强化作用。此

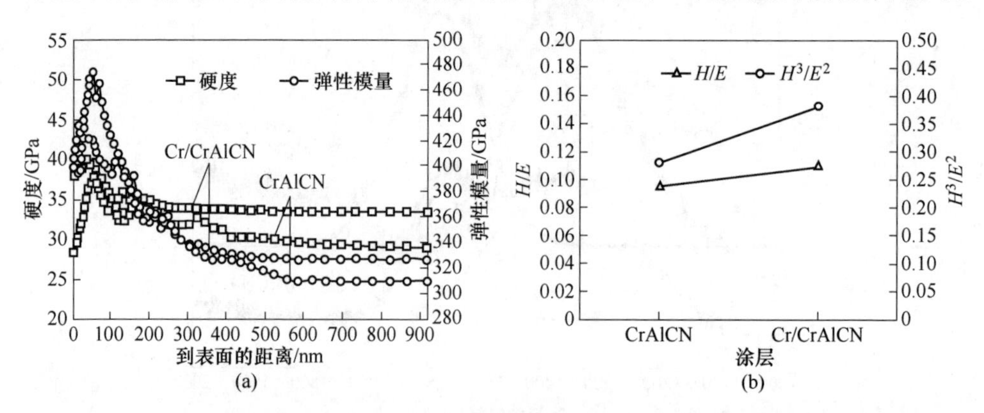


图6-28　高低温处理后单层 CrAlCN 和多层 Cr/CrAlCN 涂层硬度和弹性模量(a)及 $H/E$ 和 $H^3/E^2$ 值(b)

外，$H/E$ 和 $H^3/E^2$ 是评价涂层耐久性和抗弹塑性应变的一项重要力学指标[77]。此外，可以看到处理后单层 CrAlCN 涂层的 $H/E$ 和 $H^3/E^2$ 分别为 0.096 和 0.277，而多层 Cr/CrAlCN 涂层的 $H/E$ 和 $H^3/E^2$ 分别为 0.11 和 0.38，与处理前单层 CrAlCN 涂层和多层 Cr/CrAlCN 涂层相比都有所提高，单层 CrAlCN 涂层的 $H/E$ 为 0.09，$H^3/E^2$ 为 0.218；多层 Cr/CrAlCN 涂层的 $H/E$ 为 0.10，$H^3/E^2$ 为 0.319。众所周知，$H/E$ 值越高，涂层的弹性变形能力越好，$H^3/E^2$ 值越高，涂层的抗裂纹萌生和扩展能力越强，表明涂层具有良好的耐磨性。纳米压痕试验表明，经过高低温交变温场处理对 CrAlCN 涂层的力学性能有显著改善，这可能是位错机制和残余应力发生变化的结果。

为了进一步测试涂层在高低温交变温场处理后与基底的附着力强度，配合场发射扫描电镜试验分别测试分析了多层 Cr/CrAlCN 涂层在处理后的划痕的宏观形貌和微观结构。图 6-29 所示为单层 CrAlCN 涂层在经过高低温交变温场处理后的划痕试验形貌图，以及多层 Cr/CrAlCN 涂层在经过高低温交变温场处理后的划痕试验形貌图。对于单层 CrAlCN 涂层来说，当试验施加的法向载荷达到 17.3N 时出现了声信号的波动，这表面涂层在该处第一次出现裂纹破坏，涂层逐步从基底上开始剥落，同时在划痕轨迹上的始端可以发现少部分径向裂纹，随着载荷的进一步增加，所产生的径向微裂纹逐步加深，划痕边缘有网状裂纹，涂层破裂并呈

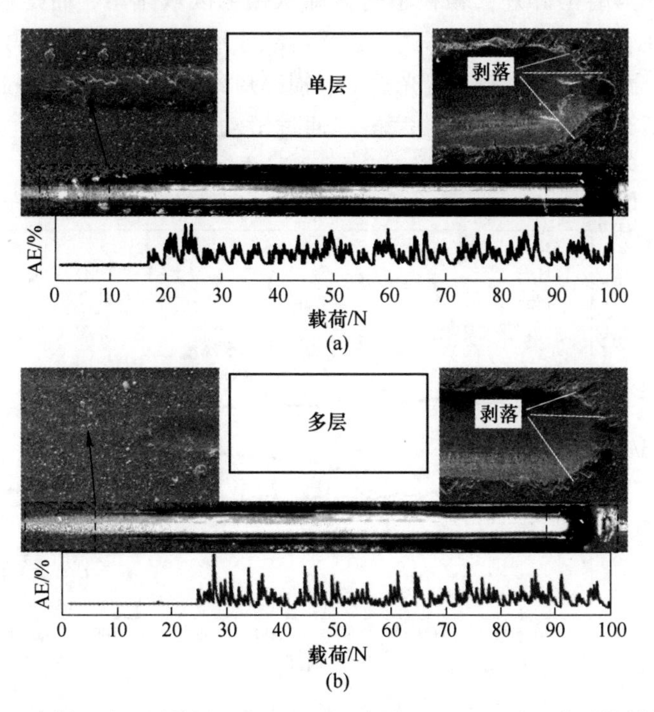


图6-29 高低温处理后单层 CrAlCN(a)和多层 Cr/CrAlCN(b)涂层的划痕轨迹 SEM 形貌图及相应的声放射曲线

微片状剥落，但未完全从基体脱落，这表明涂层与基体结合良好。而对于经过高低温交变温场处理后 Cr/CrAlCN 涂层来说，当施加的载荷达到 24. 9N 时，声信号才开始出现波动，但是从 SEM 形貌图中可以看出涂层并未出现明显的微裂纹等现象，且随着载荷的逐步增加，涂层仅出现局部的划痕变形，大范围的裂纹脱落等破坏现象并未出现，这与涂层具备较为优异的硬度及抗弹塑性应变能力相关。经过处理后的涂层划痕轨迹始端和终端并未出现明显的裂纹效应，这也进一步说明涂层在经过高低温交变温场处理后可以获得更优异的膜基结合性能。

### 6. 3. 3　交变温场处理 CrAlCN 和 Cr/CrAlCN 涂层的摩擦力学性能

图 6-30 所示为 CrAlCN 涂层经过高低温交变处理前后在大气环境和海水环境下的摩擦系数曲线。摩擦试验开始时，从表面凸出的颗粒会引起固-固接触，导致摩擦系数较高。此外，由于滑动开始时局部压力较大，在颗粒峰值处形成焊接接头，因此黏着磨损可能主导磨损机制，导致摩擦系数偏高。然后是快速磨损阶段，摩擦系数不稳定。摩擦系数的不稳定性主要是由于硬质 CrAlCN 涂层碎屑的磨粒犁削作用[78-79]。磨合后的减少可能是因为在小球与涂层的摩擦过程产生部分微颗粒，导致摩擦副之间的界面相对光滑。在摩擦试验的过程中，松散的颗粒被清除，然后作为磨损碎片，颗粒不是立即从接触区域排出，而是被润滑介质包围，并可能在表面滚动或滑动，这一过程可能导致摩擦系数略有增加。随着滑动时间的增加，摩擦副的接触变得光滑，磨损碎片可能在磨损轨迹中起到滚球的作用，从而降低摩擦系数。此外，摩擦副通过滑动不断去除，获得极其光滑的接触面。

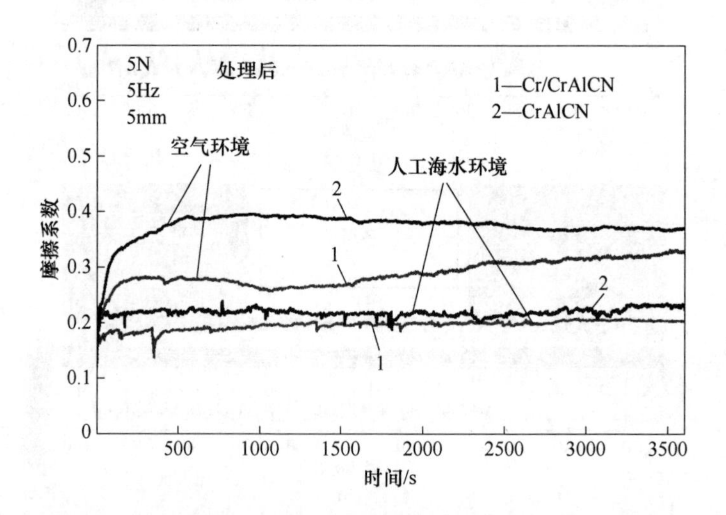


图 6-30　高低温处理后单层 CrAlCN 和多层 Cr/CrAlCN 涂层在空气和人工海水环境下的摩擦系数

由图 6-30 可以看出，所有涂层在海水环境下的摩擦系数都低于大气环境下的摩擦系数。在摩擦曲线中看出处理后的多层 Cr/CrAlCN 涂层的摩擦系数低于单层 CrAlCN 涂层，这主要归因于多层涂层的优越界面性质，在涂层受力摩擦时，优越的多层界面特性可以有效地缓解涂层产生的内应力，同时在该过程中涂层内部易产生部分缺陷位错，而多层结构可以直接有效地缓解此种现象，阻碍位错的进一步扩展，从而在宏观的摩擦试验过程中就表现出较低的摩擦系数。从图中可以看出所有涂层摩擦系数在测试过程中后程逐步趋于稳定，且单层 CrAlCN 涂层在未经过高低温交变温场处理前的干摩擦系数和海水摩擦系数分别约为 0.44 和 0.26，同时多层 Cr/CrAlCN 涂层在未经过高低温交变温场处理前的干摩擦系数和海水摩擦系数分别约为 0.35 和 0.25。相比与经过高低温交变温场处理后的单层 CrAlCN 涂层的干摩擦系数和海水摩擦系数分别约为 0.38 和 0.23，多层 Cr/CrAlCN 涂层在两种不同环境下的摩擦系数分别约为 0.28 和 0.18，可以看出涂层在经过温场处理后的摩擦系数处于较低水平。分析了单层 CrAlCN 涂层和多层 Cr/CrAlCN 涂层在不同环境下的磨损率情况，结果表明未经过高低温交变温场处理的单层和多层涂层在空气环境下的磨损率分别约为 $10.71\times10^{-6}mm^3/(N\cdot m)$ 和 $5.59\times10^{-6}mm^3/(N\cdot m)$。在海水环境下的磨损率分别约为 $4.35\times10^{-6}mm^3/(N\cdot m)$ 和 $3.46\times10^{-6}mm^3/(N\cdot m)$。经过 84 次高低温交变温场热循环后，单层 CrAlCN 涂层和多层 Cr/CrAlCN 涂层在空气环境下的磨损率显著降低至约 $9.87\times10^{-6}mm^3/(N\cdot m)$ 和 $5.14\times10^{-6}mm^3/(N\cdot m)$。而在海水环境下的磨损率也有明显改善，两种涂层的磨损率分别约为 $4.03\times10^{-6}mm^3/(N\cdot m)$ 和 $3.11\times10^{-6}mm^3/(N\cdot m)$。图 6-31 所示为两种涂层在经过高低温交变温场处理后的磨痕轨道三维剖面形貌，可以明显看出的是不论单层和多层涂层，高低温交变后的磨痕宽度表现出较窄较浅的现象。这主要是由于潮湿环境下高低温交变效应使得涂层产生物理和化学吸附作用，在亚表面和表面以及内部缺陷处吸附大量氧元素而形成了富氧润滑层，即在摩擦初始阶段涂层表面所形成的氧化膜可以起到

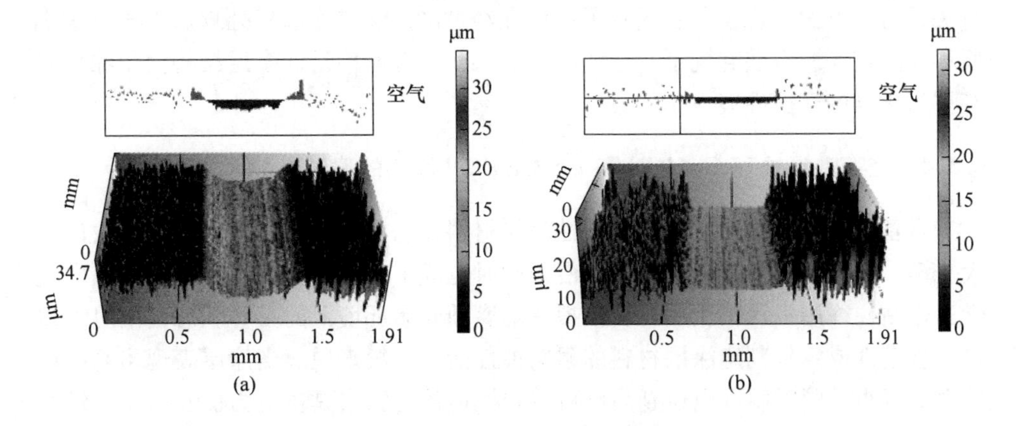

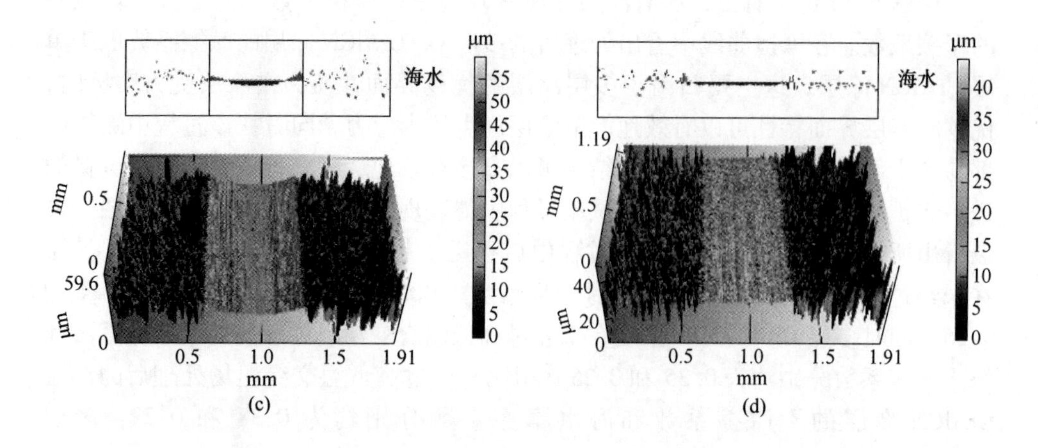


图 6-31　单层 CrAlCN(a、c)和多层 Cr/CrAlCN(b、d)涂层处理后涂层磨痕的三维轮廓仪图

减磨耐磨的作用，此外还受到位错的积累导致了应变硬化和硬度的提高导致涂层具备更为优异的摩擦性能[80]。

图 6-32 展示了处理后的涂层在空气和海水环境下的磨痕扫描电镜图像，从两种涂层在不同环境下的磨痕轨迹可以看出，单层 CrAlCN 涂层和多层 Cr/CrAlCN 涂层在海水环境下的磨痕宽度明显小于其在空气环境下的磨痕宽度，处理后单层 CrAlCN 涂层的磨损轨迹宽度较宽，沿磨损轨迹两侧积累了部分碎屑，同时，磨损轨迹平行于滑动方向，随着摩擦时间的增加，涂层硬度发生改变，磨损轨迹显示出部分不规则的剥落坑和无沟槽的磨屑，揭示涂层存在一定的黏着磨损。而经过处理后的多层 Cr/CrAlCN 涂层这些不规则犁沟和磨屑明显减少，保持着涂层较为完整的形貌结构，一方面与涂层在经过温场处理后内部 CrC 微晶和团簇更加均匀，非晶碳和微晶所形成的两相化合组成物提供了足够的弥散强化作用有关，另一方面这也进一步揭示了涂层在经过高低温交变温场处理后由于其表面所存在的富氧润滑层起到了一定的防护效果，结合所构筑的多层结构使得涂层具有更为优异的摩擦性能。

### 6.3.4　交变温场处理 CrAlCN 和 Cr/CrAlCN 涂层的腐蚀性能

具备优异的耐腐蚀性能是防护性涂层材料在恶劣的海洋环境下长期服役的一大关键，可以有效阻碍腐蚀介质的侵入同时也成了改善腐蚀性能关键所在。电化学工作站往往用来评估涂层材料模拟在高腐蚀介质环境下的工作状态，同时可以进一步定性或定量判定涂层材料的耐腐蚀性能。一般来说。当涂层表现出来的腐蚀电流越小，同时腐蚀电位越高则可以定性地认为涂层具备更为优异的耐腐蚀性

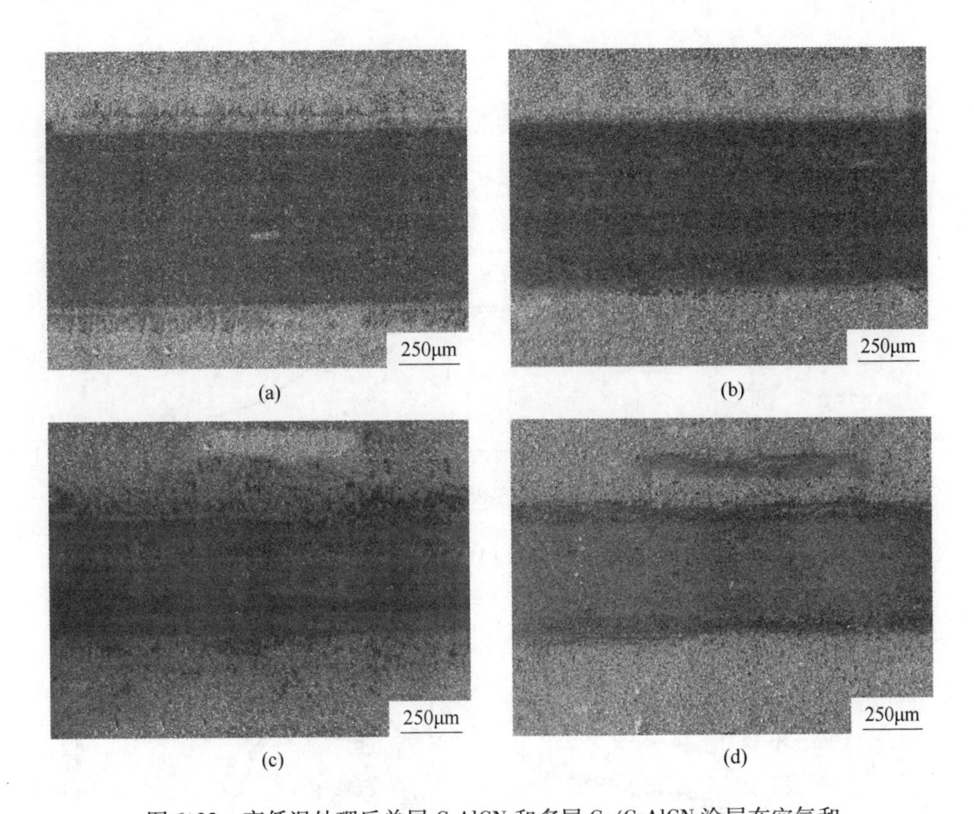


图 6-32 高低温处理后单层 CrAlCN 和多层 Cr/CrAlCN 涂层在空气和人工海水环境下的磨痕 SEM 形貌图像

（a）CrAlCN，空气；（b）Cr/CrAlCN，空气；（c）CrAlCN，海水；（d）Cr/CrAlCN，海水

能。图 6-33 所示为单层 CrAlCN 涂层和多层 Cr/CrAlCN 涂层在经过高低温交变温场处理后在 3.5% NaCl 溶液（质量分数）中的电势极化曲线，从极化曲线中可以看出在处理后单层 CrAlCN 涂层的腐蚀电位（$E_{corr}$）和腐蚀电流（$I_{corr}$）分别为 $-0.233V$ 和 $3.0\times10^{-6}A/cm^2$，而多层 Cr/CrAlCN 涂层的腐蚀电位（$E_{corr}$）和腐蚀电流（$I_{corr}$）分别为 $-0.217V$ 和 $1.1\times10^{-6}A/cm^2$。单层 CrAlCN 涂层的腐蚀电位（$E_{corr}$）和腐蚀电流（$I_{corr}$）分别为 $-0.275V$ 和 $7.1\times10^{-5}A/cm^2$，而多层 Cr/CrAlCN 涂层的腐蚀电位（$E_{corr}$）和腐蚀电流（$I_{corr}$）分别为 $-0.247V$ 和 $6.3\times10^{-6}A/cm^2$。可以看出在经过温场处理后涂层仍然保持了较低的腐蚀电流密度和较高的腐蚀电位，涂层内部的位错堆积和温场处理对腐蚀通道的紊乱化加剧是其主要原因之一。

此外，采用电化学阻抗谱（EIS）评估了经过高低温交变温场处理后所有单层和多层涂层材料在 3.5% NaCl 溶液（质量分数）中的耐腐蚀性能。图 6-34 所示为两种涂层在处理后的 EIS 阻抗谱，可以从 Nyquist 图中看出在经过高低温交

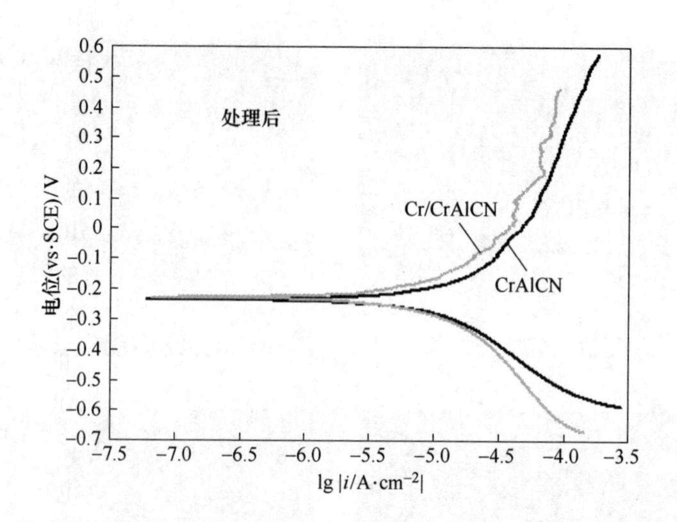


图 6-33　高低温处理后单层 CrAlCN 和多层 Cr/CrAlCN 涂层在 3.5% NaCl 溶液（质量分数）中的电势极化曲线

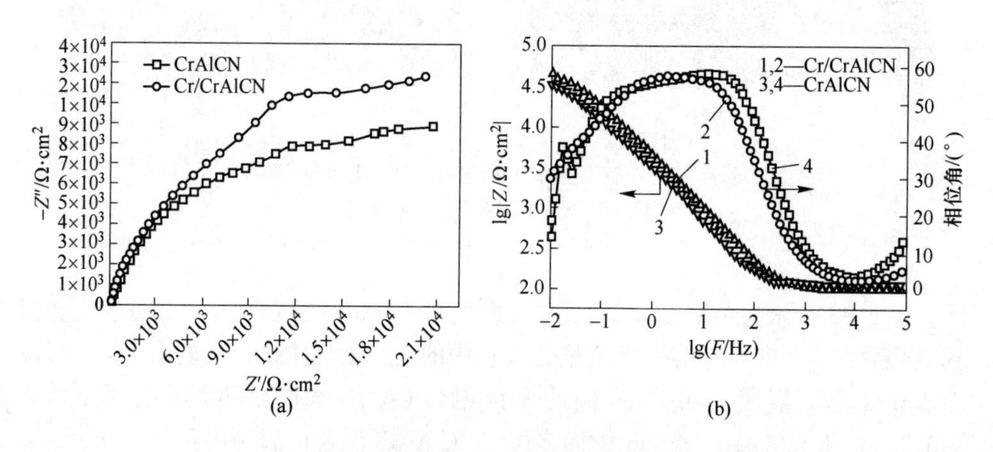


图 6-34　高低温处理后单层 CrAlCN 和多层 Cr/CrAlCN 涂层在 3.5% NaCl 溶液（质量分数）中的 Nyquist 和 Bode 图

变温场处理后的单层 CrAlCN 涂层和多层 Cr/CrAlCN 涂层的低频电容弧半径均有所增大，这也直接反映了在经过高低温处理后的所有涂层腐蚀性能均有所提高，这主要取决于在经过高湿环境下的高低温交变温场循环处理后，涂层内部位错积累导致材料内部缺陷通道可以进一步阻碍腐蚀介质的加速侵入。另外，通过涂层在经过高低温交变温场处理后的 Bode 曲线，可以看出经过高低温交变温场处理后的单层 CrAlCN 涂层和多层 Cr/CrAlCN 涂层的 $|Z|_{0.01\text{Hz}}$ 值均处于较高水平，这也进一步表明涂层的耐腐蚀性能得到了明显的改善。这可以从两个方面解释其中的

原因。一方面，随着高湿度交变温场的循环处理，涂层内部位错的紊乱积累，可以有效地缓释腐蚀介质的侵入，另一方面，多次的热循环作用导致了涂层内部晶界处产生了一定的晶格畸变，诱导涂层局部缺陷重组起到了涂层致密强化的作用，这也使得涂层表面可以更为有效地阻碍腐蚀介质的侵入。

涂层经过高低温交变温场处理后通过 Zview 软件模拟 EIS 的等效电路，其中 $R_s$、$R_f$、$R_{ct}$、$Q_c$、$Q_{dl}$分别代表单层 CrAlCN 涂层和多层 Cr/CrAlCN 涂层的溶液电阻、涂层电阻、双电层电阻、涂层电容和双电层电容。$R_f$ 阻值的大小也可以作为判定涂层材料的耐腐蚀性能的一个依据，其中 $R_f$ 越高则代表涂层具备更优异的耐腐蚀性能。从图中可以看出，$R_f$ 经过高低温交变温场处理后的单层 CrAlCN 涂层和多层 Cr/CrAlCN 涂层相比于处理前均有所提高，单层 CrAlCN 涂层的 $R_f$ 为 $1.4\times10^5\Omega\cdot cm^2$，多层 Cr/CrAlCN 涂层的 $R_f$ 为 $1.5\times10^5\Omega\cdot cm^2$。这就从另一个角度说明了高湿度高低温交变温场处理后对涂层的耐腐蚀性能也有一定的改善作用，抑制涂层在腐蚀环境下腐蚀介质的渗透。

### 6.3.5 本节小结

为了进一步改善基材在海水环境服役下的耐摩擦磨损和耐腐蚀性能，采用多弧离子镀技术在 316L 不锈钢上沉积单层 CrAlCN 涂层和多层 Cr/CrAlCN 涂层，之后将所有涂层在高低温交变湿热试验箱（HS-050D）进行高低温交变温场循环后处理，以此来分析经过高低温交变温场处理后的涂层关于材料组织结构、力学性能、摩擦性能和腐蚀性能的影响。

（1）经过高低温交变温场处理后，涂层中内部位错的积累是一个关键的机制过程，可以潜在地提高涂层的强度。涂层在经过高低温交变温场处理后涂层内部的石墨化程度均略有提高。

（2）由于涂层在经过高低温交变温场处理的过程对涂层内部位错有一个累积的效应，在涂层内部应力和位错的协同作用下涂层内部产生了一定强度的强化作用而表现出较为优异的力学性能。

（3）所有的涂层在经过空气环境和海水环境下的高速往复摩擦试验，结果表明经过高低温交变温场循环处理后的涂层在亚表面、内部缺陷（微观针孔、间隙等）吸附大量氧元素而形成富氧润滑，使其具备更低的摩擦系数和磨损率。

（4）经过高低温交变温场处理后的 CrAlCN 复合涂层显示出更优异的耐腐蚀性能，因为 CrAlCN 复合涂层在经过高低温交变温场处理后涂层内部位错的紊乱积累，可以有效地缓释腐蚀介质的侵入。此外，多次的热循环作用导致涂层内部晶界处产生了一定的晶格畸变，诱导涂层局部缺陷重组起到了涂层致密强化的作用。

## 参 考 文 献

[1] NAVINSEK B, PANJAN P, CVELBAR A. Characterization of low temperature CrN and TiN (PVD) hard coatings [J]. Surface & Coatings Technology, 1995, 74/75: 155-161.

[2] KUMAR H, RAMAKRISHNAN V, ALBERKS K, et al. Friction and wear behaviour of Ni-Cr-B hardface coating on 316LN stainless steel in liquid sodium at elevated temperature [J]. Journal of Nuclear Materials, 2017: S0022311517307791.

[3] SHAN L, WANG Y, ZHANG Y, et al. Tribocorrosion behaviors of PVD CrN coated stainless steel in seawater [J]. Wear, 2016, 362/363: 97-104.

[4] LI Z, WANG Y, CHENG X, et al. Continuously growing ultra-thick CrN coating to achieve high load bearing capacity and good tribological property [J]. ACS Applied Materials & Interfaces, 2018, 10 (3): 2965-2975.

[5] LI Z, GUAN X, WANG Y, et al. Comparative study on the load carrying capacities of DLC, GLC and CrN coatings under sliding-friction condition in different environments [J]. Surface & Coatings Technology, 2017, 321: 350-357.

[6] 杨娟，陈志谦，聂朝胤．电弧离子镀 CrN 涂层的制备及性能研究 [J]．金属热处理，2009，34 (7)：75-79.

[7] 谢红梅，聂朝胤．TiN、CrN 涂层的环境摩擦磨损对比研究 [J]．新技术新工艺，2010，6：63-66.

[8] 单磊，王永欣，李金龙，等．TiN、TiCN 和 CrN 涂层在海水环境下的摩擦学性能 [J]．中国表面工程，2013，26 (6)：86-92.

[9] SHAN L, WANG Y, LI J, et al. Effect of $N_2$ flow rate on microstructure and mechanical properties of PVD $CrN_x$ coatings for tribological application in seawater [J]. Surface & Coatings Technology, 2014, 242: 74-82.

[10] WOOD, ROBERT J K. Marine wear and tribocorrosion [J]. Wear, 2017, 376/377: 893-910.

[11] LI L, LIU L, LI X, et al. Enhanced tribocorrosion performance of Cr/GLC multilayered films for marine protective application [J]. ACS Applied Materials & Interfaces, 2018, 10 (15): 13187-13198.

[12] DONG M, ZHU Y, XU L, et al. Tribocorrosion performance of nano-layered coating in artificial seawater [J]. Applied Surface Science, 2019, 487: 647-654.

[13] MA F L, LI J L, ZENG Z X, et al. Structural, mechanical and tribocorrosion behaviour in artificial seawater of CrN/AlN nano-multilayer coatings on F690 steel substrates [J]. Applied Surface Science, 2017, 428: 404-414.

[14] CPSTA R P C, LO D A, MARCIANO F R, et al. Comparative study of the tribological behavior under hybrid lubrication of diamond-like carbon films with different adhesion interfaces [J]. Applied Surface Science, 2013, 285: 645-648.

[15] KOK Y N, AKID R, HONWSPIAN P E. Tribocorrosion testing of stainless steel (SS) and PVD coated SS using a modified scanning reference electrode technique [J]. Wear, 2005,

259 (7): 1472-1481.

[16] MISCHLER S. Triboelectrochemical techniques and interpretation methods in tribocorrosion: A comparative evaluation [J]. Tribology International, 2008, 41 (7): 573-583.

[17] LAURA P P, DEMONFILO M C, PATRICIO G, et al. Tribological performance of halloysite clay nanotubes as green lubricant additives [J]. Wear, 2017, 376/377: 885-892.

[18] ZHANG J W, LI Z C, WANG Y X, et al. A new method to improve the tribological performance of metal nitride coating: A case study for CrN coating [J]. Vacuum, 2020, 173: 109158.

[19] GUAN X, WANG Y, ZHANG G, et al. Microstructures and properties of Zr/CrN multilayer coatings fabricated by multi-arc ion plating [J]. Tribology International, 2016, 106: 78-87.

[20] BAYON R, NEVSHUPA R, ZUBIZARRETA C, et al. Characterisation of tribocorrosion behaviour of multilayer PVD coatings [J]. Analytical and Bioanalytical Chemistry, 2010, 396 (8): 2855-2862.

[21] WIECINSKI P, SMOLIK J, GARBACZ H, et al. Microstructure and mechanical properties of nanostructure multilayer CrN/Cr coatings on titanium alloy [J]. Thin Solid Films, 2011, 519 (12): 4069-4073.

[22] SUI X D, LIN J Y, ZHANG S T, et al. Microstructure, mechanical and tribological characterization of CrN/DLC/Cr-DLC multilayer coating with improved adhesive wear resistance [J]. Applied Surface Science, 2018, 439: 24-32.

[23] STANIALAVE R, LILTANA K, VASILIY C, et al. Mechanical, wear and corrosion behavior of CrN/TiN multilayer coatings deposited by low temperature unbalanced magnetron sputtering for biomedical applications [J]. Materials Today: Proceedings, 2018, 5: 16012-16021.

[24] BOUAOUINA B, AURELIEN B, ABAIDIA S E H, et al. Residual stress, mechanical and microstructure properties of multilayer $Mo_2N$/CrN coating produced by R. F magnetron discharge [J]. Applied Surface Science, 2016, 395: 117-121.

[25] ILLANA A, ALMANDOZ E, FHENTES G G. Comparative study of CrAlSiN monolayer and CrN/AlSiN superlattice multilayer coatings: Behavior at high temperature in steam atmosphere [J]. Journal of Alloys and Compounds, 2019, 778: 652-661.

[26] ZHAO D, JIANG X, WANG Y, et al. Microstructure evolution, wear and corrosion resistance of Cr-C nanocomposite coatings in seawater [J]. Applied Surface Science, 2018, 457: 914-924.

[27] ANDERSSON M, URBONAITE S, LEWIN E, et al. Magnetron sputtering of Zr-Si-C thin films [J]. Thin Solid Films, 2012, 520 (20): 6375-6381.

[28] MENG Q N, WEN M, MAO F, et al. Deposition and characterization of reactive magnetron sputtered zirconium carbide films [J]. Surface & Coatings Technology, 2013, 232: 876-883.

[29] LEWIN E, PERSSON P O A, LATTEMANN M, et al. On the origin of a third spectral component of C 1s XPS-spectra for nc-TiC/a-C nanocomposite thin films [J]. Surface and Coatings Technology, 2008, 202 (15): 3563-3570.

[30] THORNTON, JOHN A. The microstructure of sputter-deposited coatings [J]. Journal of Vacuum Science & Technology A, 1986, 4 (6): 3059-3070.

[31] BAYON R, IGARTUA A, GONZALEZ J J, et al. Influence of the carbon content on the corrosion and tribocorrosion performance of Ti-DLC coatings for biomedical alloys [J]. Tribology International, 2015, 88: 115-125.

[32] YAN Y, NEVILLE A, DOWSON D. Tribo-corrosion properties of cobalt-based medical implant alloys in simulated biological environments [J]. Wear, 2007, 263 (7): 1105-1111.

[33] ZHANG Y, YIN X, YAN F. Effect of halide concentration on tribocorrosion behaviour of 304SS in artificial seawater [J]. Corrosion Science, 2015, 99: 272-280.

[34] MAHDI E, RAUF A, ELTAI E. Effect of temperature and erosion on pitting corrosion of X100 steel in aqueous silica slurries containing bicarbonate and chloride content [J]. Corrosion Science, 2014, 83: 48-58.

[35] SINNETT-JONES P E, WHARTON J A, WOOD R J K. Micro-abrasion-corrosion of a CoCrMo alloy in simulated artificial hip joint environments [J]. Wear, 2005, 259 (7/8/9/10/11/12): 898-909.

[36] YAN Y,NEVILLE A, DOWSON D, et al. Effect of metallic nanoparticles on the biotribocorrosion behaviour of Metal-on-Metal hip prostheses [J]. Wear, 2009, 267 (5/6/7/8): 683-688.

[37] MANHABOSCO T M, BARBOZA A P M, BATISTA R J C, et al. Corrosion, wear and wear-corrosion behavior of graphite-like a-C: H films deposited on bare and nitrided titanium alloy [J]. Diamond & Related Materials, 2013, 31: 58-64.

[38] LIU J, WANG X, WU B J, et al. Tribocorrosion behavior of DLC-coated CoCrMo alloy in simulated biological environment [J]. Vacuum, 2013, 92: 39-43.

[39] BAI W Q, LI L L, XIE Y J, et al. Corrosion and tribocorrosion performance of M (M = Ta, Ti) doped amorphous carbon multilayers in Hank's solution [J]. Surface & Coatings Technology, 2016, 305: 11-22.

[40] SUN Y, HARUMAN E. Tribocorrosion behaviour of low temperature plasma carburised 316L stainless steel in 0.5M NaCl solution [J]. Corrosion Science, 2011, 53: 4131-4140.

[41] CHEN J, WANG J, YAN F, et al. Effect of applied potential on the tribocorrosion behaviors of Monel K500 alloy in artificial seawater [J]. Tribology International, 2015, 81: 1-8.

[42] DESLOUIS C, FESTY D, GIL O, et al. Characterization of calcareous deposits inartificial sea water by impedance techniques-I. Deposit of $CaCO_3$ without $Mg(OH)_2$ [J]. Electrochimica Acta, 1998, 43: 1891-1901.

[43] REFAIT P, JEANNIN M, SABOT R, et al. Corrosion and cathodic protection of carbon steel in the tidal zone: Products, mechanisms and kinetics [J]. Corrosion Science, 2015, 90: 375-382.

[44] MATHEW M T, ARIZA E, ROCHA L A, et al. Tribocorrosion behaviour of $TiC_xO_y$ thin films in bio-fluids [J]. Electrochimica Acta, 2010, 56 (2): 929-937.

[45] WANG Y, ZHANG J, ZHOU S, et al. Improvement in the tribocorrosion performance of CrCN coating by multilayered design for marine protective application [J]. Applied Surface Science,

2020, 528: 147061.

[46] MA F L, LI J L, ZENG Z X, et al. Structural, mechanical and tribocorrosion behaviour in artificial seawater of CrN/AlN nano-multilayer coatings on F690 steel substrates [J]. Applied Surface Science, 2018, 428: 404-414.

[47] COSTA R P C, LIMA-OLIVEIRA D A, MARCIANO F R, et al. Comparative study of the tribological behavior under hybrid lubrication of diamond-like carbon films with different adhesion interfaces [J]. Applied Surface Science, 2013, 285: 645-648.

[48] PEÑA-PARÁS L, MALDONADO-CORTÉS D, GARCÍA P, et al. Tribological performance of halloysite clay nanotubes as green lubricant additives [J]. Wear, 2017, 376: 885-892.

[49] SONG G L, LIU M. Corrosion and electrochemical evaluation of an Al-Si-Cu aluminum alloy in ethanol solutions [J]. Corrosion Science, 2013, 72: 73-81.

[50] SUN Q, ZHOU W, XIE Y, et al. Effect of trace chloride and temperature on electrochemical corrosion behavior of 7150-T76Al alloy [J]. Journal of Chinese Society for Corrosion & Protection, 2016, 2: 13-17.

[51] ALMANDOZ, MATO, ILLANA, et al. Comparative study of CrAlSiN monolayer and CrN/AlSiN superlattice multilayer coatings: Behavior at high temperature in steam atmosphere [J]. Journal of Alloys and Compounds, 2019, 778: 652-661.

[52] CHANG C C,CHEN H W, LEE J W, et al. Development of Si-modified CrAlSiN nanocomposite coating for anti-wear application in extreme environment [J]. Surface and Coatings Technology, 2015, 284: 273-280.

[53] SHIH K K, DOVE D B. Ti/Ti-N Hf/Hf-N and W/W-N multilayer films with high mechanical hardness [J]. Applied Physics Letters, 1992, 61 (6): 654-656.

[54] SUI X, LIU J, ZHANG S, et al. Microstructure, mechanical and tribological characterization of CrN/DLC/Cr-DLC multilayer coating with improved adhesive wear resistance [J]. Applied Surface Science, 2018, 439: 24-32.

[55] HU P, JIANG B. Study on tribological property of CrCN coating based on magnetron sputtering plating technique [J]. Vacuum, 2011, 85 (11): 994-998.

[56] YE Y, WANG Y X, CHEN H. Doping carbon to improve the tribological performance of CrN coatings in seawater [J]. Tribology International, 2015, 90: 362-371.

[57] TONG C Y, LEE J W, KUO C C, et al. Effects of carbon content on the microstructure and mechanical property of cathodic arc evaporation deposited CrCN thin films [J]. Surface & Coatings Technology, 2013, 231: 482-486.

[58] FU Y, ZHOU F, WANG Q, et al. Electrochemical and tribocorrosion performances of CrMoSiCN coating on Ti-6Al-4V titanium alloy in artificial seawater [J]. Corrosion Science, 2020, 165: 108385.

[59] FEI Z, QIANG M, WANG Q, et al. Electrochemical and tribological properties of CrBCN coatings with various B concentrations in artificial seawater [J]. Tribology International, 2017, 116: 19-25.

[60] ALVES M M, PROŠEK T, SANTOS C F, et al. Evolution of the in vitro degradation of Zn-Mg

alloys under simulated physiological conditions [J]. RSC Advances, 2017, 7 (45): 28224-28233.

[61] KITAMIKA Y, HASEGAWA H. Mechanical, tribological, and oxidation properties of Si-containing CrAlN films [J]. Vacuum, 2019, 164: 29-33.

[62] LI Z, WANG Y, CHENG X, et al. Continuously growing ultrathick CrN coating to achieve high load-bearing capacity and good tribological property [J]. ACS Applied Materials & Interfaces, 2018, 10 (3): 2965-2975.

[63] WANG D, HU M, JIANG D, et al. The improved corrosion resistance of sputtered CrN thin films with Cr-ion bombardment layer by layer [J]. Vacuum, 2017, 143: 329-335.

[64] JU H, YU L, YU D, et al. Microstructure, mechanical and tribological properties of TiN-Ag films deposited by reactive magnetron sputtering [J]. Vacuum, 2017, 141: 82-88.

[65] ZHOU S Y, PELENOVICH V O, HAN B, et al. Effects of modulation period on microstructure, mechanical properties of TiBN/TiN nanomultilayered films deposited by multi arc ion plating [J]. Vacuum, 2016, 126: 34-40.

[66] BELIARDOUH N E, BOUZID K, NOUVEAU C, et al. Tribological and electrochemical performances of Cr/CrN and Cr/CrN/CrAlN multilayer coatings deposited by RF magnetron sputtering [J]. Tribology International, 2015, 82: 443-452.

[67] WANG D, MING H, GAO X, et al. Tailoring of the interface morphology of $WS_2$/CrN bilayered thin film for enhanced tribological property [J]. Vacuum, 2018, 156: 157-164.

[68] YANG B, TIAN C X, WAN Q, et al. Synthesis and characterization of AlTiSiN/CrSiN multilayer coatings by cathodic arc ion-plating [J]. Applied Surface Science, 2014, 314 (30): 581-585.

[69] LIN J, ZHANG X, OU Y, et al. The structure, oxidation resistance, mechanical and tribological properties of CrTiAlN coatings [J]. Surface and Coatings Technology, 2015, 277: 58-66.

[70] WAN Z, TENG F Z, LEE H, et al. Improved corrosion resistance and mechanical properties of CrN hard coatings with atomic layer deposited $Al_2O_3$ interlayer [J]. ACS Applied Materials & Interfaces, 2015, 7 (48): 26716-26725.

[71] BISWAS B, PURANDARE Y, SUGUMARAN A, et al. Effect of chamber pressure on defect generation and their influence on corrosion and tribological properties of HIPIMS deposited CrN/NbN coatings [J]. Surface and Coatings Technology, 2018, 336: 84-91.

[72] PARK H S, KAPPL H, LEE K H, et al. Structure modification of magnetron-sputtered CrN coatings by intermediate plasma etching steps [J]. Surface and Coatings Technology, 2000, 133: 176-180.

[73] CHANG Y Y, CHANG C P, WANG D Y, et al. High temperature oxidation resistance of CrAlSiN coatings synthesized by a cathodic arc deposition process [J]. Journal of Alloys & Compounds, 2008, 461 (1/2): 336-341.

[74] WANG Q, FEI Z, WANG X, et al. Comparison of tribological properties of CrN, TiCN and TiAlN coatings sliding against SiC balls in water [J]. Applied Surface Science, 2011, 257

(17)：7813-7820.

[75] SOLER R，GLEICH S，KIRCHLECHNER C，et al. Fracture toughness of $Mo_2BC$ thin films：Intrinsic toughness versus system toughening [J]. Materials & Design，2018，154：20-27.

[76] HAHN R，BARTOSIK M，SOLER R，et al. Superlattice effect for enhanced fracture toughness of hard coatings [J]. Scripta Materialia，2016，124：67-70.

[77] MUSIL J，JIROUT M. Toughness of hard nanostructured ceramic thin films [J]. Surface and Coatings Technology，2007，201 (9/10/11)：5148-5152.

[78] LORENZO-MARTIN C，AJAYI O，ERDEMIR A，et al. Effect of microstructure and thickness on the friction and wear behavior of CrN coatings [J]. Wear，2013，302 (1/2)：963-971.

[79] BAI L，QI J，LU Z，et al. Theoretical study on tribological mechanism of solid lubricating films in a sand-dust environment [J]. Tribology Letters，2013，49 (3)：545-551.

[80] BAI L C，ZHANG G G，LU Z B，et al. Tribological mechanism of hydrogenated amorphous carbon film against pairs：A physical description [J]. Journal of Applied Physics，2011，110 (3)：282-289.

Theory and Technology of Graphene-based and Hard Protective Coatings

扫码体验更多
冶金工业出版社精彩阅读

定价79.00元
销售分类建议：材料科学